高 等 学 校 规 划 教 材

基 坑 工 程

彭 第 牛 雷 主编 杨明月 副主编

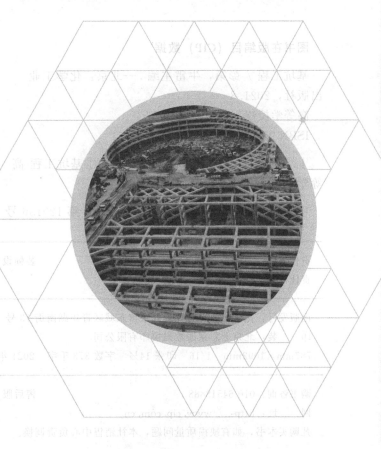

北京

内容简介

《基坑工程》全面详细阐述了各种基坑支护方法的原理、设计计算方法、施工及监测方法，主要内容包括：绪论，作用于支护结构的荷载计算，放坡开挖与土钉墙，排桩支护，内支撑支护，地下连续墙，重力式水泥土墙，型钢水泥土搅拌墙，基坑工程稳定性分析，基坑工程地下水控制，基坑监测，基坑土方工程等。

本书可作为高等院校土木工程、城市地下空间与工程、地质工程等专业的教材，同时也可供从事有关基坑工程设计、施工、监测等工作的工程技术人员参考。

图书在版编目（CIP）数据

基坑工程 / 彭第，牛雷主编 . —北京：化学工业
出版社，2021.8
高等学校规划教材
ISBN 978-7-122-39422-4

Ⅰ.①基… Ⅱ.①彭… ②牛… Ⅲ.①基坑工程-高
等学校-教材 Ⅳ.①TU46

中国版本图书馆 CIP 数据核字（2021）第 129136 号

责任编辑：刘丽菲 　　　　　　　　装帧设计：张　辉
责任校对：刘　颖

出版发行：化学工业出版社（北京市东城区青年湖南街 13 号　邮政编码 100011）
印　　装：北京七彩京通数码快印有限公司
787mm×1092mm　1/16　印张 14½　字数 373 千字　2021 年 10 月北京第 1 版第 1 次印刷

购书咨询：010-64518888 　　　　　　　售后服务：010-64518899
网　　址：http://www.cip.com.cn

凡购买本书，如有缺损质量问题，本社销售中心负责调换。

定　　价：68.00 元

前　言

随着城市化进程的不断加速，城市地下空间的开发与利用已成为一种必然，产生了大量的深基坑支护设计与施工问题，并成为当前岩土与地下工程的热点与难点。基坑的开挖深度、规模与难度越来越大，对基坑工程的设计与施工提出严峻的考验，但也推动了我国深基坑工程设计理论与施工技术的不断发展。

基坑工程是一门综合性很强的学科，它涉及工程地质、土力学、基础工程、结构力学、原位测试技术、施工技术、土与结构相互作用以及环境岩土工程等诸多学科问题。基坑工程有着"先实践，后理论"和"地区性"的特点。目前，已有大量资料对建筑基坑工程作了比较全面的介绍，已发展了多种符合我国国情的、实用的基坑支护方法，设计计算理论不断改进，施工方法与技术不断发展，监测技术不断完善与改进。

《基坑工程》遵循"内容全面，注重实用，案例导读，便于学习"的原则，努力做到系统阐述基坑工程的基本理论、设计方法和施工工艺，并介绍了国内外基坑工程的相关研究成果。

本书的主要内容包括：绪论，作用于支护结构的荷载计算，放坡开挖与土钉墙，排桩支护，内支撑支护，地下连续墙，重力式水泥土墙，型钢水泥土搅拌墙，基坑工程稳定性分析，基坑工程地下水控制，基坑监测，基坑土方工程等。为提高学生的学习效果，便于学生学习和复习，本书每章设置了案例导读，每章都给出了思考题与习题。本书的取材面广，内容丰富，尽量反映当前基坑支护工程的主要设计计算理论、施工工艺与技术，先进性、实用性较强，可作为土木工程、城市地下空间与工程、地质工程等专业基坑支护工程课程的教材使用，也可供从事有关基坑工程设计、施工、监测等工作的工程技术人员参考。

本书由长春工程学院彭第、吉林建筑大学牛雷担任主编，长春工程学院杨明月担任副主编。全书共分为12章，第1、4、5章由彭第编写，第3、7、9章由牛雷编写，第2、8章由长春工程学院仲崇梅、章与非共同编写，第6章由吉林建筑大学房昕和安徽省城建设计研究总院股份有限公司吉林分公司张海云编写，第10章由长春工程学院高成梁编写，第11、12章由杨明月编写。全书由长春工程学院潘殿琦教授担任主审，在此表示感谢。

在本书的编写过程中参考了部分论文、书籍及文献，在此向原作者致谢，并在书后参考文献中予以列出。由于编者的水平有限，疏漏之处在所难免，敬请读者批评指正。

编者
2021 年 7 月

目 录

第1章 绪论

案例导读

上海中心大厦基坑工程采用了塔楼区顺作、裙房区逆作的方案，将基坑分为塔楼区和裙房区2个分区基坑。基坑总面积约 34960m²，基坑呈四边形，边长约 200m，共设 5 层地下室，塔楼区基坑开挖深度为 31.2m，局部 33.2m。裙房区基坑开挖深度为 26.7m。主楼环形基坑直径 121m，面积 11500m²，开挖深度 31m，支护形式采用环形地下连续墙，开挖深度内设置 6 道环箍，地下连续墙墙厚 1200mm，成槽深度 50m，共 65 幅，总成槽方量约 23400m³。

讨论

基坑工程有什么作用？基坑工程安全等级如何确定？基坑支护的方法有哪些类型？基坑支护方案该如何选择？

基坑是指为进行建（构）筑物基础、地下建（构）筑物等施工而开挖形成的地面以下的空间。近 20 年以来，随着国民经济与城市的发展，尤其是大中城市人口密度逐年增加，市民对出行、轨道交通换乘、商业、停车等功能的需求日益增长，城市地下空间的开发与利用已成为一种必然。高层建筑多层地下室、地下车站、地下停车库、地下商场、明挖隧道、市政广场、桥梁基础、大型排水与污水处理系统、地下民防工事以及地下民用和工业设施等的施工均面临采用深基坑，且深基坑的规模、深度与难度不断增大。如华中第一高楼武汉绿地中心工程基坑开挖深度达 23.1~30.4m，基坑长 300m，宽 120m，整个基坑开挖面积约为 3.6 万平方米，地下空间体量达 100 万立方米，如图 1-1 所示。天津市河西区小白楼超高层——天津平泰大厦深基坑东西向长约 93m，南北向长约 153m，周长约 490m，面积约 1.45 万平方米，深度 24.35~26.85m（集水坑最大深度 32.35m），如图 1-2 所示。

基坑属于临时性工程，其作用是提供一个地下空间，使地下主体结构的施工作业得以按照设计所指定的位置进行。为保护地下主体结构施工和基坑周边环境的安全，对基坑采用的临时性支挡、加固、保护与地下水控制的措施，即基坑支护。基坑支护工程是集地质工程、岩土工程、结构工程和岩土测试技术于一身的系统工程，其内容包括勘察、支护结构设计与

图 1-1　武汉绿地中心基坑工程现场照片　　　　图 1-2　天津平泰大厦深基坑工程现场照片

施工、土方开挖与回填、地下水控制、信息化施工及周边环境保护等；涉及工程地质学、土力学、基础工程、结构力学、施工技术、测试技术和环境岩土工程等学科，主要包括土力学中典型的强度、稳定及变形问题，土与支护结构共同作用问题，基坑中的时空效应问题以及结构计算问题等。

　　基坑工程主要包括基坑支护体系设计与施工和土方开挖，是一项综合性很强的系统工程，也是一个综合性的岩土与地下工程难题。为确保基坑工程的安全顺利实施，需精心做好勘察、设计、施工和监测工作等每一个环节。基坑支护的设计需在安全的前提下，选择合适的支护方法，节约工程造价，方便施工，缩短工期。因此，设计时必须正确选择计算方法、计算模型和岩土力学参数，选择合理的支护结构体系，同时还要考虑支护方案施工的可行性等。

　　基坑工程中设计和施工是相互依赖、密不可分的，这就要求岩土工程和结构工程技术人员需密切配合，设计计算的工况必须和施工实际的工况一致才能确保设计的可靠性，因此设计人员必须了解施工，施工人员必须了解设计。在基坑施工的每一阶段，结构体系和外荷载都在变化，对支护结构的变形、内力有很大影响。在施工过程中进行工程监测与分析，设计与施工人员密切配合，及早发现和解决问题，总结经验，才能使基坑工程难题得到有效解决。

1.1　基坑工程的作用与特点

1.1.1　基坑工程的作用

　　基坑工程的最基本作用是给地下工程敞开施工创造条件。要满足这个条件，基坑支护结构体系必须满足如下三个方面的要求：

　　① 确保基坑开挖及地下结构施工期间基坑四周边坡的稳定性，满足地下室施工有足够空间的要求。也就是说基坑支护体系要起到挡土的作用，这是土方开挖和地下室施工的必要条件。

　　② 确保基坑四周相邻建（构）筑物和地下管线在基坑工程施工期间不受到损害。这要求在支护体系施工、土方开挖及地下室施工过程中控制土体的变形，使基坑周围地面沉降和水平位移控制在容许范围以内。

　　③ 确保基坑内支护结构与地下工程施工作业面在地下水位以上，给地下工程施工创造

良好的作业环境。围护体系通过截水、降水、排水等措施，保证工程施工作业面在地下水位以上。

对基坑支护体系的三个方面要求，应视具体工程确定。一般来说，对于任何基坑支护体系而言，需满足第一和第三方面的要求；第二方面要求视周围建（构）筑物，地下管线的位置、承受变形的能力、重要性及被损害可能发生的后果确定其具体要求；有时还需要确定应控制的变形量，按变形要求进行设计。

基坑工程为地下工程的敞开施工提供作业场地，这一特点决定了基坑支护结构的临时性，地下工程施工结束就意味着支护结构的使命结束。如果基坑围护体系部分或全部作为主体结构的一部分，可以达到节省工程造价的目的。比如，可将支护结构做成地下室的外墙，实行"两墙合一"，由于支护结构属于临时性结构，主体结构则是永久性结构，两者的要求是不一样的；"两墙合一"后，改变了基坑支护结构临时性的特点，因此，这种情况下，基坑支护结构还须满足主体结构作为永久性结构的要求，按永久性结构的要求处理，提高强度、变形、防渗等方面的要求。

1.1.2　基坑工程的特点

（1）基坑工程安全储备小，风险性较大

基坑支护体系一般为临时措施，地下室主体施工完成时支护体系即完成任务。与永久性结构相比，基坑支护体系的荷载、强度、变形、防渗、耐久性等方面的安全储备较小，因此具有较大的风险性。这就要求基坑工程施工过程中监测必不可少，并应有应急措施，在施工过程中一旦出现险情，需要及时抢救。

（2）基坑工程具有明显的区域特征

岩土工程区域性强，岩土工程中的基坑工程区域性更强。我国幅员辽阔，地质条件变化很大，有软土、砂性土、砾石土、黄土、膨胀土、红土、风化土、岩石等，不同工程地质和水文地质条件的地基，基坑工程所采用的支护结构体系差异很大，即使同一城市不同区域也可能会有较大差异。因此，基坑工程的支护体系设计与施工和土方开挖都要根据具体的工程地质条件因地制宜，其他地区的经验可以借鉴，但不能简单搬用。

（3）基坑工程具有明显的环境保护特征

基坑工程的支护体系设计与施工不仅受到工程地质和水文地质条件的影响，还受到相邻的建筑物、地下构筑物和地下管线等的影响，其位置、抵御变形的能力、重要性，会成为基坑工程设计和施工的制约因素。保护相邻建（构）筑物和市政设施的安全是基坑工程设计与施工的关键之一。因此，基坑工程的设计和施工应根据基本的原理和规律灵活应用，不能简单引用。任何基坑设计，在满足基坑安全及周围环境保护的前提下，要满足施工的易操作性和工期要求。

（4）基坑工程综合性强

基坑工程的设计与施工不仅需要岩土工程的知识，也需要结构工程的知识，支护体系的设计工程师，必须同时具备这两方面的知识。基坑工程涉及土力学中稳定、变形和渗流三个基本课题，三者融合交汇，需综合处理。有时土压力引起支护结构的稳定性是主要矛盾，有时土中渗流引起流土破坏是主要矛盾，有时基坑周围地面变形量是主要矛盾。

基坑所处区域地质条件的多样性、基坑周边环境的复杂性、基坑形状的多样性、基坑支护形式的多样性，决定了基坑工程具有明显的个性。

（5）基坑工程计算理论尚不完善

基坑工程是岩土、结构及施工相互交叉的学科，尽管基坑支护技术得到了较大的发展，但基坑所处的地质条件复杂，受到多种复杂因素相互影响，同时，目前的研究对岩土体性质的了解还不深入，很多设计计算理论还不完善，如土压力理论、基坑设计计算理论等方面尚待进一步发展，仍属尚待发展的综合技术学科。

（6）基坑工程时空效应明显

基坑工程具有很强的时间效应，土体所具有的流变性对作用于支护结构上的土压力、土坡的稳定性和支护结构变形等有很大的影响，尤其是软黏土，蠕变性较强，作用在支护结构上的土压力随时间变大，而蠕变将使土体强度降低，土坡稳定性变小。

基坑的深度和平面形状对基坑支护体系的稳定性和变形有较大影响，在支护体系设计时要注意基坑工程的空间效应。

（7）基坑工程的环境效应

基坑工程的施工也会引起周围地下水位变化和应力场的改变，导致周围土体的变形，对相邻建（构）筑物和地下管线产生影响，严重的将危及相邻建（构）筑物和地下管线的安全和正常使用。基坑工程施工过程中产生的噪声、粉尘、废弃的泥浆、渣土等也会对周围环境产生影响，大量的土方运输也会对交通产生影响，因此基坑工程的环境效应应予以重视。

1.2 基坑工程的设计原则与安全等级

1.2.1 基坑工程的设计原则

基坑工程的设计主要是三个方面的内容：其一是支护结构的强度、变形和基坑内外土体稳定性设计；其二是对基坑地下水的控制设计；其三是监测方案设计，包括对支护结构的监测和周边环境的监测。基坑工程设计时应遵循以下原则：

（1）安全可靠

第一，必须确保基坑工程本体的安全，为地下结构的施工提供安全的施工空间；第二，必须保障基坑工程施工全过程中周边建（构）筑物和地下管线等周边环境的安全，以确保其正常使用。

（2）经济合理

基坑支护结构在保证安全可靠的前提下，设计方案应具有较好的技术经济效应和环境效应。要从工期、材料、设备、人工以及环境保护等多方面综合研究经济合理性。

（3）技术可行

基坑支护结构设计不仅要符合基本的力学原理，设计方案还需考虑施工的可行性与便利性，如设计方案应与施工机械相匹配，施工机械要具有足够的施工能力，施工机械、材料、劳动力、构配件的供应应较方便。

（4）施工便利

基坑支护设计在安全可靠、经济合理的原则下，应最大限度地满足便利施工的要求，尽可能采用合理的支护结构设计方案，减少对施工的影响，缩短施工工期。

1.2.2 基坑工程的安全等级

基坑工程是临时性工程，其设计使用期限不应小于一年。《建筑基坑支护技术规程》（JGJ 120—2012）采用了结构安全等级划分的基本方法，基坑支护设计时，应综合考虑基坑周边环境和地质条件的复杂程度、基坑深度等因素，基坑支护结构的安全等级如表1-1所示。同一基坑的不同侧壁可分别确定为不同的安全等级，并依据侧壁安全等级分别进行设计。

表 1-1　支护结构的安全等级

安全等级	破坏后果
一级	支护结构失效、土体过大变形对基坑周边环境或主体结构施工安全的影响很严重
二级	支护结构失效、土体过大变形对基坑周边环境或主体结构施工安全的影响严重
三级	支护结构失效、土体过大变形对基坑周边环境或主体结构施工安全的影响不严重

支护结构设计时应采用承载能力极限状态和正常使用极限状态。

（1）承载能力极限状态

① 支护结构构件或连接因超过材料强度而破坏，或因过度变形而不适于继续承受荷载，或出现压屈、局部失稳；

② 支护结构和土体整体滑动；

③ 坑底因隆起而丧失稳定；

④ 对支挡式结构，挡土构件因坑底土体丧失嵌固能力而推移或倾覆；

⑤ 对锚拉式支挡结构或土钉墙，锚杆或土钉因土体丧失锚固能力而拔动；

⑥ 对重力式水泥土墙，墙体倾覆或滑移；

⑦ 对重力式水泥土墙、支挡式结构，其持力土层因丧失承载能力而破坏；

⑧ 地下水渗流引起的土体渗透破坏。

（2）正常使用极限状态

① 造成基坑周边建（构）筑物、地下管线、道路等损坏或影响其正常使用的支护结构位移；

② 因地下水位下降、地下水渗流或施工因素而造成基坑周边建（构）筑物、地下管线、道路等损坏或影响其正常使用的土体变形；

③ 影响主体地下结构正常施工的支护结构位移；

④ 影响主体地下结构正常施工的地下水渗流。

1.3　基坑支护工程的方法分类

1.3.1　基坑支护总体方案

基坑施工最简单、经济的办法是放大坡开挖，但经常会受到场地条件、周边环境的限制，所以需要设计支护系统以保证施工的顺利进行，并能较好地保护周边环境。基坑支护总体方案的选择直接关系到工程造价、施工进度及周围环境的安全。总体方案主要有顺作法和逆作法两类基本形式，它们具有各自鲜明的特点。在同一个基坑工程中，顺作法和逆作法也可以在不同的基坑区域组合使用，从而在特定条件下满足工程的技术经济性要求。基坑工程的总体支护方案分类如图 1-3 所示。

1.3.2　基坑支护方法分类

基坑支护体系一般包括两部分：支护挡土体系和止水降水体系。基坑围护结构一般要承受土压力和水压力，起到挡土和挡水的作用。支护体系的组成一般有以下几种情况：一是支护挡土结构＋降水体系构成基坑支护体系；二是支护挡土结构＋止水体系构成基坑支护体系。一般情况下围护结构和止水帷幕共同形成止水体系。但还有两种情况，一种是止水帷幕自成止水体系，另一种是围护结构本身也起止水帷幕的作用，如水泥土重力式挡墙和地下连

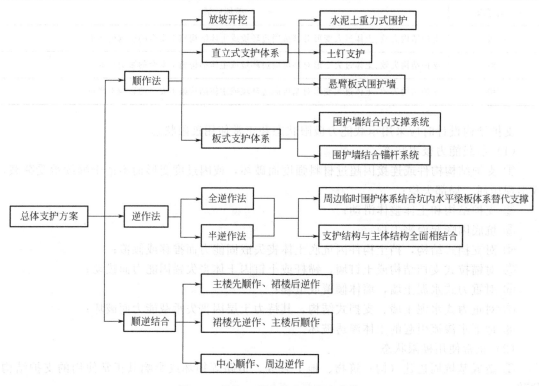

图 1-3 基坑工程总体支护方案分类

续墙等。

基坑支护方法种类较多，在基坑支护方法分类中要包括各种支护形式是十分困难的，每种类型在适用条件、工程经济性和工期等方面各有侧重，而且周边围护结构形式的选用直接关系到工程的安全性、工期和造价。基坑工程中采用何种支护方法主要根据基坑开挖深度、岩土性质、基坑周围场地情况以及施工条件等因素综合考虑决定。目前在基坑工程中常用的支护方法有：悬臂式支护结构、重力式支护结构、内支撑式支护结构、锚拉式支护结构、土钉（复合土钉）支护等。常见的支护方法与适用条件如表 1-2 所示。

表 1-2 常用基坑支护方法及适用条件

结构类型		适用条件	
		安全等级	基坑深度、环境条件、土类和地下水条件
支挡式结构	锚拉式结构	一级 二级 三级	适用于较深的基坑	① 排桩适用于可采用降水或止水帷幕的基坑； ② 地下连续墙宜同时用作主体地下结构外墙，可同时用于截水； ③ 锚杆不宜用在软土层和高水位的碎石土、砂土层中； ④ 当临近基坑有建筑物地下室、地下构筑物等，锚杆的有效锚固长度不足时，不应采用锚杆； ⑤ 当锚杆施工会造成周边建（构）筑物的损害或违反城市地下空间规划等规定时，不应采用锚杆
	支撑式结构		适用于较深的基坑	
	悬臂式结构		适用于较浅的基坑	
	双排桩		当锚拉式、支撑式和悬臂式结构不适用时，可考虑采用双排桩	
	支护结构与主体结构结合的逆作法		适用于周边环境条件很复杂的深基坑	

续表

结构类型		适用条件	
	安全等级	基坑深度、环境条件、土类和地下水条件	
土钉墙	单一土钉墙	适用于地下水位以上或降水的非软土基坑,且基坑深度不宜大于 12m	当基坑潜在滑动面内有建筑物、重要地下管线时,不宜采用土钉墙
	预应力锚杆复合土钉墙	二级三级	适用于地下水位以上或降水的非软土基坑,且基坑深度不宜大于 15m	
	水泥土桩复合土钉墙		用于非软土基坑时,基坑深度不宜大于 12m;用于淤泥质土基坑时,基坑深度不宜大于 6m。不宜用在高水位的碎石土、砂土层中	
	微型桩复合土钉墙		适用于地下水位以上或降水的基坑。用于非软土基坑时,基坑深度不大于 12m;用于淤泥质土基坑时,基坑深度不宜大于 6m	
重力式水泥土墙		二级三级	适用于淤泥质土、淤泥填土,且基坑深度不宜大于 7m	
放坡		三级	① 施工场地满足放坡条件;② 放坡与上述支护结构形式结合	

注:1. 当基坑不同部位的周边环境条件、土层性状及基坑深度等不同时,可在不同部位分别采用不同的支护形式。

2. 支护结构可采用上、下部位不同结构类型组合的形式。

1.4　基坑支护方案

1.4.1　基坑支护方案选用原则

基坑支护必须保证安全正常使用,设计符合相应规范、条例要求,且应对施工给出指导性意见。一个优秀的基坑支护结构设计,要做到因地制宜,根据基坑工程周围建(构)筑物对支护体系变位的适应能力,选用合理的支护形式,进行支护结构体系设计。

支护体系的选用原则是安全、经济、方便施工,选用支护方案要因地制宜。

安全不仅指支护体系本身安全,保证基坑开挖、地下结构施工顺利,而且要保证邻近建(构)筑物和市政设施的安全和正常使用。

经济不仅是指支护体系的工程费用,而且要考虑工期,考虑挖土是否方便,考虑安全储备是否足够,应采用综合分析,确定该方案是否经济合理。

方便施工也应是支护体系的选用原则之一。方便施工可以降低挖土费用,而且可以节省工期、提高支护体系的可靠性。

1.4.2　基坑支护方案的选择

基坑支护设计时,首先应当依据基坑深度、工程水文地质条件、环境条件和使用条件等合理划分基坑侧壁安全等级,然后综合基坑侧壁安全等级、施工、气候条件、工期要求、造价等因素合理选择支护结构类型。具体可以从以下几个方面来进行考虑。

(1)基坑深度

基坑深度越大,相同工程地质条件下基坑支护结构承受的土压力越大,对支护结构要求越高,如单一的土钉墙支护一般适用于 7m 以下的基坑,而桩锚式支护结构则可以适用于深基坑及超深基坑。基坑深度增加，可以增加支护桩的嵌固深度和锚杆层数，但相应造价增加。

（2）土的性状及地下水条件

基坑支护方法有一定的适用范围，如软土地区深基坑不宜采用桩锚支护结构，因为软土的抗剪强度低，与锚杆表面产生的摩阻力低，故锚固作用低，而支撑结构则基本不受土的性状的影响。

地下水控制与基坑工程的安全以及周边环境的保护都密切相关。有的基坑支护方法自身具有止水功能，如水泥土重力式挡墙、地下连续墙等，可以应用于地下水埋深较浅且较丰富的基坑，而桩锚、土钉墙等一般不具备止水功能，则需要配合降水或止水措施。随着环境保护的不断推进实施，不少城市已限制基坑开挖采用降水，基坑支护方法选择时，需考虑基坑采取何种止水措施。

（3）基坑周边环境对基坑变形的承受能力及支护结构失效的后果

基坑周边的建（构）筑物、地下管线类型不同，其承受变形的能力不同，基坑围护结构设计时，需考虑其承受变形的能力。相同的地质条件，相同的挖土深度，允许围护结构变位量不同，满足不同变形要求的不同支护体系的费用相差可能很大。优秀的设计，应能较好地把握围护结构安全变位量，使支护体系安全，周围建筑物不受影响，费用又少。

（4）主体地下结构和基础形式及其施工方法、基坑平面尺寸及形状

基坑支护可以考虑结合主体地下结构来设计，如地下车站的设计，采用逆作法时，可以采用地下连续墙作为地下室的外墙。

长条形的地铁车站基坑或综合管廊基坑，支撑结构可以考虑采用对撑；而建筑基坑尺寸较大较深，土层性状较好时，可以考虑选用桩锚支护，不占地下施工空间，便于施工。

（5）支护结构施工工艺的可行性

基坑围护结构设计时，应考虑其施工的可行性，如水泥土搅拌桩帷幕，适用于淤泥、淤泥质土等相对较软土层的基坑围护，而在密实的砂土、硬塑或坚硬的黏性土、粉质黏土层，受限于施工设备的能力，不宜采用。

（6）施工场地条件及施工季节

施工场地条件允许情况下，优先采用放坡开挖，基坑深度小于7m，可以选用单一土钉墙；大于7m小于12m时，可以考虑两级放坡，经济性较好；而市区周边建（构）筑物或地下管线等距离近时，则只能垂直开挖，控制变形。

基坑开挖时，还要考虑季节的影响。如江浙、上海等地区施工，要考虑雨季的影响；东北地区基坑施工，有时需考虑越冬，即考虑冻胀的影响。

（7）经济指标、环保性能和施工工期

基坑支护方法的选择应考虑技术经济指标的影响，利用技术经济指标，评价基坑设计施工方案，合理选择施工方法，为技术经济决策提供依据。

随着环保意识和要求的不断提高，对基坑支护方案的选择提出了更高的要求，如护坡桩施工时，采用泥浆护壁成孔，若泥浆处理不好，容易造成施工现场环境较差。同时，基坑支护方案的选择，必须考虑工期的影响，基坑开挖与施工不能超出工期要求。

1.5 基坑工程的发展

1.5.1 基坑工程的发展概况

随着我国国民经济的飞速发展，城市化进程不断加快，土地资源紧张的矛盾也日益突

出，城市建设向高空、地下争取空间已然成为一种发展趋势，越来越多的高层建筑物、地下工程大规模兴建，随之而来的是基坑的深度和规模增加，如中央电视台大楼基坑长约 267m，宽约 220m，基坑深度 10.6～27.4m，采用桩锚和土钉墙联合支护方法，如图 1-4 所示。上海中心大厦塔楼圆形基坑开挖深度为 31.10m，塔楼区围护采用 121m 直径的环形地下连续墙围护体系，围护地墙厚 1200mm，支撑体系为 6 道环形圈梁，如图 1-5 所示。

图 1-4　中央电视台大楼基坑工程现场照片　　　图 1-5　上海中心大厦塔楼圆形基坑

在繁华的市区进行深基坑开挖给基坑工程提出了新的研究内容，即如何控制深基坑开挖的环境效应问题，从而进一步促进了深基坑开挖技术的研究与发展，产生了许多先进的设计计算方法，众多新的施工工艺也不断付诸实施，出现了许多技术先进的成功工程实例。但由于基坑工程的复杂性以及设计、施工的不当，发生工程事故的概率仍然很高。

早期的基坑都采用放坡开挖，随着基坑工程的发展，基坑的支护形式越来越多，新的支护方法与施工工艺不断出现并付诸实施，诸如排桩、桩锚、内支撑、水泥土桩重力式挡墙、钢板桩、地下连续墙、型钢水泥土挡墙、土钉墙、复合土钉墙等支护技术已日趋成熟。

随着基坑开挖技术的研究与发展，支护结构的设计计算理论也逐渐发展，设计计算方法不断改进与发展，如排桩支护有极限平衡法、等值梁法、近似盾恩法、山肩邦男法、弹性支点法等支护结构设计计算方法，随着计算机技术的应用，设计计算从二维分析设计发展到三维分析设计。

1.5.2　基坑工程的发展趋势

目前，各地基本建设中的各类建筑朝着高、大、深、重等方向发展，基坑支护工程必将越来越多，基坑将会越来越深，地质条件也会越来越复杂。可以预料，基坑开挖与支护技术的各个方面均将继续得到全面而深入的应用和推广，总结基坑支护工程未来的发展趋势，大致可归纳为以下几点：

（1）基坑支护新技术的发展

随着科技的发展，支护技术不断发展，施工技术不断进步，施工设备不断更新，带来了基坑支护新技术的发展，如水泥土止水帷幕的施工，以前采用深层搅拌法和高压旋喷法，深层地下水泥土地下连续墙工法（TRD 工法）及设备的开发，大大提高了水泥土成墙的效率与质量。

（2）动态设计与信息化施工

信息化已经成为未来基坑工程施工的显著特征，基坑监测技术的发展使监测更及时、准确与系统，及时采集、分析与处理的信息，真实地反映了基坑实际的工作状态，并通过反演分析，反馈设计与施工，指导下一步的基坑工作，实现动态设计与信息化施工。

（3）基坑工程系统化

基坑工程是临时性工程，主要矛盾是安全可靠与经济合理之间的矛盾。很多时候基坑工程的方案选择是系统考虑安全、技术和经济，调整与优化基坑支护方案。同时，基坑工程是一个系统工程，从勘察、设计到施工，牵涉方方面面，故需要用系统的处理方法来解决基坑支护工程中的很多问题。

（4）基坑设计规范化

如今我国在深基坑支护技术上已经积累很多实践经验，初步摸索出岩土变化支护结构实际受力的规律，为建立健全深基坑支护结构设计的新理论和新方法打下了良好的基础。但对于岩土深基坑支护结构的实际设计和施工方法仍处于摸索和探讨阶段，相应的设计规范、方法、软件等都存在着不同的不足。参数的试验取定，结构的建模计算，有关内力、变形和稳定的限定等都受到理论、技术、设备和经验的限制，导致设计与施工存在一定程度的脱节。随着对基坑设计与施工技术的不断研究与实践，认识不断深入，相关的理论也在逐步完善，经验也在逐渐丰富，软硬件设备也有了很大的改善，深基坑支护工程不断规范化。

（5）基坑工程智能化

基坑工程智能化是基坑工程发展的趋势。随着计算机技术的发展，BIM技术、移动终端、无人机三维扫描等智能化设计、监测与新技术融合，三维有限元、神经网络模型与遗传算法等先进方法得以应用，数据计算、专家库及与智慧建造等不断应用于基坑工程，基坑勘察、设计、施工、监测中的问题取得突破性进展，基坑设计与施工智能化速度愈发加快。

思考题与习题

1. 基坑工程有什么作用？
2. 基坑工程安全等级分几级？怎样确定？
3. 基坑支护方案选择一般考虑哪些因素？

第2章 作用于支护结构的荷载计算

■ 案例导读

　　某工程场地拟进行基坑开挖，场地土层从上到下分布如下：

　　①杂填土：褐~灰色，稍湿，松散，结构杂乱；②淤泥质粉细砂：灰~灰黑色，松散状态，饱和；③细砂：青灰~灰褐色，稍密~中密，饱和；④黏性土：褐色~褐黄色，稍密~中密状态，饱和，软~可塑；⑤粗砾砂：褐黄色，饱和；⑥强风化云母片岩：褐绿，呈鳞片状变晶结构，片状构造，区域产状 14°~60°。土层参数见表 2-1。基坑拟开挖深度为 8m，水位埋深为 3.2m。如该基坑采用排桩支护，支护桩长度为 12m，基坑开挖深度为 6.5m。

表 2-1　土层参数

层号	土类名称	层厚/m	重度/(kN/m³)	黏聚力/kPa	内摩擦角/(°)
①	杂填土	3.20	18.0	0.00	12.00
②	淤泥质粉细砂	1.30	19.0	0.00	16.00
③	细砂	2.70	20.0	0.00	32.00
④	黏性土	3.40	19.4	30.00	14.00
⑤	粗砾砂	1.80	20.0	0.00	30.00
⑥	强风化云母片岩	未揭穿	22.0	12.00	35.00

讨论

　　试计算作用于支护桩上的土压力分布（采用传统的土压力理论计算），并绘制土压力分布图。

　　通常情况下，作用在基坑支护结构上的外荷载有土压力、水压力、地面超载、施工荷载和结构自重等。作用于支护结构上的主要荷载为土压力和水压力，特别是在深基坑的开挖中能较正确地估计土压力，对于工程的安全顺利施工具有十分重要的意义。

　　土体作用于基坑支护结构上的压力即称为土压力。土压力的大小和分布主要与土体的物理力学性质、地下水位状况、墙体位移、支撑刚度等因素有关。基坑支护结构上的土压力计算是基坑支护工程设计的最基本的必要步骤，决定着设计方案和经济效益。

支护结构土压力的大小及其分布规律与支护结构可能移动的方向和大小有直接关系。根据墙的移动情况和墙后土体所处的应力状态，作用在支护结构墙背上的土压力可分为静止土压力、主动土压力和被动土压力，如图 2-1 所示。

（1）静止土压力

静止土压力是当墙体不发生侧向位移或侧向位移极其微小时，作用于墙体上的土压力，通常用 E_0 表示，如图 2-1(a) 所示。如地下室外墙、涵洞侧墙和船闸边墙等墙体，墙体变形很小，基本可以忽略，其墙面上所受的土压力即可认为是静止土压力。

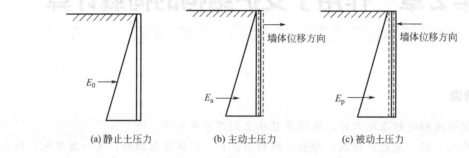

(a) 静止土压力   (b) 主动土压力   (c) 被动土压力

图 2-1　三种不同极限状态土压力

（2）主动土压力

在墙后土体作用下，发生背离土体方向移动，使墙后土体产生"主动滑移"并达到极限平衡状态，此时作用在墙背上的土压力称为主动土压力，用 E_a 表示，如图 2-1(b) 所示。土体内相应的应力状态称为主动极限平衡状态。

（3）被动土压力

在外力作用下，支护结构发生向墙后土体方向的移动并致使墙后土体达到极限平衡状态，此时作用在挡土墙上的土压力称为被动土压力，用 E_p 表示，如图 2-1(c) 所示。土体内相应的应力状态称为被动极限平衡状态。

在上述三种土压力中，主动土压力值最小，被动土压力值最大，静止土压力值则介于两者之间，即 $E_a < E_0 < E_p$。挡土墙所受土压力并不是常数，随着墙体位移量的变化，墙后土体的应力应变状态不同，土压力值也在变化。土压力的大小可在主动和被动土压力两个极限值之间变动，其方向随之改变。

（4）影响土压力的因素

① 支护结构的位移。支护结构的位移（或转动）方向和位移量的大小，是影响土压力性质、大小的最主要因素。

② 支护结构的形状。墙背为竖直或倾斜、墙背为光滑或粗糙，都与采用何种土压力计算理论和计算结果有关。

③ 墙后填土的性质。墙后填土的性质包括填土重度、含水量、土的强度指标即内摩擦角和黏聚力的大小。

④ 支护结构的材料。如支护结构的材料采用素混凝土和钢筋混凝土，可认为墙的表面光滑，不计摩擦力；若为砌石支护结构，就必须计算摩擦力，因而土压力的大小和方向都不相同。

2.1　土压力

2.1.1　静止土压力

静止土压力是墙体静止不动，墙后土体处于弹性平衡状态时，作用于墙背的侧向压力。根据弹性半无限体的应力和变形理论，z 深度处的静止土压力强度 σ_0 为：

$$\sigma_0 = K_0 \gamma z \tag{2-1}$$

式中　γ——墙背填土的重度，kN/m^3；

K_0——静止土压力系数，可由泊松比 μ 来确定，$K_0 = \dfrac{\mu}{1-\mu}$。

一般土的泊松比，砂土可取 $0.35 \sim 0.50$，黏性土可取 $0.50 \sim 0.70$。在进行初步计算时，也可采用表 2-2 中的经验值。

表 2-2　静止土压力系数

土的名称和性质	K_0	土的名称和性质	K_0
砾石土	0.17	壤土：含水量 $w = 25\% \sim 30\%$	$0.60 \sim 0.75$
砂：孔隙比 $e = 0.50$	0.23	砂质黏土	$0.49 \sim 0.59$
$e = 0.60$	0.34	黏土：硬黏土	$0.11 \sim 0.25$
$e = 0.70$	0.52	紧密黏土	$0.33 \sim 0.45$
$e = 0.80$	0.60	塑性黏土	$0.61 \sim 0.82$
砂壤土	0.33	泥炭土：有机质含量高	$0.24 \sim 0.37$
壤土：含水量 $w = 15\% \sim 20\%$	$0.43 \sim 0.54$	有机质含量低	$0.40 \sim 0.65$

由此可见，静止土压力系数 K_0 的确定是计算静止土压力的关键参数，通常优先考虑通过室内 K_0 试验测定，其次可采用现场旁压试验或扁胀试验测定，在无试验条件时，可按经验方法确定，具体如下：

砂性土　　　　　　　　　　　　$K_0 = 1 - \sin\varphi'$ 　　　　　　　　　　　(2-2)

黏性土　　　　　　　　　　　　$K_0 = 0.95 - \sin\varphi'$ 　　　　　　　　　　(2-3)

式中　φ'——土的有效内摩擦角，(°)。

由式(2-1)可知，在地面水平的均质土中，静止土压力沿墙高为三角形分布，对于高度为 H 的竖直挡墙，作用在单位长度墙后的静止土压力合力 E_0 为：

$$E_0 = \frac{1}{2}\gamma H^2 K_0 \tag{2-4}$$

合力 E_0 的方向水平，作用点在距离墙底 $H/3$ 高度处，如图 2-2 所示。

2.1.2　朗肯土压力理论

朗肯（Rankine）土压力理论作为两个著名的古典土压力理论之一，是 1857 年由英国学者朗肯（W. J. M. Rankine）提出，根据半空间的应力状态和土的极限平衡条件而得出的土压力计算方法。由于其概念清楚，公式简单，便于记忆，目前在工程中仍得

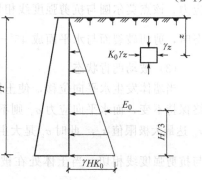

图 2-2　静止土压力强度分布图

到广泛应用，亦是基坑工程设计中主要的设计理论。

2.1.2.1　基本假设和原理

朗肯土压力理论的基本假设为：墙背直立；墙后土体表面水平；墙背光滑。在上述假设的基础上，当墙背光滑与土体没有摩擦力，且墙后填土面水平，土体竖直面和水平面没有剪应力。所以，竖直方向和水平方向的应力均为主应力，其中竖直方向的应力即为土的竖向自重应力。根据墙身的移动，墙后土体内任一点处于主动或被动极限平衡状态时的大、小主应力之间关系，求得主动或被动土压力强度及其合力，具体分析如下。

（1）静止土压力状态

当墙身不发生偏移，土体处于静止状态时，距地表 z 处 M 点的应力状态见图 2-3(a) 和图 2-3(d) 中应力圆 I。此时 M 单元竖向应力等于该处土的自重应力，水平向应力是该点处土的静止土压力。由于该点未达到极限平衡状态，故应力圆 I 在强度线下方，未与强度线相切。

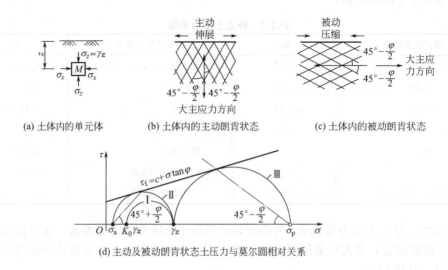

(a) 土体内的单元体　　　(b) 土体内的主动朗肯状态　　　(c) 土体内的被动朗肯状态

(d) 主动及被动朗肯状态土压力与莫尔圆相对关系

图 2-3　土体的极限平衡状态

（2）主动朗肯状态

当墙体发生水平向位移，使土体在水平方向发生拉伸变形，此时土单元的竖向应力（等于自重应力）保持不变，但水平应力则逐渐减小，直至满足极限平衡条件，即达到主动朗肯状态，此时 M 点水平向应力 σ_x 达到最低极限值 σ_a。

如图 2-3 所示，水平向土压力 σ_x 等于主动土压力 σ_a，是小主应力，竖向应力 σ_z 为大主应力，该点莫尔圆与抗剪强度线相切，如图 2-3(d) 中应力圆 II。当土单元处在主动朗肯状态时，剪切破裂面与水平面成 $45°-\dfrac{\varphi}{2}$ 角，如图 2-3(b) 所示。

（3）被动朗肯状态

当墙体发生水平向位移，使土体在水平方向发生压缩变形，此时土单元的竖向应力亦始终保持不变，而水平向应力 σ_x 则不断增大，直到满足极限平衡条件（即被动朗肯状态）时，σ_x 达最大极限值 σ_p，此时 σ_p 是大主应力，而 σ_z 则是小主应力，莫尔圆如图 2-3(d) 中的圆 III，与抗剪强度线相切。当土体处在被动朗肯状态时，剪切破裂面与水平面成 $45°+\dfrac{\varphi}{2}$ 角，如图 2-3(c) 所示。

2.1.2.2　朗肯主动土压力

当墙后填土达到主动极限平衡状态时，作用于任意深度 z 处土单元的竖直应力 $\sigma_z = \gamma z$ 应是大主应力 σ_1，作用于墙背的水平向土压力 σ_a 应是小主应力 σ_3，如图 2-4(a) 所示。

由土的强度理论可知，当土体中某点处于极限平衡状态时，大主应力 σ_1 和小主应力 σ_3 间满足以下关系式：

黏性土：

$$\sigma_1 = \sigma_3 \tan^2\left(45° + \frac{\varphi}{2}\right) + 2c\tan\left(45° + \frac{\varphi}{2}\right) \tag{2-5}$$

或

$$\sigma_3 = \sigma_1 \tan^2\left(45° - \frac{\varphi}{2}\right) - 2c\tan\left(45° - \frac{\varphi}{2}\right) \tag{2-6}$$

无黏性土：

$$\sigma_1 = \sigma_3 \tan^2\left(45° + \frac{\varphi}{2}\right) \tag{2-7}$$

或

$$\sigma_3 = \sigma_1 \tan^2\left(45° - \frac{\varphi}{2}\right) \tag{2-8}$$

根据上述分析，在主动极限平衡状态时，将 $\sigma_3 = \sigma_a$ 和 $\sigma_1 = \gamma z$ 代入式(2-6) 和式(2-8)，即得朗肯主动土压力强度计算公式为：

黏性土：

$$\sigma_a = \gamma z \tan^2\left(45° - \frac{\varphi}{2}\right) - 2c\tan\left(45° - \frac{\varphi}{2}\right) \tag{2-9}$$

或

$$\sigma_a = \gamma z K_a - 2c\sqrt{K_a} \tag{2-10}$$

无黏性土：

$$\sigma_a = \gamma z \tan^2\left(45° - \frac{\varphi}{2}\right) \tag{2-11}$$

或

$$\sigma_a = \gamma z K_a \tag{2-12}$$

式中　K_a——朗肯主动土压力系数，$K_a = \tan^2\left(45° - \frac{\varphi}{2}\right)$；

$\quad\quad\ \gamma$——墙后填土的重度，kN/m^3，地下水位以下取有效重度；

$\quad\quad\ c$——墙后填土的黏聚力，kPa；

$\quad\quad\ \varphi$——填土的内摩擦角，(°)；

$\quad\quad\ z$——所计算的点离填土面的深度，m。

由主动土压力强度计算公式可知，无黏性土中主动土压力强度 σ_a 与深度 z 成正比，沿墙高的压力呈三角形分布，如图 2-4(b) 所示。作用在墙背上的主动土压力的合力 E_a 即为三角形面积，其作用点位置在分布图形的形心处，作用方向为水平，即：

$$E_a = \frac{1}{2}\gamma H^2 K_a$$

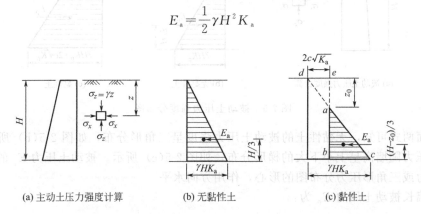

(a) 主动土压力强度计算　　　　(b) 无黏性土　　　　(c) 黏性土

图 2-4　主动土压力强度分布图

黏性土的主动土压力强度由两部分组成：一部分是由土的自重引起的土压力 $\gamma z K_a$；另一部分是由黏聚力 c 引起的负侧压力 $-2c\sqrt{K_a}$。这两部分土压力叠加的结果如图 2-4(c) 所示，其中 aed 部分是负侧压力，对墙背是拉应力，但实际上土与墙背在很小的拉应力作用下即会分离，故在计算土压力时，这部分的压应力设为零，因此黏性土的土压力分布仅是 abc 部分。

a 点离填土面的深度 z_0 常称为临界深度，在填土面无荷载的条件下，可令式（2-10）为 0 求得 z_0 值，即

$$\sigma_a = \gamma z K_a - 2c\sqrt{K_a} = 0$$

得

$$z_0 = \frac{2c}{\gamma\sqrt{K_a}} \tag{2-13}$$

单位墙长黏性土主动土压力 E_a 为：

$$E_a = \frac{1}{2}\gamma H^2 K_a - 2cH\sqrt{K_a} + \frac{2c^2}{\gamma}$$

主动土压力 E_a 通过三角形压力分布图 abc 的形心，即作用在离墙底 $(H-z_0)/3$ 处，方向水平。

2.1.2.3 朗肯被动土压力

墙体在外力作用下发生土体方向移动并挤压土体时，土中竖向应力 $\sigma_z = \gamma z$ 不变，而水平向应力 σ_x 却逐渐增大，直至出现被动朗肯状态，如图 2-5(a) 所示。

此时，作用在墙面上的水平压力达到极限 σ_p，为大主应力 σ_1，而竖向应力 σ_z 变为小主应力 σ_1。利用式（2-5）和式（2-7），可得被动土压力强度计算公式：

黏性土：
$$\sigma_p = \gamma z K_p + 2c\sqrt{K_p} \tag{2-14}$$

无黏性土：
$$\sigma_p = \gamma z K_p \tag{2-15}$$

式中　K_p——朗肯被动土压力系数，$K_p = \tan^2\left(45° + \dfrac{\varphi}{2}\right)$。

其余符号意义同前。

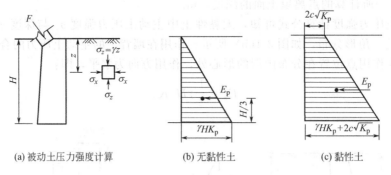

| (a) 被动土压力强度计算 | (b) 无黏性土 | (c) 黏性土 |

图 2-5　被动土压力强度分布图

由上面两式可知，无黏性土的被动土压力强度呈三角形分布，如图 2-5(b) 所示；黏性土被动土压力随墙高呈上小下大的梯形分布，如图 2-5(c) 所示。被动土压力 E_p 的作用点通过梯形压力或三角形压力分布图的形心，作用方向水平。

单位墙长被动土压力 E_p 为：

黏性土：
$$E_p = \frac{1}{2}\gamma H^2 K_p + 2cH\sqrt{K_p}$$

无黏性土：

$$E_p = \frac{1}{2}\gamma H^2 K_p$$

2.1.2.4 几种常见情况下的土压力

在实际工程中，经常遇到填土面有超载、成层填土、填土中有地下水的情况，当支挡结构满足朗肯土压力假设条件时，仍可根据朗肯土压力理论按如下方法分别计算支挡结构上的土压力，以朗肯主动土压力计算为例。

（1）填土面有均布荷载 q 作用

当挡土墙后填土面有连续满布均布荷载 q 作用时，通常土压力的计算方法是将均布荷载换算成作用在地面上的土层厚度（其重度 γ 与填土相同），即设想成一厚度为 $h = \dfrac{q}{\gamma}$ 的土层作用在填土面上，然后计算填土面处和墙底处的土压力强度。以无黏性土为例，填土面处的主动土压力强度为：

$$\sigma_{aA} = \gamma h K_a = q K_a$$

挡土墙底处土压力强度为：

$$\sigma_{aB} = \gamma(h + H)K_a = (q + \gamma H)K_a$$

土压力强度分布是梯形 $ABCD$ 部分，如图 2-6(a) 所示。土压力方向水平，作用点位置在梯形的形心。

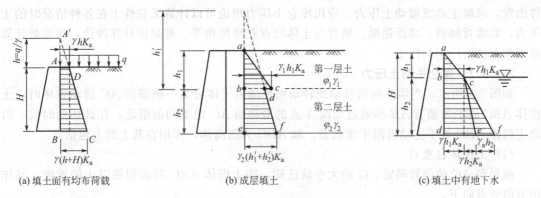

(a) 填土面有均布荷载　　　(b) 成层填土　　　(c) 填土中有地下水

图 2-6　常见情况下的朗肯主动土压力

（2）成层填土

如图 2-6(b) 所示，当填土由不同性质的土分层填筑时，上层土按均匀土的物理性质指标计算土压力强度，土压力强度的分布为图中的 abc 部分。当计算第二层土的土压力强度时，将上层土视为作用在第二层土上的均布荷载，换算成第二层土的物理性质指标的土层厚度，然后按第二层土的物理性质指标计算土压力强度，但只在第二层土层厚度范围内有效，如图中 $bdfe$ 部分。

因此，在土层分界面上，计算出的土压力强度有两个数值产生突变。其中一个代表第一层底面的土压力强度，而另一个则代表第二层顶面的土压力强度。由于两层填土性质不同，土压力强度系数 K_a 也不同，计算第一、第二层土的土压力时，应按各自土层性质指标 c、φ 分别计算其土压力系数 K_a，从而计算出各层填土的土压力。多层土时计算方法相同。

（3）填土中有地下水

支护结构墙后填土中常因排水不畅而存在地下水，地下水的存在会影响填土的物理力学性质，从而影响土压力的大小。一般来讲，地下水使填土含水量增加，抗剪强度降低，土压力变化，此外还需考虑水压力产生的侧向压力。

在地下水位以上的土压力仍按土的原来指标计算。在地下水以下的土取浮重度，抗剪强度指标应采用浸水饱和土的强度指标。若地下水不是长期存在的压力水，在考虑当地类似工程经验并适当放宽安全稳定系数的基础上，可用非浸水饱和土的强度指标。此外，还有静水压力作用，总侧压力为土压力和水压力之和，土压力和水压力的合力分别为各自分布图形的面积，如图 2-6(c) 所示，合力各自通过其分布图形的形心，方向水平。

2.1.3 库仑土压力理论

1773 年库仑（Coulomb）根据挡土墙后滑动楔体达到极限平衡状态时的静力平衡方程条件提出了一种土压力分析计算方法，即著名的库仑土压力理论。库仑土压力理论计算原理简明，适应性较广，因此具有广泛的应用性。

2.1.3.1 基本原理

库仑土压力理论的基本假设为：

① 墙后的填土是理想的散粒体（黏聚力 $c=0$）；

② 滑动破坏面为通过墙踵的平面；

③ 滑动楔体为刚体。

库仑土压力理论和朗肯土压力理论不同，朗肯土压力理论是由应力的极限平衡来求解的，而库仑土压力理论是以支挡结构墙后土体中的滑动土楔体处于极限状态时的静力平衡条件出发，求解主动或被动土压力。应用库仑土压力理论可以计算无黏性土在各种情况时的土压力，如墙背倾斜、墙面粗糙、墙背与土体间存在摩擦角等。根据该计算理论，亦可把计算原理和方法推广至黏性土。

2.1.3.2 库仑主动土压力

如图 2-7 所示，当墙体向前移动或转动而使墙后土体沿某一破裂面 AC 滑动破坏时，土楔体 ABC 将沿着墙背 AB 和通过墙踵 A 点的滑动面 AC 向下向前滑动。在破坏的时候，滑动土楔体 ABC 处于主动极限平衡状态。取 ABC 为隔离体，作用在其上的力包括：

（1）土楔体自重 G

破裂面 AC 的位置确定，G 的大小就已知，即土楔体 ABC 的面积乘以土的重度，其作用方向竖直向下。

$$G = \frac{1}{2}BC \cdot AD \cdot \gamma = \frac{1}{2}\gamma H^2 \frac{\cos(\alpha-\beta)\cos(\theta-\alpha)}{\cos^2\alpha\sin(\theta-\beta)}$$

（2）破裂面 AC 上的反力 R

土楔体滑动时，破裂面上的切向摩擦力和法向反力的合力为反力 R，它的方向已知，但大小未知。反力 R 与破裂面 AC 法线之间的夹角等于土的内摩擦角，并位于该法线的下侧。

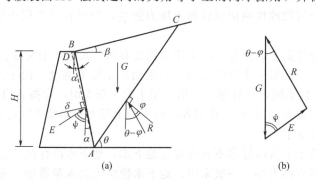

图 2-7　库仑主动土压力计算

（3）墙背对土楔体的反力 E

该力是墙背对土楔体的切向摩擦力和法向反力的合力，方向已知，大小未知。该力的反力即为土楔体作用在墙背上的土压力。反力 E 与墙背的法线方向成 δ 角，δ 角为墙背与墙后土体之间的摩擦角（又称为墙土摩擦角），土楔体下滑时反力 E 的作用方向在法线的下侧。

土楔体在上述三个力的作用下处于静力平衡状态，构成一闭合的力矢三角形，见图 2-7 (b)，按正弦定律可得：

$$E = G\frac{\sin(\theta - \varphi)}{\sin[180° - (\theta - \varphi + \psi)]} = G\frac{\sin(\theta - \varphi)}{\sin(\theta - \varphi - \psi)} \tag{2-16}$$

式中，$\psi = 90° - \alpha - \delta$。其余符号如图 2-7 所示。

在式（2-16）中，γ、H、α、β、φ、δ 都是已知的，而破裂面 AC 与水平面的倾角 θ 则是任意假定的。所以，给出不同的破裂面可以得出一系列相应的土压力 E 值，即 E 是 θ 的函数。E 的最大值 E_{max} 即为墙背的主动土压力。其所对应的滑动面即土楔体最危险的滑动面。令 $\dfrac{\mathrm{d}E}{\mathrm{d}\theta} = 0$，解出使 E 为最大值时所对应的破坏角 θ_{cr}，即为真正滑动面的倾角，将 θ_{cr} 代入式（2-16），整理后可得库仑主动土压力的一般表达式如下：

$$E_a = \frac{1}{2}\gamma H^2 K_a \tag{2-17}$$

$$K_a = \frac{\cos^2(\varphi - \alpha)}{\cos^2\alpha\cos(\alpha + \delta)\left[1 + \sqrt{\dfrac{\sin(\varphi + \delta)\sin(\varphi - \beta)}{\cos(\alpha + \delta)\cos(\alpha - \beta)}}\right]^2}$$

式中 K_a ——库仑主动土压力系数，与角 α、β、δ 和 φ 有关，而与 γ、H 无关；

γ ——墙后填土的重度，kN/m^3；

φ ——墙后填土的内摩擦角，$(°)$；

α ——墙背与竖直线之间的夹角，$(°)$，以竖直线为准，逆时针方向为正（俯斜），顺时针方向为负（仰斜）；

β ——墙后土体表面与水平面之间的夹角，$(°)$，水平面以上为正，水平面以下为负；

δ ——墙背与墙后土体之间的摩擦角（墙土摩擦角），$(°)$，可由试验确定，无试验资料时，根据墙背粗糙程度取为 $\delta = \left(\dfrac{1}{3} \sim \dfrac{2}{3}\right)\varphi$，也可参考表 2-3 中的数值。

表 2-3　墙土摩擦角 δ

挡土墙情况	摩擦角 δ
墙背平滑、排水不良	$(0 \sim 0.33)\varphi$
墙背粗糙、排水良好	$(0.33 \sim 0.5)\varphi$
墙背很粗糙、排水良好	$(0.5 \sim 0.67)\varphi$
墙背与填土间不可能滑动	$(0.67 \sim 1.0)\varphi$

注：φ 为墙背填土的内摩擦角。

由式（2-16）可看出，随着土的内摩擦角 φ 和墙土摩擦角 δ 的增大以及墙背倾角 α 和填土面坡角 β 的减小，K_a 值相应减小，主动土压力随之减小。可见，在工程中注意选取 φ 值较高的填料（如非黏性的砂砾石土），注意填土排水通畅，增大 δ 值，都将减小作用在支挡结构上的主动土压力。

当墙后土面水平，墙背垂直且光滑（$\beta = 0$，$\alpha = 0$，$\delta = 0$）时，库仑主动土压力公式与朗肯主动土压力公式完全相同，即说明朗肯土压力是库仑土压力的一个特例。在特定条件下，两种土压力理论所得结果一致。

由式(2-17)可知，主动土压力与墙高的平方成正比，将 E_a 对 z 取导数，可得距墙顶深度 z 处的主动土压力强度 σ_a，即

$$\sigma_a = \frac{\mathrm{d}E_a}{\mathrm{d}z} = \frac{\mathrm{d}}{\mathrm{d}z}\left(\frac{1}{2}\gamma z^2 K_a\right) = \gamma z K_a \tag{2-18}$$

由式(2-18)可知，主动土压力强度沿墙高呈三角形分布。主动土压力的作用点在离墙底 $H/3$ 处，方向与墙背的法线成 δ 角，或与水平面成 $\alpha+\delta$ 角。

2.1.3.3 库仑被动土压力

当墙体在外力作用下，推挤墙后土体直至墙后土体沿某一破裂面 AC 破坏时，土楔体 ABC 沿墙背 AB 和滑动面 AC 向上滑动，如图 2-8 所示。在破坏时，滑动土楔体 ABC 处于被动极限平衡状态。取 ABC 为隔离体，利用其上各作用力的静力平衡条件，按前述库仑主动土压力公式推导思路，采用类似方法可得库仑被动土压力公式。但需要注意的是，作用在土楔体上的反力 E 和 R 的方向与求主动土压力时相反，都应位于法线的另一侧。与主动土压力不同，库仑被动土压力 E_p 是在土压力 E 为最小值时的滑动面，此时楔体所受阻力最小，最容易被向上推出。

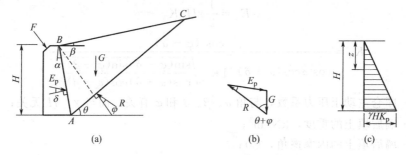

图 2-8 库仑被动土压力计算

被动土压力 E_p 的库仑公式为：

$$E_p = \frac{1}{2}\gamma H^2 K_p \tag{2-19}$$

其中 $K_p = \dfrac{\cos^2(\varphi + \alpha)}{\cos^2\alpha\cos(\alpha - \delta)\left[1 - \sqrt{\dfrac{\sin(\varphi + \delta)\sin(\varphi + \beta)}{\cos(\alpha - \delta)\cos(\alpha - \beta)}}\right]^2}$

式中 K_p——库仑被动土压力系数。

其他符号意义同前。显然 K_p 也与角 α、β、δ、φ 有关。

在墙背直立、光滑、墙后土体表面水平（$\beta=0$，$\alpha=0$，$\delta=0$）时，库仑被动土压力公式与朗肯被动土压力公式相同。被动土压力强度可按下式计算：

$$\sigma_p = \frac{\mathrm{d}E_p}{\mathrm{d}z} = \frac{\mathrm{d}}{\mathrm{d}z}\left(\frac{1}{2}\gamma z^2 K_p\right) = \gamma z K_p \tag{2-20}$$

被动土压力强度沿墙高也呈三角形分布，如图 2-8(c)所示，其方向与墙背的法线成 δ 角且在法线上侧，土压力合力作用点在距墙底 $H/3$ 处。

2.2 水压力

支护结构两侧作用的水压力，在侧压力中占很大的比例，尤其在软土地基中地下水位较

高的情况下，其值比土压力大得多。在基坑工程中，地下水位以下的土压力一般有两种计算方法，即水土分算和水土合算。

水土分算是分别计算水、土压力，以两者之和为总侧压力。计算土压力时用土的浮重度，计算水压力时按全水头的水压力考虑。这一方法适用于土孔隙中存在自由的重力水的情况或土的渗透性较好的情况，一般适用于砂土、粉土和粉质黏土。工程实践表明：土体中的水压力与其孔隙中的自由水及其渗透性是密切相关的，按水土分算方法计算水压力对于大多数土层来说，其作用都偏大。

水土合算是不考虑水压力的作用，认为土孔隙中不存在自由的重力水，土孔隙中的水都是结合水，它不传递静水压力，因此不形成水压力，将土颗粒与其孔隙中的结合水视为一整体，直接用土的饱和重度计算土体的侧压力即可。一般适用于黏土和粉土，不少实测资料证实，对这种土采用水土合算法是合适的。

采用水土分算还是水土合算方法计算土压力是当前工程界存有争议的课题。按照有效应力原理，土中骨架应力与水压力应分别考虑，水土分算方法符合有效应力原理，但在实际工程中，由于有效应力指标难以确定且无法考虑土体在不排水剪切时产生的超静孔压影响等问题，故在工程中并不实用；而水土合算方法尽管与有效应力原理存在冲突，但长期实践表明，结合当地的工程经验，采用水土合算方法计算土压力仍可较好地满足工程设计要求。

2.2.1　水压力的一般计算方法

（1）地下水无渗流时水压力的计算

当基坑围护结构中止水帷幕能形成连续封闭的基坑防渗止水系统时，可不考虑渗流作用对水压力的影响。在软土地基中，以地基土的渗透系数大小来划分其渗透性强弱时，应取现场抽水或注水试验所测定的原位渗透系数，常以其值小于 1×10^{-6} cm/s 作为相对不透水层。

当地下水无渗流时，作用于围护墙上的主动侧水压力，在基坑内地下水位以上按静水压力三角形计算；在基坑内地下水位以下按矩形分布计算（水压力为常量），并不计作用于围护墙被动侧的水压力。水压力的分布模式如图 2-9 所示。

（2）地下水有渗流时水压力的计算

防渗帷幕下仍为透水性很强的地基土，坑内外存在水头差时，开挖基坑后，在渗透作用下地下水将从坑外绕过帷幕底渗入坑内。由于水流阻力的作用，作用水头沿高程降低，坑外、坑内的水压力呈不同的变化，坑外作用于帷幕上的水压力强度将减小，而坑内作用于帷幕上的水压力强度将增大。在这种情况下，计算时应考虑渗流作用对水压力带来的影响。

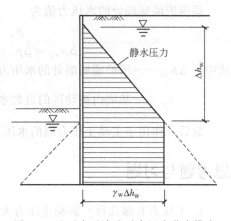

图 2-9　地下水无渗流时水压力分布模式

2.2.2　稳态渗流时水压力的计算

本特·汉森提出一种考虑渗流作用的水压力近似计算方法，并应用于德国地基基础规范中。如图 2-10 所示，在主动侧水压力低于静水压力，位于坑内地下水位标高处的修正值为 $-\Delta p_{w1}$，其值可按下式计算：

$$\Delta p_{w1} = i_a \gamma_w \Delta h_w \tag{2-21}$$

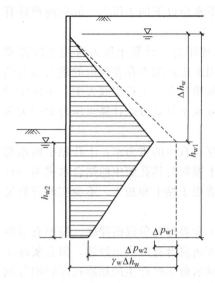

图 2-10 计算水压力的本特·汉森方法

修正后的基坑内地下水位处的水压力可按下式计算：

$$p_{w1} = \gamma_w \Delta h_w - \Delta p_{w1} \qquad (2-22)$$

式中　Δp_{w1}——基坑内地下水位处的水压力值，kPa；

　　$-\Delta p_{w1}$——基坑开挖面处的水压力修正值，kPa；

　　i_a——基坑外的近似水力坡降，取 $i_a = \dfrac{0.7\Delta h_w}{h_{w1} + \sqrt{h_{w1}h_{w2}}}$；

　　Δh_w——基坑内、外侧地下水位差，m，$\Delta h_w = h_{w1} - h_{w2}$；

　　h_{w1}、h_{w2}——基坑内、外侧地下水位至围护墙底端的高度，m。

在主动侧墙底的修正后水压力为

$$p_{wa} = \gamma_w \Delta h_{w1} - \Delta p'_1 \qquad (2-23)$$

其中，修正值 $\Delta p'_1$ 可按下式计算

$$\Delta p'_1 = i_a \gamma_w \Delta h_{w1} \qquad (2-24)$$

在被动侧水压力高于静水压力，低于墙底的修正后水压力值为

$$p_{wp} = \gamma_w \Delta h_{w2} - \Delta p'_2 \qquad (2-25)$$

其中，修正值 $\Delta p'_2$ 可按下式计算

$$\Delta p'_2 = i_p \gamma_w \Delta h_{w2} \qquad (2-26)$$

两侧水压力相抵后，可得到围护墙底端处的水压力

$$p_{w2} = \gamma_w h_{w1} - \Delta p'_1 - (\gamma_w \Delta h_{w2} + \Delta p'_2) = \gamma_w \Delta h_w - (\Delta p'_1 + \Delta p'_2) \qquad (2-27)$$

即围护墙底端处的水压力值为

$$p_{w2} = \gamma_w \Delta h_w - \Delta p_{w2} \qquad (2-28)$$

$$\Delta p_{w2} = \Delta p'_1 + \Delta p'_2 = i_a \gamma_w h_{w1} + i_p \gamma_w h_{w1}$$

式中　Δp_{w2}——围护墙底端处的水压力修正值，kPa；

　　i_p——基坑内被动区的近似水力坡降，$i_p = \dfrac{0.7\Delta h_w}{h_{w2} + \sqrt{h_{w1}h_{w2}}}$。

最后，作用于主动土压力侧的水压力分布见图 2-10 的阴影部分。

思考题与习题

1. 土压力有哪几种？影响土压力大小的因素有哪些？其中最主要的影响因素是什么？

2. 试阐述主动、静止、被动土压力的定义及产生条件，并比较三者的数值大小。

3. 试比较朗肯土压力理论和库仑土压力理论的基本假定、计算原理及适用条件。

4. 分别指出下列变化对主动土压力和被动土压力各有什么影响？

①内摩擦角 φ 变大；②外摩擦角 δ 变小；③填土面倾角 β 变大；④墙背倾斜（俯斜）角 α 变小。

5. 挡土墙高 6m，墙背垂直、光滑，墙后填土面水平，填土的重度 $\gamma = 18\text{kN/m}^3$，$c = 0$，$\varphi = 30°$。试求：

（1）墙后无地下水时的总主动土压力。

（2）当地下水离墙底 2m 时，作用在挡土墙上的总压力（包括土压力和水压力），已知

地下水位下填土的饱和重度 $\gamma_{sat}=19\text{kN/m}^3$。

6. 某挡土墙高 $H=10.0\text{m}$，墙背竖直、光滑，墙后填土面水平。填土上作用均布荷载 $q=20\text{kPa}$。墙后填土分两层：上层为中砂，重度 $\gamma_1=18.5\text{kN/m}^3$，内摩擦角 $\varphi_1=30°$，层厚 $h_1=3.0\text{m}$；下层为粗砂，重度 $\gamma_2=19.0\text{kN/m}^3$，内摩擦角 $\varphi_2=35°$。地下水位在离墙顶 6.0m 的位置。水下粗砂的饱和重度 $\gamma_{sat}=20.0\text{kN/m}^3$。计算作用在此挡土墙上的总主动土压力和水压力。

第3章　放坡开挖与土钉墙

■ **案例导读**

　　某项目位于某市汽车南站北侧，主要拟建建筑物为2幢18层、局部3层的酒店及办公楼，其余商贸区设计3～4层，1层地下室，框架结构，拟设预制桩基础。

　　基坑东侧为已建道路，道路边线与基坑上口线最近的距离约15m；基坑西侧为规划道路，实际为空地，道路边线与基坑上口线最近的距离约9m；基坑南侧为一条市政道路，道路边线与基坑上口线距离约17.7m；基坑北侧为已修建道路，道路边线与基坑上口线距离约25m。基坑西南侧有一已建卫生院建筑物，此建筑物无地下室，基础为筏板基础，基坑开挖期间应对其进行重点保护，工程地质条件如表3-1所示。场地内地下水以第四系松散层孔隙潜水为主，含水量中等。地下水主要受大气降水、地表水径流补给，随季节的变化水位略有升降，其变化幅度为0.5～2.0m，勘察期间地下水埋深0.8～2.3m。

表3-1　工程地质条件

层号	土层	含水量 $w/\%$	天然重度 $\gamma/(kN/m^3)$	孔隙比 e	直接快剪	
					黏聚力 c/kPa	内摩擦角 $\varphi/(°)$
1-1	素填土		(18)		(5)	(15)
1-2	耕植土		(18)		(5)	(5)
2-1	粉质黏土	29.1	18.8	0.83	24.5	10.8
2-2	砂质粉土	28.1	19.2	0.77	7.7	17.5
2-3	粉细砂	19.4	19.4	1.35	0	22
3-1	黏质粉土（夹砂）	29.0	19.0	0.81	14.3	14.8

注：括号内数字为经验值。

　　本基坑有如下特点：
　　① 基坑开挖深度不大，基本挖深为5.0m，局部较深为7.0m。
　　② 基坑开挖范围大，基坑面积约31551m²，基坑周长约740m。
　　③ 场地土开挖范围内土层中砂质粉土和粉细砂的渗透系数较大，需采取降水措施。

④ 注意对道路及西南侧已建卫生院的保护。

根据以上分析，从经济上考虑最好采用大放坡，但是考虑到施工中施工场地的预留，采取土钉结合放坡方案。其中，靠近卫生院区域坑外设置1排三轴水泥土搅拌桩进行止水止土。坑内外均采用自然深井降水。其围护典型剖面图如图 3-1、图 3-2 所示。

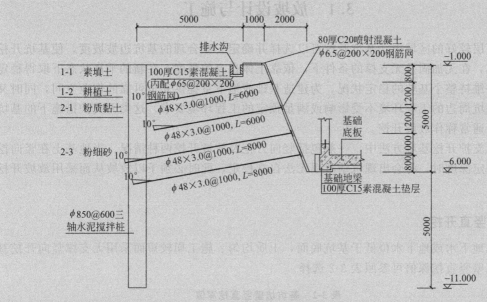

图 3-1　围护典型剖面图一

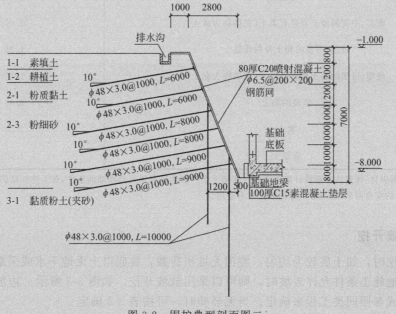

图 3-2　围护典型剖面图二

讨论

上述实例中提到大放坡，什么是放坡？放坡适用的条件是什么？什么是土钉墙支护？土钉墙支护的适用条件又是什么？另外，土钉墙支护与放坡之间有什么区别和联系？通过本章学习，我们将逐一揭晓答案。

3.1 放坡设计与施工

在土层较好的区域中，基坑开挖可以选择并确定安全合理的基坑边坡坡度，使基坑开挖后的土体，在无加固及无支撑的条件下，依靠土体自身的强度，在新的平衡状态下取得稳定的边坡并维持整个基坑的稳定状况，为建造基础或地下室提供安全可靠的作业空间，同时又能确保基坑周边的工程环境不受影响或满足预定的工程环境要求。这类无支护措施下的基坑开挖方法通常称作放坡开挖。

在无支护开挖基坑方法中，一般包括竖向开挖及放坡开挖两种情况。当地基土在竖向挖深超过一定深度时，将会出现坑壁滑塌无法自立稳定，此时必须予以放坡从而采用放坡开挖方式。

3.1.1 竖直开挖

在无地下水或地下水位低于基坑底面，土质均匀、施工期较短而采用无支撑竖向开挖基坑时，坑壁竖直挖深值可参照表 3-2 选择。

表 3-2 基坑坑壁竖直挖深值

土的类型	深度/m
软土	0.75
密实、中密的砂土和碎石类土(充填物为砂土)	1.00
硬塑、可塑的粉土及粉质黏土	1.25
硬塑、可塑的黏土和碎石类土(充填物为黏土)	1.50
坚硬的黏土	2.00
黄土	2.50
冻结土	4.00

注:表中数据引自《深基坑工程设计施工手册》;冻结土指严寒地区利用天然冻结的条件,在天然冻结的影响深度和速度能满足挖方工作的安全时采用,对于干燥的砂土则不适用。

3.1.2 放坡开挖

基坑开挖时，如土质较为均匀，坡顶无堆积荷载，坡底以上无地下水或采取必要的降水措施，且场地施工条件允许放坡时，则可以采用放坡开挖，如图 3-3 所示。边坡高度和坡度可根据经验或参照同类工程来确定；当无经验时，可按表 3-3 确定。

图 3-3　放坡开挖

表 3-3　放坡开挖坡度允许值参考表

类别	密实度或状态	坡度允许值 i	
		坡高在 5m 以内	坡高 5～10m
碎石土	密实	$(1:0.35)\sim(1:0.50)$	$(1:0.50)\sim(1:0.75)$
	中密	$(1:0.50)\sim(1:0.75)$	$(1:0.75)\sim(1:1.00)$
	稍密	$(1:0.75)\sim(1:1.00)$	$(1:1.00)\sim(1:1.25)$
粉土	$S_r \leqslant 0.5$	$(1:1.00)\sim(1:1.25)$	$(1:1.25)\sim(1:1.50)$
粉质黏土	坚硬	$(1:0.33)\sim(1:0.50)$	
	硬塑	$(1:1.00)\sim(1:1.25)$	
	可塑	$(1:1.25)\sim(1:1.50)$	
黏性土	坚硬	$(1:0.75)\sim(1:1.00)$	$(1:1.00)\sim(1:1.25)$
	硬塑	$(1:0.85)\sim(1:1.25)$	$(1:1.25)\sim(1:1.50)$
	可塑	$(1:1.00)\sim(1:1.25)$	
花岗岩残积黏性土	硬塑	$(1:0.75)\sim(1:1.00)$	
	可塑	$(1:1.00)\sim(1:1.25)$	

注:1. 表中数据引自《建筑基坑支护结构构造》(11SG814)。

2. $i=h/l$,h 为放坡高度,l 为放坡宽度,i 应根据地区经验以及相应土层条件,经稳定性验算确定,见图 3-4。

3. S_r 为土的饱和度。

4. 软土地区采用放坡开挖时各级放坡坡度不宜大于 $1:1.5$,淤泥质土层中不宜大于 $1:2.0$。

5. 本表仅供参考,选用时尚应符合现行国家及地方有关标准的规定。

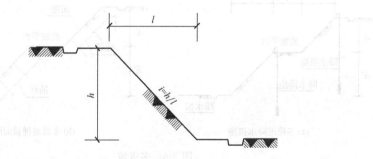

图 3-4　坡度示意图

27

《建筑地基基础设计规范》（GB 50007）中对土质边坡允许值进行了规定，如表3-4所示。

表3-4　土质边坡坡度允许值

土的类别	密实度或状态	坡度允许值（高宽比）	
		坡高在5m以内	坡高为5～10m
碎石土	密实	(1：0.35)～(1：0.50)	(1：0.50)～(1：0.75)
	中密	(1：0.50)～(1：0.75)	(1：0.75)～(1：1.00)
	稍密	(1：0.75)～(1：1.00)	(1：1.00)～(1：1.25)
黏性土	坚硬	(1：0.75)～(1：1.00)	(1：1.00)～(1：1.25)
	硬塑	(1：1.00)～(1：1.25)	(1：1.25)～(1：1.50)

注：表中碎石土的充填物为坚硬或硬塑状态的黏性土；对于砂土或充填物为砂土的碎石土，其边坡坡度允许值按自然休止角确定。

3.1.3　施工要点

应对坡顶、坡面和坡脚采取截水、防水和排水等措施，对坡面采取水泥砂浆抹面、砂包叠置、塑料薄膜覆盖、喷浆或挂网喷射混凝土等保护措施，防止雨水入渗，造成安全系数大幅降低。单级坡如图3-5所示，如果坡高大于允许值时，应设置过渡平台分级放坡，土质边坡的过渡平台的宽度一般为1～2m，岩石边坡的过渡平台宽度应不小于0.5m，多级坡如图3-6所示。

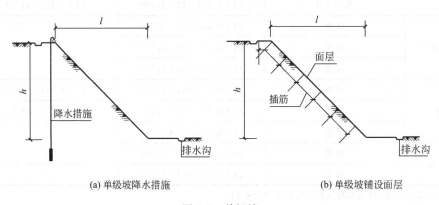

(a) 单级坡降水措施　　　　　　　　　(b) 单级坡铺设面层

图3-5　单级坡

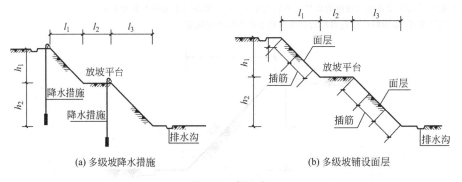

(a) 多级坡降水措施　　　　　　　　　(b) 多级坡铺设面层

图3-6　多级坡

3.1.4 应急防护

当遇到基坑边坡出现裂缝、变形以及滑动的失稳险情时，其本质的问题是土体潜在破坏面上的抗剪强度未能适应剪应力。因此，抢险应急的防护措施也基本上从两方面考虑：一是设法降低边坡土体中的剪应力；二是提高土体或边坡的抗剪强度。常用的应急防护方法有削坡、坡顶减载、坡脚压载、增设防滑桩体及降低地下水位或加强表面排水等。

① 削坡。改变原有基坑边坡坡度，使边坡减缓，如图 3-7 所示，以此减少边坡的下滑力，增加边坡的自稳安全系数。

② 坡顶减载。坡顶减载包括两个方面：一是清除基坑周边地面堆载；二是可以根据情况进一步降低基坑顶面高程。

③ 坡脚压载。在边坡底端，包括斜坡面及紧邻坡脚的基坑底面范围内，采用堆置土、砂包或堆石、砌体等压载的方法以增加边坡抗滑力，进而维持边坡稳定。在斜坡面的堆置范围应控制在潜在破坏面弧心垂线靠坡脚一侧。

④ 增设抗滑桩体。增设抗滑桩体一般是在情况比较严重且其他措施难以再起作用的时候采用。

⑤ 降低地下水位或加强表面排水。一般均为利用预留的降水设施根据险情加大排水力度，提高边坡安全系数。

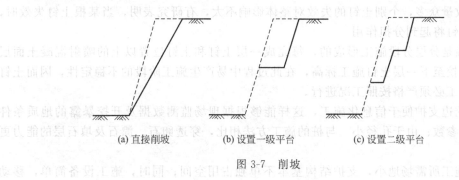

(a) 直接削坡   (b) 设置一级平台   (c) 设置二级平台

图 3-7 削坡

3.2 土钉墙

所谓土钉是指植入土中并注浆形成的承受拉力与剪力的杆件。例如，钢筋杆体与注浆固结体组成的钢筋土钉，击入土中的钢管土钉。所谓土钉墙是指由随基坑开挖分层设置的、纵横向密布的土钉群、喷射混凝土面层及原位土体所组成的支护结构。

土钉墙技术起源有二：一是 20 世纪 50 年代形成的新奥地利隧道开挖方法（新奥法）；二是 20 世纪 60 年代初期在法国发展起来的加筋土技术。国际上有详细记载的第一个土钉墙工程是 1972 年法国在凡尔赛附近修建的一处铁路路堑边坡支护工程。

3.2.1 土钉墙的工程特性

3.2.1.1 土钉的类型

土钉是置放于原状土体中的细长杆件，是土钉墙支护结构中的主要受力构件。通常的土钉有以下几种类型：

① 钻孔注浆型。先用钻机等机械设备在土体中钻孔，成孔后置入杆体，然后沿全长注水泥浆。钻孔注浆型几乎适用于各种土层，抗拔力较高，质量较可靠，造价较低，是最常用

的土钉类型。

② 打入型。在土体中直接打入钢管、角钢等型钢及钢筋等，不用注浆。由于打入型土钉直径小，与土体间的黏结摩阻强度低，承载力低，钉长又受限制，所以布置应较密。可用人力或振动冲击钻、液压锤等机具打入。直接打入土钉的优点是不需预先钻孔，对原位土的扰动较小，施工速度快，但在坚硬黏性土中很难打入，不适用于服务年限大于 2 年的永久支护工程，杆体采用金属材料时造价稍高，国内应用较少。

③ 打入注浆型。在钢管中部及尾部设置注浆孔成为钢花管，直接打入土中后压灌水泥浆形成土钉。钢花管注浆土钉具有直接打入土钉的优点，且抗拔力较高，特别适用于成孔困难的淤泥、淤泥质土等软弱土层以及各种填土及砂土，应用较为广泛，缺点是造价比钻孔注浆型土钉略高，防腐性能较差，不适用于永久性工程。

3.2.1.2　土钉墙的特点

与其他支护结构相比，土钉墙具有以下特点：

① 土钉墙尽可能地保持并提高了基坑侧壁土体的自稳性，土钉与土体形成一个密不可分的整体，共同作用，同时混凝土护面的协同作用也强化了土体的自稳性；另外，面层能阻止或限制地下水从边坡表面渗出，防止水土流失及雨水、地下水对边坡的冲刷侵蚀。

② 土钉墙为柔性结构，有较好的延性，使得土体的破坏有了一个变形的过程而不是脆性破坏；但也正因如此，土钉墙对周边土体的变形控制能力较差。

③ 土钉数量众多，个别土钉的失效对整体影响不大，有研究表明，当某根土钉失效时，上排与同排土钉将起到分担作用。

④ 土钉墙是分层分段施工形成的，每完成一层土钉和土钉位置以上的喷射混凝土面层后，基坑才能挖至下一层土钉施工标高，在此过程中易产生施工阶段的不稳定性，因而土钉墙的设计和施工必须严格按照工况进行。

⑤ 边开挖边支护便于信息化施工，这样能够根据现场监测数据及开挖暴露的地质条件及时调整土钉参数；由于孔径小，与桩的施工方法相比，穿透卵石、漂石及填石层的能力更强一些。

⑥ 土钉施工所需场地小，支护结构基本不单独占用空间；同时，施工设备简单，移动灵活，施工方便，噪声小；与土方开挖实行平行流水作业时，不需单独占用施工工期；一般来说，土钉墙材料用量及工程量较少，一般较其他类型支护结构工程造价低 1/5～1/3。

3.2.1.3　土钉与锚杆的比较

土钉也称全长黏结型锚杆，全长与土体黏结，不分自由段与锚固段，与预应力锚杆（简称锚杆）之间有很大的区别。锚杆由锚头、自由段及锚固段组成。

① 拉力分布。锚杆自由段不与土体接触，拉力在自由段内保持不变，锚固段与周边土体黏结相互作用，从而产生剪应力来平衡拉力，拉力在锚固段内是变化的，从与自由段交界处向尾端单调递减，如图 3-8 所示。

② 对土体的约束机制不同。锚杆安装后，通常施加预应力，主动约束挡土结构的变形；而土钉一般不施加预应力，须借助土体产生少量变形使土钉被动受力，是一种被动受力构件。

③ 密度及施工质量要求。锚杆密度小，一般每 $6～9m^2$ 设置一根，每根都是重要的受力部件；而土钉密度大，靠土钉的相互作用形成复合整体作用，个别土钉发生破坏或不起作用，对整体支护结构影响不大，在施工质量和精度上不需锚杆那么严格。

④ 设计承载力与锚头结构。锚杆的设计承载力较大，一般大于 200kN，为了防止锚头接触处的挡土结构物产生冲切或局部受压破坏，锚头构造较为复杂；而土钉设计承载力较小，一般不大于 120kN，最大压力传递不到锚头，锚头受力较小，结构简单。

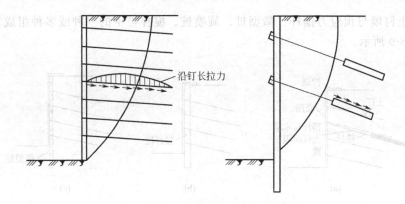

图 3-8　土钉与锚杆受力

⑤ 施工规模。锚杆长度一般不小于 15m，直径一般不小于 130mm，施工机械设备较大、较重；而土钉的长度一般较短，直径较小，施工机械体轻灵便。

⑥ 挡土墙工作机理。锚杆挡土墙将库仑破裂面前的主动区土体作为荷载，通过锚杆传递到破裂面后稳定区土内。土钉墙的作用机理大体可视为：通过加筋等作用将最危险滑移面内主动区的土体改良为具有一定稳定性的复合土体，同时将复合土体作为荷载，通过土钉传递到最危险滑移面后的稳定土层以获得安全储备，使土钉长度范围内的复合土体具有足够的自稳能力及抗附加荷载能力。

⑦ 施工顺序。土钉墙一般要求随土方开挖自上而下分层分段施工，锚杆挡土墙根据不同类型，可能采用自上而下或自下而上两种施工顺序。

⑧ 注浆工艺。为获得较高的承载力，锚杆通常在锚固段进行二次高压注浆，注浆压力不小于 2.5MPa。而土钉通常采用常压重力式一次注浆，注浆压力不超过 0.6MPa。

⑨ 墙底压力。土钉对面层的反作用力的垂直分量较小，并且能更均匀地分布，故不需要像肋板式锚杆挡墙那样在面层立柱下设置基础。

⑩ 锚杆长度。土钉长度较锚杆短，减少了对挡土墙外侧空间的需求。

3.2.1.4　土钉墙与加筋土墙的比较

土钉墙与加筋土墙具有相似之处，二者一般均不施加预应力，都是通过土体与杆件的黏结同时借助土的微小变形使杆件受力而发挥作用；二者面层基本不受力，同时防止雨水入渗，增强整体性，而且一般都很薄。

但是，土钉墙与加筋土墙具有以下区别：

① 施工顺序不同，加筋土墙是自下而上先修筑面板和筋系，然后填土夯实而形成的；土钉墙则是随着边坡或基坑开挖自上而下逐步形成。

② 土钉墙用于原状土的挖方工程，对于土的质量无法选择和控制；加筋土墙用于填方工程，在一般情况下，对土的种类可以选择，对土的工程性质是可以控制的。

③ 随着新型工程材料的不断出现，加筋条多采用土工合成材料，直接同土体接触而发挥作用；而土钉则多用金属杆件，一般通过砂浆同土体接触而发挥作用，当然，有时直接在原状土中打入钢筋或角钢而发挥作用。

④ 加筋条带一般水平放置，而土钉倾斜一定角度安设。

3.2.2　复合土钉墙

3.2.2.1　复合土钉墙类型

在应用过程中，由于土钉墙固有的一些缺陷，在一些基坑支护工程中，需要和其他支护联合使用。土钉墙与预应力锚杆、微型桩、旋喷桩、搅拌桩中的一种或多种组成复合土钉墙支护，如图 3-9 所示。

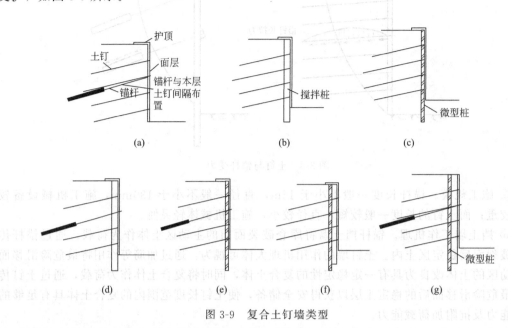

图 3-9 复合土钉墙类型

（1）土钉墙＋预应力锚杆

土坡较高或对边坡的水平位移要求较严格时经常采用这种形式。土坡较高时预应力锚杆可增加边坡的稳定性，此时锚杆在竖向上分布较为均匀；如需限制坡顶的位移，可将锚杆布置在边坡的上部。因锚杆造价较土钉高很多，为降低成本，锚杆可不整排布置，而是与土钉间隔布置，效果较好，如图 3-9（a）所示。

（2）土钉墙＋止水帷幕

降水容易引起基坑周围建筑、道路的沉降，造成环境破坏，引起纠纷，所以在地下水丰富的地层中开挖基坑时，目前普遍倾向于采用帷幕隔水，隔水后在坑内集中降水或明排降水。土钉墙＋止水帷幕的形式如图 3-9（b）所示。学者们早期只是把止水帷幕作为施工措施，以解决软土、新近填土或含水量较大的砂土开挖面临自稳问题，认为止水帷幕具有隔水、预加固开挖面及开挖导向作用，后来逐渐发现，止水帷幕对提高基坑侧壁的稳定性、减少基坑变形、防止坑底隆起及渗流破坏等问题上也大有帮助。止水帷幕可采用深层搅拌法、高压喷射注浆法及压力注浆等方法形成，其中搅拌桩止水帷幕效果好，造价便宜，通常情况下优先采用。在填石层、卵石层等搅拌桩难以施工的地层常使用旋喷桩或摆喷桩替代，压力注浆可控性较差、效果难以保证，一般不作为止水帷幕单独采用。这种复合形式在南方地区较为常见，多用于土质差、基坑开挖不深时。

（3）土钉墙＋微型桩

有时将第（2）种复合支护形式中两两相互搭接连续成墙的止水帷幕替换为断续的、不起挡水作用的微型桩，如图 3-9（c）所示。这么做的原因主要有：地层中没有砂层等透水层或地下水位较低，止水帷幕效用不大；土体较软弱，如填土、软塑状黏性土等，需要竖向构件增强整体性、复合体强度及开挖面临时自立性能，但搅拌桩等水泥土桩施工困难、强度不足或对周边建筑物扰动较大等原因不宜采用；超前支护减少基坑变形。这种复合形式在地质条件较差时及北方地区较为常见。

（4）土钉墙＋止水帷幕＋预应力锚杆

第（2）种复合支护形式中，有时需要采用预应力锚杆以提高搅拌桩复合土钉墙的稳定性及限制其位移，从而形成了这种复合形式，如图3-9（d）所示。这种复合形式在地下水丰富地区满足了大多数工程的实际需求，应用最为广泛。

（5）土钉墙＋微型桩＋预应力锚杆

第（3）种复合支护形式中，有时需要采用预应力锚杆以提高支护体系的稳定性及限制其位移，如图3-9（e）所示。这种支护形式变形小、稳定性好，在不需要止水帷幕的地区能够满足大多数工程的实际需求，在北方地区应用较多。

（6）土钉墙＋搅拌桩＋微型桩

搅拌桩抗弯及抗剪强度较低，在淤泥类软土中强度更低，在软土较深厚时往往不能满足抗隆起需求，或者不能满足局部抗剪要求，于是在第（2）种支护形式中加入微型桩，如图3-9（f）所示。这种形式在软土地区应用较多，在土质较好时一般不会采用。

（7）土钉墙＋止水帷幕＋微型桩＋预应力锚杆

这种支护形式如图3-9（g）所示，构件较多，工序较复杂，工期较长，支护效果较好，多用于深大及条件复杂的基坑支护。

3.2.2.2　复合土钉墙特点

复合土钉墙机动灵活，可与多种技术并用，既有基本型土钉墙的全部优点，又克服了其大多缺陷，大大拓宽了土钉墙的应用范围，得到了广泛的工程应用。目前通常在基坑开挖不深、地质条件及周边环境较为简单的情况下使用土钉墙，更多时候采用的是复合土钉墙。其主要特点有：与土钉墙相比，对土层的适用性更广、更强，几乎可适用于各种土层，如杂填土、新近填土、砂砾层、软土等；整体稳定性、抗隆起及抗渗流等各种稳定性大大提高，基坑风险相应降低；增加了支护深度；能够有效控制基坑的水平位移等变形。与桩锚、桩撑等传统支护手段相比，保持了土钉墙造价低、工期快、施工方便、机械设备简单等优点。

3.2.2.3　复合土钉墙分类的几点探讨

（1）超前注浆加固

为防止开挖面在土钉施工前发生剥落或坍塌，有时采用注浆等手段进行超前加固，有些学者将其也视为复合土钉墙的一种。刘国彬认为，注浆对稳定的有利影响很难定量，一般设计上不予计算，只作为安全储备，故将其归类于施工措施更为妥当一些。

（2）土钉墙与排桩组合支护

近些年来，为了在基坑安全性与工程造价之间取得较好的平衡，一些开挖较深的基坑采用了土钉墙与排桩组合支护的形式，按布置形式大体分为3类：①上部分土钉墙或复合土钉墙，下部分排桩（桩锚或桩撑）；②土钉墙单元与排桩（桩锚或桩撑）单元左右间隔布置；③土钉与锚杆混合在一起的桩锚支护。有的学者不太赞同将这3类支护形式归为复合土钉墙，因为复合土钉墙强调的仍是土钉墙技术，即以土钉为主要受力体，而这3种混合支护形式中，排桩均起到了重要的作用，与土钉同等重要甚至更为重要，尽管排桩与土钉墙之间有着相互作用的机制，但其工作机理、设计理论等已与土钉墙相差甚远，视为组合结构似乎更为妥当。

（3）微型桩复合支护

微型桩严格意义上是指直径不大于250mm的小直径钢筋混凝土灌注桩，也称作树根桩、小桩等。复合土钉墙中所谓的微型桩是一种广义上的概念，泛指这些构件或做法：包括直径不大于400mm的混凝土灌注桩（灌注桩的受力筋可为钢筋笼或型钢、钢管等）、型钢（包括角钢、工字钢、H型钢、方钢等）、钢管、注浆钢花管、竖向锚杆、木桩、预制钢筋混凝土桩、在止水帷幕中插入型钢（例如SMW工法）等。预制管桩由于造价低、施工快等优点，近年来在复合土钉墙中得到了越来越多的应用，尽管其直径较大（一般 300～550mm），但因抗剪强度较低，如果在复合土钉墙中作为竖向增强构件起辅助作用，也可将其归于广义微型桩的一种。

微型桩的刚度及强度对复合支护体的影响很大。刚度及强度越大，复合支护体越具有桩锚支护的破坏形态及力学特征，可用上述组合支护的原理进行分析计算；越小则越接近土钉墙，可参照土钉墙的设计原理。然而，什么情况下可视为桩锚结构或桩锚混合结构，什么情况下可视为土钉墙以及都有哪些因素起重要作用，目前尚不清楚。

3.2.3 土钉墙工作机理

土钉墙支护技术的工作原理是充分利用原状土的自承能力，把本来完全靠外加支护结构来支挡的土体，通过土钉技术的加固使其成为一个复合的挡土结构。土钉墙支护时由被加固土体、放置在其中的土钉体和喷射混凝土面层组成，天然土体通过土钉的加固并与混凝土面板相结合，共同抵抗土压力和其他荷载，以保证边坡的稳定性。

土钉在土钉墙支护体系中的作用主要有如下几个方面：

（1）骨架约束作用

由于土钉本身的强度和刚度以及它在土中的空间分布，土钉与土体构成一个整体，从而对土体变形起骨架约束作用。

（2）分担作用

一方面，土钉和土体共同承担外部荷载和自重应力；另一方面，由于土钉有较强的抗拉、抗剪强度和土体无法相比的抗弯强度，所以在土体进入塑性状态后，应力逐渐向土钉转移。当土体开裂时，土钉的分担作用更加突出，这时土钉内出现了弯剪、拉剪等复合应力，从而导致土钉中浆体破碎、钢筋屈服。工程实践和试验表明，因为采用了土钉，使土体的塑性变形延迟，土体开裂也呈渐进性，这与土钉的分担作用是密切相关的。

（3）应力传递和扩散作用

试验表明，荷载增加到一定程度，且边坡表面和内部裂缝发展到一定宽度时，坡脚应力最大。这时下层土钉深入滑裂面外土体中的部分仍能提供较大的抗拉力。这样，土钉通过其应力传递作用，将滑裂面内部分应力传递到后部稳定土体中，并分散在较大范围的土体中，降低了应力集中程度。

（4）边坡变形的约束作用

坡面混凝土面板与土钉连接在一起，一方面，它可以有效发挥土钉的作用；另一方面，面板也起到对坡面变形的约束作用。

3.2.4 土钉墙设计

土钉墙的计算简图如图 3-10 所示，单根土钉的极限抗拔承载力应满足式（3-1）规定：

$$\frac{R_{k,j}}{N_{k,j}} \geqslant K_t \tag{3-1}$$

式中 K_t——土钉抗拔安全系数，安全等级为二级、三级的土钉墙，K_t 分别不应小于 1.6、1.4；

$N_{k,j}$——第 j 层土钉的轴向拉力标准值，kN；

$R_{k,j}$——第 j 层土钉的极限抗拔承载力标准值，kN。

单根土钉的轴向拉力标准值可按下式计算：

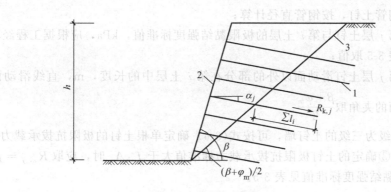

图 3-10　土钉墙计算简图
1—土钉；2—喷射混凝土面层；3—滑动面

$$N_{k,j} = \frac{1}{\cos\alpha_j}\zeta\eta_j p_{ak,j} s_{x,j} s_{z,j} \tag{3-2}$$

式中　α_j——第 j 层土钉的倾角（°）；

　　ζ——墙面倾斜时的主动土压力折减系数，按式（3-3）确定；

　　η_j——第 j 层土钉轴向拉力调整系数，按式（3-4）确定；

　　$p_{ak,j}$——第 j 层土钉处的主动土压力强度标准值，kPa；

　　$s_{x,j}$——土钉的水平间距，m；

　　$s_{z,j}$——土钉的垂直间距，m。

边坡倾斜时的主动土压力折减系数可按下式计算：

$$\zeta = \tan\frac{\beta-\varphi_m}{2}\left(\frac{1}{\tan\dfrac{\beta+\varphi_m}{2}}-\frac{1}{\tan\beta}\right)\bigg/\tan^2\left(45°-\frac{\varphi_m}{2}\right) \tag{3-3}$$

式中　β——土钉墙坡面与水平面的夹角，（°）；

　　φ_m——基坑底面以上各土层按厚度加权的等效内摩擦角平均值，（°）。

土钉轴向拉力调整系数可按下列公式计算：

$$\eta_j = \eta_a - (\eta_a - \eta_b)\frac{z_j}{h} \tag{3-4}$$

$$\eta_a = \frac{\sum\left[(h-\eta_b z_j)\Delta E_{aj}\right]}{\sum\left[(h-z_j)\Delta E_{aj}\right]} \tag{3-5}$$

式中　z_j——第 j 层土钉至基坑顶面的垂直距离，m；

　　h——基坑深度，m；

　　ΔE_{aj}——作用在以 $s_{x,j}$、$s_{z,j}$ 为边长的面积内的主动土压力标准值，kN；

　　η_a——计算系数；

　　η_b——经验系数，可取 0.6～1.0。

单根土钉的极限抗拔承载力应按下列规定确定：

① 单根土钉的极限抗拔承载力应通过抗拔试验确定，试验方法详见《建筑基坑支护技术规程》（JGJ 120）。

② 单根土钉的极限抗拔承载力标准值也可按下式估算，但应通过上述试验进行验证：

$$R_{k,j} = \pi d_j q_{sk,i} l_i \tag{3-6}$$

式中　d_j——第 j 层土钉的锚固体直径，m，对成孔注浆土钉，按成孔直径计算，对打入钢管土钉，按钢管直径计算；

$q_{sk,i}$——第 j 层土钉与第 i 土层的极限黏结强度标准值，kPa，应根据工程经验并结合表 3-5 取值；

l_i——第 j 层土钉滑动面以外的部分在第 i 土层中的长度，m，直线滑动面与水平面的夹角取 $\dfrac{\beta+\varphi_m}{2}$。

③ 对安全等级为三级的土钉墙，可按式(3-6)确定单根土钉的极限抗拔承载力。

④ 当按①~③确定的土钉极限抗拔承载力标准值大于 $f_{yk}A_s$ 时，应取 $R_{k,j}=f_{yk}A_s$。

土钉的极限黏结强度标准值见表 3-5。

表 3-5　土钉的极限黏结强度标准值

土的名称	土的状态	q_{sk}/kPa	
		成孔注浆土钉	打入钢管土钉
素填土		15~30	20~35
淤泥质土		10~20	15~25
黏性土	$0.75<I_L\leqslant1$	20~30	20~40
	$0.25<I_L\leqslant0.75$	30~45	40~55
	$0<I_L\leqslant0.25$	45~60	55~70
	$I_L\leqslant0$	60~70	70~80
粉土		40~80	50~90
砂土	松散	35~50	50~65
	稍密	50~65	65~80
	中密	65~80	80~100
	密实	80~100	100~120

土钉杆体的受拉承载力应符合下列规定：

$$N_j\leqslant f_yA_s \qquad (3-7)$$

式中　N_j——第 j 层土钉的轴向拉力设计值，kN；

f_y——土钉杆体的抗拉强度设计值，kPa；

A_s——土钉杆体的截面面积，m^2。

3.2.5　土钉墙构造

土钉墙、预应力锚杆复合土钉墙的坡比不宜大于 1∶0.2；当基坑较深、土的抗剪强度较低时，宜取较小坡比。对砂土、碎石土、松散填土，确定土钉墙坡度时应考虑开挖时坡面的局部自稳能力。微型桩、水泥土桩复合土钉墙，应采用微型桩、水泥土桩与土钉墙面层贴合的垂直墙面。

土钉墙宜采用洛阳铲成孔的钢筋土钉，如图 3-11 所示。对易塌孔的松散或稍密的砂土、稍密的粉土、填土，或易缩径的软土宜采用打入式钢管土钉。对洛阳铲成孔或钢管土钉打入困难的土层，宜采用机械成孔的钢筋土钉。土钉采用洛阳铲成孔比较经济，同时施工速度快，对一般土层宜优先使用。打入式钢管土钉可以克服洛阳铲成孔时塌孔、缩径的问题，避免因塌孔、缩径带来的土体扰动和沉陷，对保护基坑周边环境有利。机械成孔的钢筋土钉成本高，且土钉数量一般都很多，需要配备一定数量的钻机，只有在其他方法无法实施的情况下才适合采用。

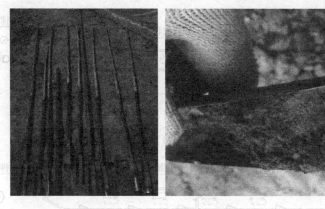

图 3-11　洛阳铲

土钉水平间距和竖向间距宜为 1~2m；当基坑较深、土的抗剪强度较低时，土钉间距应取小值；土钉倾角宜为 5°~20°；土钉长度应按各层土钉受力均匀、各土钉拉力与相应土钉极限承载力的比值相近的原则确定。

（1）成孔注浆型钢筋土钉

成孔直径宜取 70~120mm；土钉钢筋宜选用 HRB400、HRB500 钢筋，钢筋直径宜取 16~32mm；应沿土钉全长设置对中定位支架，如图 3-12 所示，其间距宜取 1.5~2.5m，土钉钢筋保护层厚度不宜小于 20mm；土钉孔注浆材料可选用水泥浆或水泥砂浆，其强度不宜低于 20MPa。

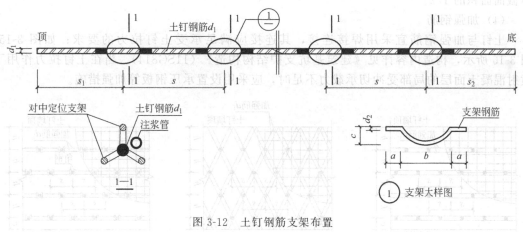

图 3-12　土钉钢筋支架布置

（2）钢管土钉

钢管的外径不宜小于 48mm，壁厚不宜小于 3mm；钢管的注浆孔应设置在钢管末端 $l/2$~$2l/3$ 范围内；每个注浆截面的注浆孔宜取 2 个，且应对称布置，注浆孔的孔径宜取 5~8mm，注浆孔外应设置保护倒刺，如图 3-13、图 3-14 所示，其中 l 为钢管土钉的总长度。钢管的连接采用焊接时，接头强度不应低于钢管强度；钢管焊接可采用数量不少于 3 根、直径不小于 16mm 的钢筋沿截面均匀分布拼焊，双面焊接时钢筋长度不应小于钢管直径的 2 倍。

（3）面层

土钉墙的面层不是主要受力构件，面层通常采用钢筋混凝土结构，混凝土一般采用喷射工艺而成，偶尔也采用现浇，或用水泥砂浆替代混凝土。连接件是面层的一部分，不仅要把面层与土钉可靠地连接在一起，也要使土钉之间相互连接。面层与土钉的连接方式大体有钉

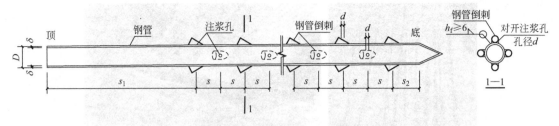

图 3-13　钢管倒刺式钢管土钉注浆孔布置

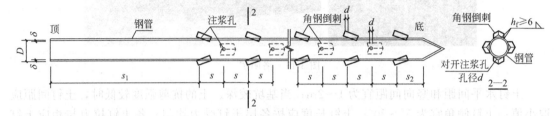

图 3-14　角钢倒刺式钢管土钉注浆孔布置

头筋连接及垫板连接两类，土钉之间的连接一般采用加强筋。

喷射混凝土面层厚度宜取 80～100mm，设计强度等级不宜低于 C20；喷射混凝土面层中应配置钢筋网和通长的加强钢筋，钢筋网宜采用 HPB300 级钢筋，钢筋直径宜取 6～10mm，钢筋间距宜取 150～250mm，钢筋网间的搭接长度应大于 300mm；加强钢筋的直径宜取 14～20mm；当充分利用土钉杆体的抗拉强度时，加强钢筋的截面面积不应小于土钉杆体截面面积的 1/2。

（4）加强钢筋

土钉与加强钢筋宜采用焊接连接，其连接应满足承受土钉拉力的要求；如图 3-15、图 3-16 所示，构造内容详见《建筑基坑支护结构构造》（11SG814）。当在土钉拉力作用下喷射混凝土面层的局部受冲切承载力不足时，应采用设置承压钢板等加强措施。

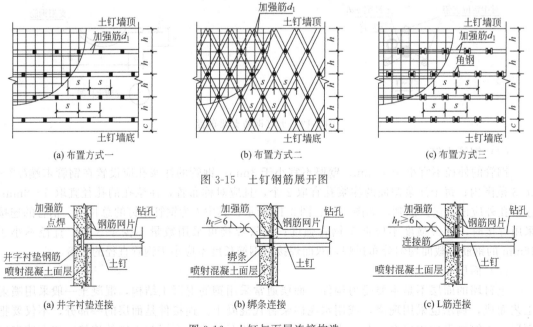

(a) 布置方式一　　　　(b) 布置方式二　　　　(c) 布置方式三

图 3-15　土钉钢筋展开图

(a) 井字衬垫连接　　　(b) 绑条连接　　　(c) L筋连接

图 3-16　土钉与面层连接构造

当土钉墙后存在滞水时，应在含水层部位的墙面设置泄水孔或采取其他疏水措施，如图 3-17 所示。

图 3-17　泄水孔

3.2.6　土钉墙施工与检测

3.2.6.1　土钉墙施工

土钉墙施工是随土方开挖而进行的，采用人工成孔。孔内插筋后压灌水泥浆，挂网后喷混凝土，其工艺流程如图 3-18 所示。

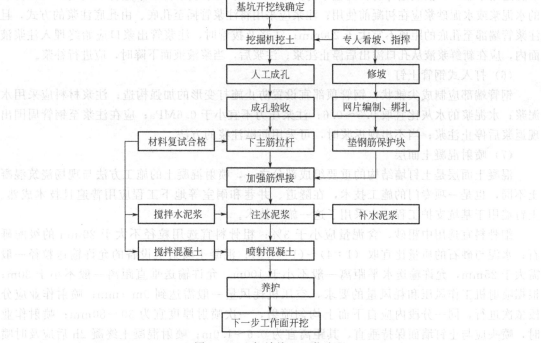

图 3-18　土钉墙施工工艺流程

(1) 分层分段施工

土钉墙应按土钉层数分层设置土钉、喷射混凝土面层、开挖基坑。土钉墙是分层分段施工形成的，每完成一层土钉和土钉位置以上的喷射混凝土面层后，基坑才能挖至下一层土钉施工标高。设计和施工都必须重视土钉这一形成特点。设计时，应验算每形成一层土钉并开挖至下一层土钉面标高时土钉墙的稳定性和土钉拉力是否满足要求。施工时，应在每层土钉及相应混凝土面层完成并达到设计要求的强度后才能开挖下一层土钉施工面以上的土方，挖土严禁超过下一层土钉施工面。超挖会造成土钉墙的受力状况超过设计状态。因超挖引起的基坑坍塌和位移过大的工程事故屡见不鲜。

（2）钢筋土钉的成孔

土钉成孔范围内存在地下管线等设施时，应在查明其位置并避开后，再进行成孔作业；应根据土层的性状选用洛阳铲、螺旋钻、冲击钻、地质钻等成孔方法，采用的成孔方法应能保证孔壁的稳定性、减小对孔壁的扰动；当成孔遇不明障碍物时，应停止成孔作业，在查明障碍物的情况并采取针对性措施后方可继续成孔；对易塌孔的松散土层宜采用机械成孔工艺；成孔困难时，可采用注入水泥浆等方法进行护壁。

（3）钢筋土钉的制作与安装

钢筋使用前，应调直并清除污锈；当钢筋需要连接时，宜采用搭接焊、帮条焊连接；焊接应采用双面焊，双面焊的搭接长度或帮条长度不应小于主筋直径的 5 倍，焊缝高度不应小于主筋直径的 0.3 倍；对中支架的截面尺寸应符合对土钉杆体保护层厚度的要求，对中支架可选用直径 6～8mm 的钢筋焊制；土钉成孔后及时插入土钉杆体，遇塌孔、缩径时，应在处理后再插入土钉杆体。

（4）钢筋土钉的注浆

注浆前应将孔内残留的虚土清除干净；注浆材料可选用水泥浆或水泥砂浆；水泥浆的水灰比宜取 0.5～0.55；水泥砂浆的水灰比宜取 0.4～0.45，同时，灰砂比宜取 0.5～1.0，拌和用砂宜选用中粗砂，按质量计的含泥量不得大于 3%；水泥浆或水泥砂浆应拌和均匀，一次拌和的水泥浆或水泥砂浆应在初凝前使用；注浆应采用将注浆管插至孔底、由孔底注浆的方式，且注浆管端部至孔底的距离不宜大于 200mm；注浆及拔管时，注浆管出浆口应始终埋入注浆液面内，应在新鲜浆液从孔口溢出后停止注浆；注浆后，当浆液液面下降时，应进行补浆。

（6）打入式钢管土钉

钢管端部应制成尖锥状；钢管顶部宜设置防止施打变形的加强构造；注浆材料应采用水泥浆；水泥浆的水灰比宜取 0.5～0.6；注浆压力不宜小于 0.6MPa；应在注浆至钢管周围出现返浆后停止注浆；当不出现返浆时，可采用间歇注浆的方法。

（7）喷射混凝土面层

混凝土面层是土钉墙结构的重要组成部分之一，喷射混凝土的施工方法与现场浇筑混凝土不同，也是一项专门的施工技术，在隧道、井巷和硐室等地下工程应用普遍且技术成熟。土钉墙用于基坑支护工程，也采用了这一施工技术。

细骨料宜选用中粗砂，含泥量应小于 3%；粗骨料宜选用粒径不大于 20mm 的级配砾石；水泥与砂石的质量比宜取（1:4）～（1:4.5）；混凝土喷射机设备的允许输送粒径一般需大于 25mm，允许输送水平距离一般不小于 100m，允许输送垂直距离一般不小于 30m；根据喷射机工作风压和耗风量的要求，空压机耗风量一般需达到 9m³/min；喷射作业应分段依次进行，同一分段内应自下而上均匀喷射，一次喷射厚度宜为 30～80mm；喷射作业时，喷头应与土钉墙面保持垂直，其距离宜为 0.6～1.0m；喷射混凝土终凝 2h 后应及时喷水养护；使用速凝剂等外加剂时，应通过试验确定外加剂掺量；钢筋与坡面的间隙应大于 20mm；钢筋网可采用绑扎固定；钢筋连接宜采用搭接焊，焊缝长度不应小于钢筋直径的 10 倍；采用双层钢筋网时，第 2 层钢筋网应在第 1 层钢筋网被喷射混凝土覆盖后铺设。

3.2.6.2　土钉墙检测

土钉抗拔承载力检测数量不宜少于土钉总数的 1%，且同一土层中的土钉检测数量不应少于 3 根；对安全等级为二级、三级的土钉墙，抗拔承载力检测值分别不应小于土钉轴向拉力标准值的 1.3 倍、1.2 倍；检测土钉应采用随机抽样的方法选取；检测试验应在注浆固结体强度达到 10MPa 或达到设计强度 70％后进行；当检测的土钉不合格时，应扩大检测数量。

土钉墙面层喷射混凝土强度通过现场试块强度试验来进行监测，每 500m² 喷射混凝土面积的试验数量不应少于 1 组，每组试块不应少于 3 个。另外，应对土钉墙的喷射混凝土面层厚度进行检测，每 500m² 喷射混凝土面积的监测数量不应少于 1 组，每组的监测点不应少于 3 个；全部监测点的面层厚度平均值不应小于厚度设计值，最小厚度不应小于厚度设计值的 80％。

施工中监测偏差要满足要求：土钉位置的允许偏差应为 100mm；土钉倾角的允许偏差应为 3°；土钉杆体长度不应小于设计长度；钢筋网间距的允许偏差应为±30mm。

3.2.6.3　复合土钉墙施工

（1）预应力锚杆复合土钉墙

用于减小地面变形时，锚杆宜布置在土钉墙的较上部位；用于增强面层抵抗土压力的作用时，锚杆应布置在压力较大及墙背土层较软弱的部位；宜采用钢绞线锚杆；锚杆的拉力设计值不应大于土钉墙墙面的局部受压承载力；预应力锚杆应设置自由段，自由段长度应超过土钉墙坡体的潜在滑动面；锚杆与喷射混凝土面层之间应设置腰梁连接，腰梁可采用槽钢腰梁或混凝土腰梁，腰梁与喷射混凝土面层应紧密接触，腰梁规格应根据锚杆拉力设计值确定。

（2）微型桩复合土钉墙

根据微型桩施工工艺对土层特殊性和基坑周边环境条件的适用性选用微型钢管桩、型钢桩或灌注桩等桩型；采用微型桩时，宜同时采用预应力锚杆；桩的直径、规格应根据对复合墙面的强度要求确定；采用成孔后插入微型钢管桩、型钢桩的工艺时，成孔直径宜取 130～300mm，对钢管，其直径宜取 48～250mm，对工字钢，其型号宜取Ⅰ10～Ⅰ22，孔内应灌注水泥浆或水泥砂浆并充填密实；采用微型混凝土灌注桩时，其直径宜取 200～300mm；桩间距应满足土钉墙施工时桩间土的稳定性要求；桩深入坑底的长度宜大于桩径的 5 倍，且不应小于 1m；微型桩应与喷射混凝土面层贴合；微型桩桩位的允许偏差应为 50mm，垂直度的允许偏差应为 0.5％。

（3）水泥土桩复合土钉墙

根据水泥土桩施工工艺对土层特性和基坑周边环境条件的适用性选用搅拌桩、旋喷桩等桩型；水泥土桩深入坑底的长度宜大于桩径的 2 倍，且不应小于 1m，且桩应与喷射混凝土面层贴合；桩身 28d 无侧限抗压强度不宜小于 1MPa。

思考题与习题

1. 放坡开挖的应急防护措施有哪些？
2. 基坑边坡常用的应急防护方法有哪些？
3. 土钉的类型有哪些？
4. 与其他支护结构相比，土钉墙的特点有哪些？
5. 土钉与锚杆的区别是什么？
6. 土钉墙与加筋土墙有哪些异同？
7. 常见的复合土钉墙类型有哪些？
8. 复合土钉墙的特点有哪些？
9. 土钉墙的工作机理是什么？
10. 成孔注浆型钢筋土钉的构造要求是什么？
11. 土钉墙检测有哪些主要内容？

第4章 排桩支护

案例导读

北京地铁某车站坐落于京通快速路高碑店桥东侧隔离带内，京通快速路内侧为放坡处理，车站两侧快速路比车站开挖面高 3.3～12.0m。快速路间距仅有 20m，高速路边坡需垂直开挖，而且根据车站后期通风及采光的要求，车站结构与支护结构 700mm 宽的空隙内不能全部填实。

对工程地质资料进行分析研究后，决定采用桩-锚结合施工的这种"刚性"护坡体系，护坡桩采用直径 600mm 的钢筋混凝土桩，桩心间距 1200mm，长度 8.0～16.0m 不等，桩间设 1～3 层直径为 150mm 的预应力锚杆，并挂网喷射混凝土；桩顶设 1250mm×600mm 的钢筋混凝土冠梁。

讨论

排桩支护体系由哪几部分组成？护坡桩、锚杆等在支护体系中的作用是什么？支护桩和锚杆可以采用哪些方法施工？

4.1　排桩支护的类型

排桩支护是利用常规的各种桩体，例如钻孔灌注桩、挖孔桩、预制桩及混合式桩等，并排连接起来形成的地下挡土结构。排桩支护可用于基坑安全等级为一级、二级、三级的基坑；适用于可采取降水或止水帷幕的基坑。

排桩支护结构按照排桩的布置形式可分为：

（1）柱列式排桩支护

当基坑土质较好、地下水位较低时，可采用柱列式排桩支护，利用土拱效应，以稀疏钻孔灌注桩或挖孔桩支挡基坑边坡，如图 4-1(a) 所示。

（2）连续排桩支护

在软土中一般不能形成土拱，支挡结构应该连续排，如图 4-1(b) 所示。密排的钻孔桩可互相搭接，或在桩身混凝土强度尚未形成时，在相邻桩之间做一根素混凝土树根桩或注浆把钻孔桩连起来，如图 4-1(c) 所示。也可采用钢板桩、钢筋混凝土板桩，如图 4-1(d)、(e) 所示。

（3）组合式排桩支护

在地下水位较高的软土地区，与防水措施结合使用，例如在排桩后面另行设置搅拌桩止水帷幕，如图 4-1（f）所示。

按基坑的开挖深度及支挡结构受力情况，排桩支护可分为以下几种情况。

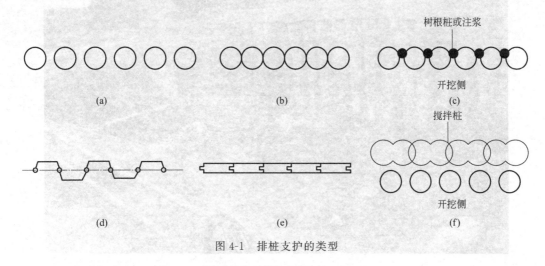

图 4-1　排桩支护的类型

（1）无支撑或悬臂（拉锚）支护结构

支护桩桩身嵌入坑底一定深度，可利用悬臂作用挡住墙后土体。

（2）单支撑支护结构

基坑开挖深度较大时，若采用无支撑支护结构，支护桩的嵌固深度会较深，造价较高，可以在支护结构中设置一层支撑（或拉锚）。

（3）多支撑支护结构

当基坑开挖深度很深时单支撑不足以满足设计要求时，可设置多道支撑（或拉锚），以减少挡墙内力。

悬臂式排桩支护结构可用于开挖深度不大、基坑底部土质情况较好、支护结构变形要求不高的基坑支护工程。

支撑（拉锚）式排桩支护结构可用于开挖深度较大、周边环境对支护结构变形控制要求严格的基坑支护工程。

悬臂式排桩支护结构相对于支撑（拉锚）式排桩支护结构而言，桩身弯曲造成的水平位移相对较大，且桩身截面弯矩随悬臂长度增加而迅速增加，若基坑底部土层较差，则悬臂式排桩桩底部的横向位移就较大。由于悬臂式排桩具有结构自身位移较大的特点，因此对变形控制要求较高的基坑支护工程显然就不适应。而支撑（拉锚）式排桩支护结构从基坑开挖深度、坑底土层、基坑工程的变形控制要求等方面考虑，则更适宜用于开挖深度大，对支护结构变形控制要求严格及复杂、困难条件下的基坑支护工程。

4.2　悬臂式排桩支护计算

悬臂式排桩支护结构完全依靠嵌入坑底土层足够深度来平衡上部地面超载、主动土压力及水压力所形成的侧压力，以此保持稳定，如图 4-2 所示。因此，对于基坑支护中的悬臂式排桩支护结构，嵌固深度至关重要。悬臂式桩、墙的设计计算常采用静力平衡法和布鲁姆（H. Blum）法。

图 4-2　悬臂式排桩支护基坑

4.2.1　静力平衡法

如图 4-3 所示，当单位宽度桩墙两侧所受的净土压力相平衡时，桩墙处于稳定状态，相应的桩墙入土深度即为其保证嵌固稳定所需的最小入土深度，可根据静力平衡条件即水平力平衡方程（$\sum H = 0$）和桩底截面的力矩平衡方程（$\sum M = 0$）求出。

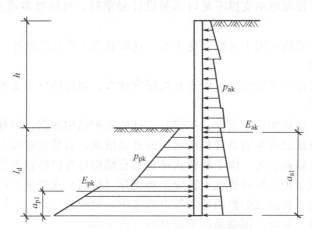

图 4-3　悬臂式支护结构嵌固深度计算简图

$$M = E_{ak} a_{a1} - E_{pk} a_{p1} = 0 \tag{4-1}$$

式中　E_{ak}、E_{pk}——基坑外侧主动土压力、基坑内侧被动土压力标准值；

　　　　a_{a1}、a_{p1}——基坑外侧主动土压力、基坑内侧被动土压力合力作用点至挡土构件底端的距离。

通过式(4-1)求出最小嵌固深度后，乘以 1.1～1.2 的安全系数，即为支护桩的嵌固深度。

《建筑基坑支护技术规程》（JGJ 120—2012）4.2.1 条规定：悬臂式支挡结构的嵌固深度（l_d）应符合下式嵌固稳定性的要求。规范法计算的原理其实是静力平衡法的另一种表述形式。

$$\frac{E_{pk}a_{p1}}{E_{ak}a_{a1}} \geqslant K_e \tag{4-2}$$

式中 K_e——嵌固稳定安全系数，安全等级为一级、二级、三级的悬臂式支护结构，K_e 分别不应小于 1.25、1.2、1.15。

对悬臂式支护结构主要是求算其嵌固深度和最大弯矩，步骤如下：

① 计算主、被动土压力 E_{ak}、E_{pk}，绘制土压力分布的计算简图。

② 计算（试算）支护桩的嵌固深度。

③ 计算桩身的最大弯矩 M_{max}，最大弯矩的作用点剪力为零。

【例 4-1】 某基坑开挖深度 $h=5.0$m。土层为粉质黏土，地下水位 -20m，重度 $\gamma=20$kN/m^3，内摩擦角 $\varphi=20°$，黏聚力 $c=10$kPa，地面超载 $q_0=10$kPa。基坑安全等级为二级，现拟采用悬臂式排桩支护，试确定支护桩的嵌固深度和最大弯矩。

解 （1）计算主、被动土压力，绘制土压力分布的计算简图

土压力分布计算简图如图 4-4 所示。

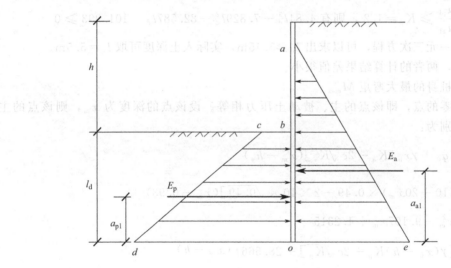

图 4-4 土压力分布计算简图

主动土压力系数 $K_a = \tan^2\left(45° - \dfrac{\varphi}{2}\right) = \tan^2\left(45° - \dfrac{20°}{2}\right) = 0.49$

被动土压力系数 $K_p = \tan^2\left(45° + \dfrac{\varphi}{2}\right) = \tan^2\left(45° + \dfrac{20°}{2}\right) = 2.04$

主、被动土压力分别为三角形 aoe 和梯形 $bodc$ 的面积。

主动土压力强度 $e_a = 0$ 点 a 的深度为：

$e_a = (q_0 + \gamma h_a)K_a - 2c\sqrt{K_a} = (10 + 20h_a) \times 0.49 - 2 \times 10 \times \sqrt{0.49} = 0$，$h_a = 0.93$m

桩底的主动土压力强度为：

$e_a = (q_0 + \gamma h_a)K_a - 2c\sqrt{K_a} = [10 + 20 \times (h - h_a + l_d)] \times 0.49 - 2 \times 10 \times \sqrt{0.49}$

$= 9.8l_d + 30.786$(kPa)

坑底的被动土压力强度为：

$$e_{\mathrm{p}} = 2c\sqrt{K_{\mathrm{p}}} = 2 \times 10 \times \sqrt{2.04} = 28.566 \, (\mathrm{kPa})$$

桩底的被动土压力强度为：

$$e_{\mathrm{p}} = \gamma l_{\mathrm{d}} K_{\mathrm{p}} + 2c\sqrt{K_{\mathrm{p}}} = 20 l_{\mathrm{d}} \times 2.04 + 2 \times 10 \times \sqrt{2.04} = 40.8 l_{\mathrm{d}} + 28.566 \, (\mathrm{kPa})$$

（2）计算支护桩的嵌固深度

主动土压力三角形 aoe 的面积为 $\dfrac{1}{2}(h - h_{\mathrm{a}} + l_{\mathrm{d}})(9.8 l_{\mathrm{d}} + 30.786)$

力的作用点为 $a_{\mathrm{a}1} = \dfrac{1}{3}(h - h_{\mathrm{a}} + l_{\mathrm{d}}) = \dfrac{1}{3}(4.07 + l_{\mathrm{d}})$

$$E_{\mathrm{ak}} a_{\mathrm{a}1} = \frac{1}{6}(4.07 + l_{\mathrm{d}})^2 (9.8 l_{\mathrm{d}} + 30.786) = 1.633 l_{\mathrm{d}}^3 + 18.426 l_{\mathrm{d}}^2 + 68.822 l_{\mathrm{d}} + 84.994$$

被动土压力梯形 $bodc$ 面积拆解为矩形与三角形，以方便计算力矩，则：

$$E_{\mathrm{pk}} a_{\mathrm{p}1} = \frac{1}{2} l_{\mathrm{d}} \times 40.8 l_{\mathrm{d}} \times \frac{1}{3} l_{\mathrm{d}} + 28.566 l_{\mathrm{d}} \times \frac{1}{2} l_{\mathrm{d}} = 6.8 l_{\mathrm{d}}^3 + 14.283 l_{\mathrm{d}}^2$$

按静力平衡法（$\sum M = 0$）计算，可以求出 $l_{\mathrm{d}} \geqslant 4.54\mathrm{m}$，乘以 1.2 的安全系数，实际嵌固深度为 $l_{\mathrm{d}} = 5.45\mathrm{m}$。

按规范法计算，基坑等级二级，则：

$$\frac{E_{\mathrm{pk}} a_{\mathrm{p}1}}{E_{\mathrm{ak}} a_{\mathrm{a}1}} \geqslant K_{\mathrm{e}} = 1.2 \, , \quad 则有 \ 4.84 l_{\mathrm{d}}^3 - 7.829 l_{\mathrm{d}}^2 - 82.587 l_{\mathrm{d}} - 101.993 \geqslant 0$$

通过上述一元三次方程，可以求出 $l_{\mathrm{d}} \geqslant 5.45\mathrm{m}$，实际入土深度可取 $l_{\mathrm{d}} = 5.5\mathrm{m}$。

可以看出，两者的计算结果差值很小。

（3）计算桩身的最大弯矩 $M_{\max}$

求剪力为零的点，即该点的主、被动土压力相等。设该点的深度为 x_{m}，则该点的主、被动土压力分别为：

$$\begin{aligned} E_{\mathrm{a}} &= \frac{1}{2}\left[(q_0 + \gamma x_{\mathrm{m}}) K_{\mathrm{a}} - 2c\sqrt{K_{\mathrm{a}}}\right](x_{\mathrm{m}} - h_{\mathrm{a}}) \\ &= \frac{1}{2}\left[(10 + 20 x_{\mathrm{m}}) \times 0.49 - 2 \times 10 \times \sqrt{0.49}\right](x_{\mathrm{m}} - 0.93) \\ &= 4.9 x_{\mathrm{m}}^2 - 9.107 x_{\mathrm{m}} + 4.2315 \end{aligned}$$

$$\begin{aligned} E_{\mathrm{p}} &= \frac{1}{2}\left\{\left[\gamma(x_{\mathrm{m}} - h) K_{\mathrm{p}} + 2c\sqrt{K_{\mathrm{p}}}\right] + 28.566\right\}(x_{\mathrm{m}} - h) \\ &= 20.4 x_{\mathrm{m}}^2 - 175.434 x_{\mathrm{m}} + 367.17 \end{aligned}$$

则 $x_{\mathrm{m}} = 7.693\mathrm{m}$，此时，该点的主动土压力强度 E_{a}、被动土压力强度 E_{p} 相等，为 $224.866\mathrm{kN/m}$。

其最大弯矩与主、被动土压力对该点的力矩 M_{ea}、M_{pa} 的关系为 $M_{\max} = M_{\mathrm{ea}} - M_{\mathrm{pa}}$。

$$M_{\mathrm{ea}} = \frac{1}{3}(x_{\mathrm{m}} - h_{\mathrm{a}}) E_{\mathrm{a}} = 506.92\mathrm{kN \cdot m/m}$$

$$M_{\mathrm{pa}} = \frac{1}{2}(x_{\mathrm{m}} - h) \times 28.566 + \frac{1}{3}(x_{\mathrm{m}} - h) \times \left[\gamma(x_{\mathrm{m}} - h) K_{\mathrm{p}} + 2c\sqrt{K_{\mathrm{p}}} - 28.566\right]$$
$$= 38.464 + 98.63 = 137.094 \, (\mathrm{kN \cdot m/m})$$

故 $M_{\max} = 369.83\mathrm{kN \cdot m/m}$。

求出最大弯矩后，若支护桩选择的是钢板桩，则可根据钢板桩的容许弯曲应力，计算钢板桩的截面模量，选择钢板桩型号；若支护桩为钻孔灌注桩，则可依此计算配筋。

需特别注意，求得的最大弯矩为基坑壁周边每延米土体作用于支护桩墙上的弯矩，若采用钢板桩，则求得的截面模量为每延米的截面模量；若采用钻孔灌注桩，应乘以桩孔间距，再计算配筋。

计算时，若基坑开挖土层的性状相差较小，土层参数可加权平均取值，计算嵌固深度时求一元三次方程的根，相对较为简单；若土层复杂，性状相差较大，分层计算土压力，则计算相对较为复杂，可采取试算法计算支护桩的嵌固深度。

4.2.2　布鲁姆法

布鲁姆（H. Blum）法的计算简图如图 4-5 所示。桩墙底部后侧出现的被动土压力以一个集中力 R_c 代替。桩墙底部 C 点的力矩平衡条件为 $\sum M_C=0$，且 $\sum H=0$。由于土体阻力是逐渐向下增加的，用 $\sum M_C=0$ 计算出来的 x 较小，所以 H. Blum 建议嵌入深度 $l_d=1.2x+\mu$。

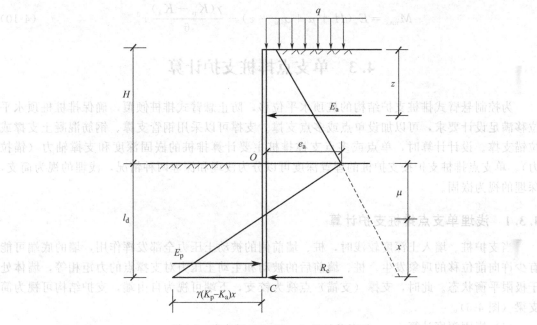

图 4-5　布鲁姆（H. Blum）法计算简图

（1）求支护结构嵌固深度 l_d

支护结构桩墙底部 C 点的力矩：

$$M_C=(H+\mu+x-z)E_a-E_p\frac{x}{3}=0 \tag{4-3}$$

其中：

$$E_p=\gamma(K_p-K_a)x\cdot\frac{x}{2} \tag{4-4}$$

化简后得：

$$x^3-\frac{6E_a}{\gamma(K_p-K_a)}x-\frac{6E_a(H+\mu-z)}{\gamma(K_p-K_a)}=0 \tag{4-5}$$

式中　μ——土压力强度为零点距坑底的距离，可根据图 4-5 求得，即

$$\frac{e_a}{\gamma(K_p-K_a)x}=\frac{\mu}{x} \tag{4-6}$$

$$\mu=\frac{e_a}{\gamma(K_p-K_a)} \tag{4-7}$$

式中 γ——坑底土层重度的加权平均值。

结合式(4-5)与式(4-7),求解一元三次方程,可以求得 x,从而可求出支护桩的嵌固深度 $l_d = 1.2x + \mu$。

(2)求支护结构的最大弯矩

最大弯矩的作用点在剪力为 0 处。设坑底 O 点下 x_m 位置剪力为 0,即被动土压力等于主动土压力,通过图 4-5 可得:

$$E_a - \gamma(K_p - K_a)x_m \frac{x_m}{2} = 0 \qquad (4-8)$$

$$x_m = \sqrt{\frac{2E_a}{\gamma(K_p - K_a)}} \qquad (4-9)$$

从而可以计算求出最大弯矩为:

$$M_{max} = E_a(H + \mu + x_m - z) - \frac{\gamma(K_p - K_a)}{6}x_m^3 \qquad (4-10)$$

4.3 单支点排桩支护计算

为控制悬臂式排桩支护结构的桩顶水平位移,防止悬臂式排桩倾覆,确保排桩桩顶水平位移满足设计要求,可以加设单点或多点支撑。支撑可以采用钢管支撑、钢筋混凝土支撑或拉锚支撑。设计计算时,单点或多点支撑排桩主要计算排桩的嵌固深度和支撑轴力(锚拉力)。单支点排桩支护按支护桩的埋置深度可以分为浅埋和深埋两种情况,浅埋的视为简支,深埋的视为嵌固。

4.3.1 浅埋单支点排桩支护计算

当支护桩、墙入土深度较浅时,桩、墙前侧的被动土压力全部发挥作用,墙的底端可能有少许向前位移的现象发生。桩、墙前后的被动和主动土压力对支撑点的力矩相等,墙体处于极限平衡状态。此时,支撑(支锚)点视为铰支,下端可视为自由端,支护结构可视为简支梁(图 4-6)。

(1)嵌固深度计算

支护桩的有效嵌固深度 l_d,根据对支点 A 的力矩平衡条件($\sum M_A = 0$)求得:

$$M_A = M_{E_a} - M_{E_p} = 0 \qquad (4-11)$$

$$E_a(z_a - h_a) - E_p(H + z_p - h_a) = 0 \qquad (4-12)$$

式中 M_{E_a}、M_{E_p}——主、被动土压力合力对 A 点的力矩;

z_a、z_p——主、被动土压力合力作用点分别到坑顶、坑底的距离,$z_p = \frac{2}{3}l_d$。

由式(4-12)可以计算求得支护桩的最小嵌固深度,然后乘以 1.1~1.3 的安全系数,可得支护桩的嵌固深度。

《建筑基坑支护技术规程》(JGJ 120—2012)4.2.2 条规定:单层锚杆和单层支撑的支挡式结构的嵌固深度(l_d)应符合下式嵌固稳定性的要求:

$$\frac{E_{pk}a_{p2}}{E_{ak}a_{a2}} \geqslant K_e \qquad (4-13)$$

式中 K_e——嵌固稳定安全系数,安全等级为一级、二级、三级的悬臂式支挡结构,K_e 分别不应小于 1.25、1.2、1.15;

的计算原理按以力学条件和变化的荷载建立。一般采用的能量法或图（本标图是以方法的能算简图）计算。

窄度主的固不基坑。支护结构土墙取为 0 取为 0 取点为。有限差描绘在 D 点力矩。非二者不在一 A B 以据一的整窄面。虽实应被的核的 B 代化替 B，即用正力的所的位置来化得分需求。其计算不难量大。计算步的如下：

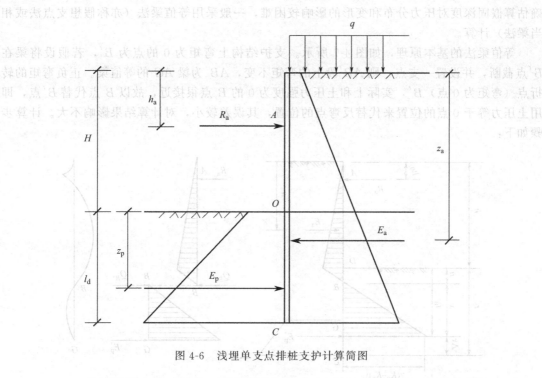

图 4-6　浅埋单支点排桩支护计算简图

a_{a2}、a_{p2}——基坑外侧主动土压力、基坑内侧被动土压力合力作用点至支点的距离，m。
　　规范计算嵌固深度的原理与上述方法的计算原理是一致的。
　　（2）支撑（或拉锚）力计算
　　支撑（或拉锚）力 R_a 根据静力平衡条件（$\sum H = 0$）计算。

$$E_a - E_p - R_a = 0 \tag{4-14}$$

　　（3）最大弯矩计算
　　支护结构的最大弯矩在剪力为 0 处。设在支点 A 点下 x_m 位置剪力为 0，即被动土压力等于主动土压力。
　　若 $x_m < H - h_a$，则

$$E_{ax_m} - R_a = 0 \tag{4-15}$$

　　若 $x_m > H - h_a$，则

$$E_{ax_m} - R_a - E_{px_m} = 0 \tag{4-16}$$

式中　E_{ax_m}、E_{px_m}——支点 A 点下 x_m 处的主、被动土压力的合力。
　　由式(4-15) 式(4-16)，可以计算 x_m，从而可以求得最大弯矩 M_{max}。
　　若 $x_m < H - h_a$，则

$$M_{max} = E_{ax_m} z_{ax_m} - R_a x_m \tag{4-17}$$

　　若 $x_m > H - h_a$，则

$$M_{max} = E_{ax_m} z_{ax_m} - R_a x_m - E_{px_m} z_{px_m} \tag{4-18}$$

式中　z_{ax_m}、z_{px_m}——支点 A 点下 x_m 处的主、被动土压力的合力作用点到该点的距离。

4.3.2　深埋单支点排桩支护计算

　　单支点排桩支护入土深度较深时，支护结构底部出现反弯矩，下部位移较小，可视为固定端，支点视为铰接。支护桩嵌固深度较深，可以使墙后土体更安全稳定，不产生滑动。正确估算嵌固深度对压力分布和变形的影响较困难，一般采用等值梁法（亦称假想支点法或相当梁法）计算。

等值梁法的基本原理，如图 4-7 所示。支护结构上弯矩为 0 的点为 B'，若假设将梁在 B' 点截断，并设置一支点，则 AB' 段上的弯矩不变，AB' 为梁 AG 的等值梁。正负弯矩的转折点（弯矩为 0 点）B'，实际上和土压力强度为 0 的 B 点很接近，故以 B 点代替 B' 点，即用土压力等于 0 点的位置来代替反弯点的位置，其误差较小，对计算结果影响不大。计算步骤如下：

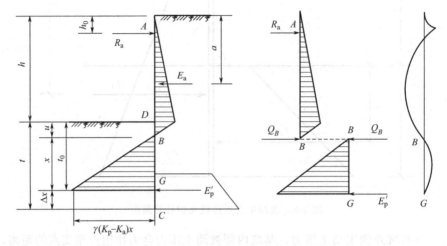

图 4-7 等值梁法计算单支点排桩支护简图

① 绘制土压力分布图与弯矩图，如图 4-7。计算支护桩各支点处主、被动土压力（t_1 深以下暂不考虑）。

② 求 u。B 点桩墙前的被动土压力强度等于桩墙后的主动土压力强度，即

$$\gamma u K_p + 2c\sqrt{K_p} = [q + \gamma(H+u)]K_a - 2c\sqrt{K_a} = e_D + \gamma u K_a$$

$$u = \frac{e_D - 2c\sqrt{K_p}}{\gamma(K_p - K_a)} \tag{4-19}$$

式中 e_D——桩墙入土处墙后的主动土压力强度值。

③ 按简支梁计算等值梁的支撑（拉锚）力 R_a，B 点处的支反力 Q_B，最大弯矩 M_{max}。

④ 计算桩墙最小入土深度 t_0，$t_0 = u + x$。x 可根据 Q_B 和墙前被动土压力对 G 点的力矩相等求得，即

$$Q_B x = \gamma(K_p - K_a)x\frac{x}{2} \times \frac{x}{3}$$

$$x = \sqrt{\frac{6Q_B}{\gamma(K_p - K_a)}} \tag{4-20}$$

支护桩下端的实际埋深应位于 x 以下，所需实际板桩的嵌固深度为 $t = (1.1 \sim 1.2)t_0$。一般取下限 1.1，板桩后面为填土时取 1.2。

实践证明，用等值梁法计算板桩是偏于安全的，实际计算时常将最大弯矩予以折减，US Army《Design of Sheet Pile Walls》（EM 1110-2-2504）中给出了砂土和黏性土中钢板桩结构计算弯矩的折减计算图表。折减系数据经验为 0.6～0.8 之间，一般采用 0.74。

【例 4-2】 某工程开挖深度 10.0m，采用单支点支护结构，地质资料和地面荷载如图 4-8 所示。试计算支撑反力 R_a 与支护桩的嵌固深度和最大弯矩 M_{max}。

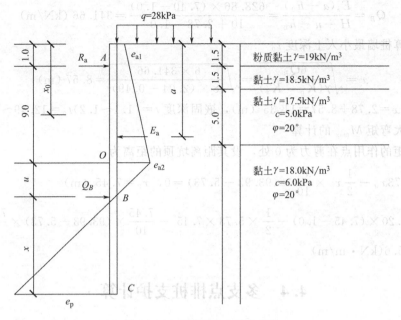

$q=28\text{kPa}$

粉质黏土 $\gamma=19\text{kN/m}^3$

黏土 $\gamma=18.5\text{kN/m}^3$

黏土 $\gamma=17.5\text{kN/m}^3$
$c=5.0\text{kPa}$
$\varphi=20°$

黏土 $\gamma=18.0\text{kN/m}^3$
$c=6.0\text{kPa}$
$\varphi=20°$

图 4-8 地质资料和土压力分布

解 (1) 计算主、被动土压力，绘制土压力分布的计算简图

γ、c、φ 值按 25m 范围内的加权平均值计算得：$\gamma=18\text{kN/m}^3$，$c=5.71\text{kPa}$，$\varphi=20°$。

主动土压力系数 $K_a=\tan^2\left(45°-\dfrac{\varphi}{2}\right)=\tan^2\left(45°-\dfrac{20°}{2}\right)=0.49$

被动土压力系数 $K_p=\tan^2\left(45°+\dfrac{\varphi}{2}\right)=\tan^2\left(45°+\dfrac{20°}{2}\right)=2.04$

基坑顶部和底部 O 点的土压力强度为：

$e_{a1}=(\gamma h+q)K_a-2c\sqrt{K_a}=28\times0.49-2\times5.71\times\sqrt{0.49}=5.73\text{(kPa)}$

$e_{a2}=(\gamma h+q)K_a-2c\sqrt{K_a}=(18\times10+28)\times0.49-2\times5.71\times\sqrt{0.49}=93.93\text{(kPa)}$

(2) 计算土压力零点 B 的位置

$$u=\frac{e_{a2}-2c\sqrt{K_p}}{\gamma(K_p-K_a)}=\frac{93.93-2\times5.71\times\sqrt{2.04}}{18\times(2.04-0.49)}=2.78\text{ (m)}$$

(3) 计算支撑反力 R_a 和 Q_B

等值梁的墙后主动土压力合力

$$E_a=\frac{1}{2}\times(5.73+93.93)\times10+\frac{1}{2}\times93.93\times2.78=628.86\text{ (kN/m)}$$

主动土压力合力的作用点

$$a=\frac{5.73\times\dfrac{10^2}{2}+(93.93-5.73)\times\dfrac{10}{2}\times\dfrac{2}{3}\times10+\dfrac{1}{2}\times93.93\times2.78\times\left(10+\dfrac{2.78}{3}\right)}{628.86}$$

$=7.40\text{ (m)}$

R_a 与墙后主动土压力合力 E_a 对支点 B 的力矩平衡，可以求出

$$R_a=\frac{E_a(H+u-a)}{H+u-h_0}=\frac{628.86\times(10+2.78-7.40)}{10+2.78-1.0}=287.20\text{ (kN/m)}$$

Q_B 与墙后主动土压力合力 E_a 对支撑点 A 的力矩平衡

$$Q_B = \frac{E_a(a - h_0)}{H + u - h_0} = \frac{628.86 \times (7.40 - 1.0)}{10 + 2.78 - 1.0} = 341.66 \, (\text{kN/m})$$

（4）计算桩墙最小入土深度 t_0

$$x = \sqrt{\frac{6Q_B}{\gamma(K_p - K_a)}} = \sqrt{\frac{6 \times 341.66}{18 \times (2.04 - 0.49)}} = 8.57 \, (\text{m})$$

$t_0 = u + x = 2.78 + 8.57 = 11.35 \, (\text{m})$，嵌固深度 $t = (1.1 \sim 1.2)t_0 = 12.49 \sim 13.2 \, (\text{m})$。

（5）最大弯矩 M_{max} 的计算

最大弯矩的作用点在剪力为 0 处，设其距离坑顶的距离为 x_0。

$$R_a - 5.73x_0 - \frac{1}{2}x_0 \times \frac{x_0}{10} \times (93.93 - 5.73) = 0, \quad x_0 = 7.45 \, (\text{m})$$

$$M_{max} = 287.20 \times (7.45 - 1.0) - \frac{1}{2} \times 5.73 \times 7.45^2 - \frac{7.45}{10} \times (93.93 - 5.73) \times \frac{7.45}{2} \times \frac{7.45}{3}$$
$$= 1085.6 (\text{kN} \cdot \text{m/m})$$

4.4 多支点排桩支护计算

当基坑比较深、土质较差时，单支点支护结构不能满足基坑支挡的强度和稳定性要求，可以采用多层支撑的多支点支护结构。支撑层数及位置应根据土质、基坑深度、支护结构、支撑结构和施工要求等因素综合确定。

目前对多支点支护结构的计算方法有等值梁法、1/2 分担法、弹性支点法、盾恩近似法、山肩邦男法以及有限元法等，以下对其中的几种主要方法予以介绍。

4.4.1 等值梁法

如果将单支撑（拉锚）的支护结构视为一次超静定结构，则多道支撑就是多次超静定结构，因此用等值梁法计算多道支撑的围护结构时，常引入新的假设条件，如假定各个支撑点均为铰接，即该弯矩为零等。本节介绍一种结合开挖过程分层设置支撑情况的近似计算法。

由于多支撑（拉锚）总是在基坑分层开挖过程中至各层支撑的底标高时分层设置的，因此假设在设置第二道支撑后继续向下开挖时，已经求得的第一道支撑力不变。以此类推，就可以求出各开挖阶段的各道支撑力与围护墙内力，如图 4-9 所示。具体步骤如下：

① 基坑开挖至第一道支撑（或拉锚）阶段。此时可按悬臂式支护计算桩墙上端的负弯矩（墙下端很小，可以不必计算）。

② 第一道支撑（或拉锚）阶段。设置第一道支撑后，继续开挖到第二道支撑，此时，第一道支撑（拉锚）必须保证设置第二道支撑（或拉锚）的基坑稳定，即取设置第二道支撑（或拉锚）所需开挖深度 $h_1 + h_2$ 进行第一道支撑（或拉锚）计算。算法与单支点等值梁法一致，主、被动土压力仅需计算至净土压力零点，即假想铰点即可，如图 4-9（a）所示。

a. 求 u_1。B_1 点主、被动土压力强度相等，可得：

$$u_1 = \frac{e_{a1} - 2c\sqrt{K_p}}{\gamma(K_p - K_a)} \tag{4-21}$$

式中　e_{a1}——开挖深度 $h_1 + h_2$ 处桩墙后的主动土压力强度值。

b. 求 R_{a1}。把 AB_1 视作简支梁，对 B_1 点取矩，则：

$$R_{a1} = \frac{E_{a1}(h_1 + h_2 - z_{a1} + u_1)}{h_2 + u_1} \tag{4-22}$$

式中　E_{a1}——开挖深度 $h_1 + h_2$ 时桩墙后主动土压力合力；

　　　z_{a1}——开挖深度 $h_1 + h_2$ 时桩墙后主动土压力合力的作用点离基坑顶部的距离。

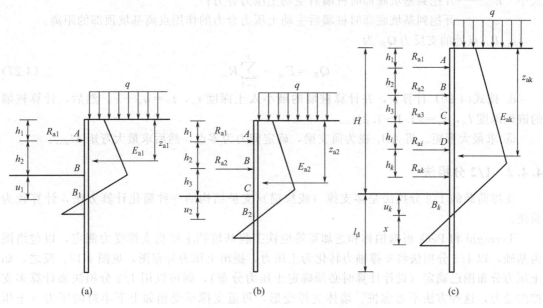

图 4-9　等值梁法计算各支点支护结构计算简图

③ 第二道支撑（或拉锚）加设完成至开挖到第三道支撑阶段。此时，开挖深度为 $h_1 + h_2 + h_3$，如图 4-9(b) 所示，同样按此条件计算主、被动土压力，再求新的铰点 B_2 深度 u_2。计算时，假设第一道支撑（或拉锚）力 R_{a1} 不变，求第二道支撑力 R_{a2}。

a. 求 u_2。B_2 点主、被动土压力强度相等，可得：

$$u_2 = \frac{e_{a2} - 2c\sqrt{K_p}}{\gamma(K_p - K_a)} \tag{4-23}$$

式中　e_{a2}——开挖深度 $h_1 + h_2 + h_3$ 处桩墙后的主动土压力强度值。

b. 求 R_{a1}。把 AB_2 视作简支梁，对 B_2 点取矩，则：

$$R_{a2} = \frac{E_{a2}(h_1 + h_2 + h_3 - z_{a2} + u_1) - R_{a1}(h_2 + h_3 + u_2)}{h_3 + u_2} \tag{4-24}$$

式中　E_{a2}——开挖深度 $h_1 + h_2 + h_3$ 时桩墙后主动土压力合力；

　　　z_{a2}——开挖深度 $h_1 + h_2 + h_3$ 时墙后主动土压力合力的作用点离基坑顶部的距离。

④ 重复以上步骤，至设置最后一道支撑，并开挖至基坑底面设计标高，如图 4-9(c) 所示。求最后一道支撑时，铰点 B_k 深度 u_k。计算时，仍假设以上支撑（或拉锚）力保持不变，求最后一道支撑力 R_{ak}。

a. 求 u_k。B_k 点主、被动土压力强度相等，可得：

$$u_k = \frac{e_{ak} - 2c\sqrt{K_p}}{\gamma(K_p - K_a)} \tag{4-25}$$

式中　e_{ak}——开挖到基坑底部时桩墙后的主动土压力强度值。

b. 求 R_{ak}。把 AB_k 作为简支梁，对 B_k 点取矩，则：

$$R_{ak} = \frac{E_{ak}(H - z_{ak} + u_k) - \sum_{i=1}^{k-1} R_{ai}(H - \sum_{i=1}^{k-1} h_i + u_k)}{H - \sum_{i=1}^{k} h_i + u_k} \qquad (4\text{-}26)$$

式中　E_{ak}——开挖到基坑底部时桩墙后主动土压力合力；

　　　z_{ak}——开挖到基坑底部时桩墙后主动土压力合力的作用点离基坑顶部的距离。

c. B_k 点处的支反力 Q_B 为

$$Q_B = E_{ak} - \sum_{i=1}^{k} R_{ai} \qquad (4\text{-}27)$$

d. 按式(4-20) 计算 x，并计算桩墙的最小入土深度 t_0，$t_0 = u_k + x$。然后，计算桩墙的嵌固深度 l_d，$l_d = (1.1 \sim 1.2)t_0$。

⑤ 求最大弯矩。将 AB_k 视为简支梁，确定剪力为零点，然后求最大弯矩 M_{max}。

4.4.2　1/2 分担法

支撑荷载的 1/2 分担法是多支撑（或拉锚）支护结构的一种简化计算方法，计算较为简便。

Terzaghi 和 Peck 根据柏林和芝加哥等地铁工程基坑挡土结构支撑受力测定，以包络图为基础，以 1/2 分担法将支撑轴力转化为土压力，提出土压力分布图，见图 4-10。反之，如土压力分布图已确定（设计计算时必须确定土压力分布），则可以用 1/2 分担法来计算多支撑的受力，这种方法不考虑桩、墙体支撑变形，每道支撑承受相邻上下半跨的压力（土压力、水压力、地面超载等）。

① 每道支撑或拉锚所受的力是相应于相邻两个半跨的土压力荷载值；

② 土压力强度为 q，按连续梁计算，最大支座弯矩为 $M = ql^2/10$，最大跨中弯矩为 $M = ql^2/20$。

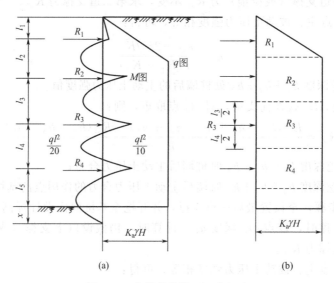

图 4-10　支撑荷载的 1/2 分担法

这种方法由于荷载图式多采用实测支撑力反算经验包络图，所以仍具有一定的实用性，特别对于支撑轴力的估算有一定的参考价值。

4.4.3　弹性支点法

等值梁法基于极限平衡状态理论，假定支护结构前、后受极限状态的主、被动土压力作用，不能反映支护结构的变形情况，也就无法预先估计开挖对周围建筑物的影响。基坑工程弹性支点法（弹性地基梁法）则能够考虑支护结构的平衡条件与土的变形协调，分析中所需参数单一且土的水平抗力系数取值已积累了一定的经验，并可有效地计入基坑开挖过程中的多种因素的影响，如作用在挡墙两侧土压力的变化，支撑数量随开挖深度的增加而变化，支撑预加轴力和支撑架设前的支护结构位移对结构内力、变形变化的影响等，同时从支护结构的水平位移可以初步估计开挖对邻近建筑的影响程度，在实际工程中已成为一种重要的设计方法和手段，《建筑基坑支护技术规程》（JGJ 120—2012）对于支撑（拉锚）式支护结构的挡土结构设计，均采用弹性支点法分析计算。

（1）计算原理

平面弹性地基梁法假定挡土结构为平面应变问题，取单位宽度的挡土墙作为竖向放置的弹性地基梁，基坑内开挖面以下土体采用弹簧模拟，挡土结构外侧作用已知的水压力和土压力。图 4-9 为弹性支点法的计算简图。

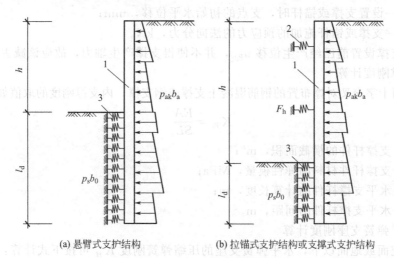

(a) 悬臂式支护结构　　　　(b) 拉锚式支护结构或支撑式支护结构

图 4-11　弹性支点法计算示意图

1—支护结构；2—由锚杆或支撑简化而成的弹性支座；3—计算土反力的弹性支座

取长度为 b_0 的围护结构作为分析对象，列出弹性地基梁的变形微分方程如下：

$$EI\frac{\mathrm{d}^4 y}{\mathrm{d}z^4} - e_a(z)b_s = 0 \qquad (0 \leqslant z \leqslant h_n)$$

$$EI\frac{\mathrm{d}^4 y}{\mathrm{d}z^4} + mb_0(z - h_n)y - e_a(z)b_s = 0 \qquad (z \geqslant h_n) \qquad (4\text{-}28)$$

式中　EI——围护结构的抗弯刚度，$N \cdot mm^2$；

　　　y——围护结构的侧向位移，mm；

　　　z——开挖面以下深度，m；

　$e_a(z)$——z 深度处的主动土压力，kPa；

　　　b_s——侧向土压力计算宽度，m；

　　　m——地基土水平反力系数的比例系数，kN/m^4；

　　　h_n——第 n 步的开挖深度，m；

b_0——土的抗力计算宽度，m。

求解式(4-28)即可得到支护结构的内力和变形，通常可用杆系有限单元法求解。首先将支护结构进行离散，支护结构采用梁单元，支撑或锚杆用弹性支撑单元，外荷载为支护结构后侧的主动土压力和水压力，其中水压力既可单独计算，即采用水土分算模式，也可与土压力一起算，即水土合算模式，但需注意的是水土分算和水土合算时所采用的土体抗剪强度指标不同。

划分单元时，需考虑土层的分布、地下水位、支撑（锚杆）的位置、基坑的开挖深度等因素。分析多道支撑（锚杆）分层开挖时，根据基坑开挖、支撑情况划分施工工况，按照工况的顺序进行支护结构的变形和内力计算，计算中需考虑各工况下边界条件、荷载形式等的变化，并取上一工况计算的围护结构位移作为下一工况的初始值。

弹性支座的反力可由下式计算：

$$F_{hi} = K_{Ri}(v_{Ri} - v_{R0}) + P_{hi}$$ (4-29)

式中 F_{hi}——支护结构计算宽度内第 i 道支撑（锚杆）弹性支点水平反力，kN；

K_{Ri}——支护结构计算宽度内第 i 道支撑弹簧刚度系数；

v_{Ri}——支护结构在支点处的侧向位移，mm；

v_{R0}——设置支撑或锚杆时，支点的初始水平位移，mm；

P_{hi}——支撑或锚杆施加的预应力的法向分力，kN。

由于在支撑设置前已经产生位移 v_{R0}，并不使得支撑产生轴力，故应该减去。

（2）支撑刚度计算

对于采用十字交叉对撑布置的钢筋混凝土支撑或钢支撑，内支撑刚度的取值如下式所示：

$$K_{Bi} = \frac{EA}{SL}$$ (4-30)

式中 A——支撑杆件的横截面积，m²；

E——支撑杆件材料的弹性模量，MPa；

L——水平支撑杆件的计算长度，m；

S——水平支撑杆件的间距，m。

（3）水平弹簧支座刚度计算

基坑开挖面或地面以下，水平弹簧支座的压缩弹簧刚度 K_H 可按下式计算：

$$K_H = k_h b h$$ (4-31)

式中 K_H——土弹簧压缩刚度，kN/m；

k_h——地基土水平地基反力系数，kN/m³；

b——弹簧的水平向计算间距，m；

h——弹簧的垂直向计算间距，m。

弹性地基梁法中土对支护结构的抗力（地基反力）用土弹簧来模拟，地基反力的大小与结构的变形有关，即地基反力由水平地基反力系数同该深度结构变形的乘积确定。按地基反力系数沿深度的分布不同形成几种不同的方法。图 4-10 给出了地基反力系数的五种分布图式，可以用下面的通用公式表达：

$$k_h = A_0 + k z^n$$ (4-32)

式中 k——比例系数；

n——指数，反映地基水平反力系数随深度的变化情况；

A_0——开挖面或地面处的地基水平基床系数，一般取为零。

根据 n 的取值面，将采用图 4-12(a)、(b)、(d) 分布模式的计算方法分别称为张氏法、

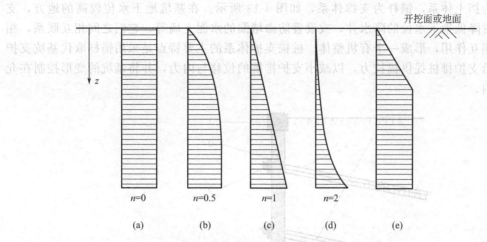

图 4-12　水平地基反力系数沿深度的分布图式

C 法和 K 法。图 4-12(c) 中，取 $n=1$，则：

$$k_h = kz \tag{4-33}$$

此式表明水平地基反力系数随深度按线性规律增大，由于我国以往应用这种分布模式时，采用 m 表示比例系数，即 $k_h = mz$，故通称 m 法。

基坑围护结构的弹性地基梁法实质上是从水平向受荷桩的计算方法演变而来的，因此严格地讲地基土水平反力的比例系数 m 应根据单桩的水平静荷载试验结果由下式来确定：

$$m = \frac{\left(\dfrac{H_{cr}}{x_{cr}}\right)^{\frac{5}{3}}}{b_0 (EI)^{\frac{2}{3}}} \tag{4-34}$$

式中　H_{cr}——单桩水平临界荷载，按《建筑桩基技术规范》附录 E 的方法确定，kN；

　　　x_{cr}——单桩水平临界荷载所对应的位移，mm；

　　　b_0——计算宽度，m。

在实际工程中，缺少试验时，《建筑基坑支护技术规程》（JGJ 120—2012）对不同土层值的计算提供了相关的经验公式：

$$m = \frac{0.2\varphi^2 - \varphi + c}{v_b} \tag{4-35}$$

式中　φ——土的内摩擦角，(°)；

　　　c——土的黏聚力，kPa；

　　　v_b——支护结构在基坑底面处的水平位移量，当此处的水平位移不大于 10mm 时，可取 $v_b = 10$mm。

4.5　桩锚支护设计

桩锚支护是深基坑的一种重要的支护措施，它的产生结合了抗滑桩支护方法和锚杆支护方法，其支护原理是综合了抗滑桩和锚索的支护原理，即阻挡基坑边坡下滑的抗滑力主要来源于锚杆所提供的锚固力和支护桩提供的阻滑力。

桩锚支护结构是基坑开挖边坡支护方法中最常用的一种，它主要由支护桩和锚杆组成，其中排桩为挡土体系，锚杆为支撑体系，如图 4-13 所示。在基坑地下水位较高的地方，支护桩后设置降低地下水位的降水井，或设置防渗堵漏的水泥土墙等，它们之间相互联系，相互影响，相互作用，形成一个有机整体。桩锚支护体系的主要特点是采用锚杆取代基坑支护内支撑，给支护排桩提供锚拉力，以减小支护排桩的位移与内力，并将基坑的变形控制在允许的范围内。

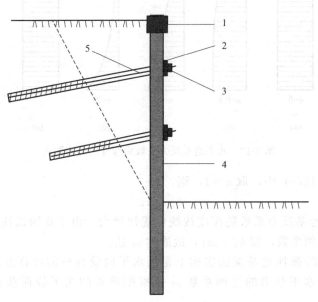

图 4-13　桩锚支护结构组成

1—冠梁；2—腰梁（围檩）；3—锚具；4—支护桩；5—锚杆（锚索）

4.5.1　支护桩构造设计

4.5.1.1　钢板桩构造设计

钢板桩是带有锁口的一种型钢，锁口相互咬合联结，形成一种连续紧密的挡土或者挡水墙的钢结构体。钢板桩分为平板桩和波浪式板桩，如图 4-14 所示。工程中常用 U 型拉森钢板桩支护，如图 4-15 所示。

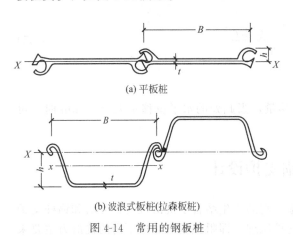

(a) 平板桩

(b) 波浪式板桩(拉森板桩)

图 4-14　常用的钢板桩

图 4-15　U 型拉森钢板桩支护基坑

《建筑基坑支护技术规程》（JGJ 120—2012）规定：钢板支护桩的受弯、受剪承载力应按现行国家标准《钢结构设计规范》（GB 50017）有关规定计算，弯矩设计值和剪力设计值为作用标准组合的弯矩值、剪力值乘以支护结构重要性系数和作用基本组合的分项系数。

基坑若采用钢板桩支护，其抗弯承载能力应满足最大弯矩的要求，即根据最大弯矩求出钢板桩截面抵抗矩，然后选择钢板桩型号。如山西省《钢板桩支护技术规程》（DBJ04/T 328—2016）规定钢板桩构件抗弯承载能力可按下式计算：

$$\sigma = \frac{M}{\beta \xi W_x} \leqslant [f] \tag{4-36}$$

式中　σ——钢板桩截面应力，MPa；

M——作用在钢板桩上的弯矩设计值，kN·m；

W_x——钢板桩截面抵抗矩，mm³；

β——抵抗矩折减系数，当设置有整体钢腰梁时，取值 1.0，不设腰梁或分段设置时，取值 0.9；

ξ——钢板桩重复利用折减系数，对于首次使用的新钢板桩，取值 1.0，对于重复使用的旧钢板桩，根据重复利用次数，参考取值 0.85～0.95；

$[f]$——钢板桩构件材料允许强度设计值，MPa。

【例 4-3】 接【例 4-1】，该基坑若为二级基坑，采用钢板桩支护，请选择 U 型钢板桩的尺寸型号。

解　设计最大弯矩 $M_{max} = 369.83$ kN·m/m。基本组合综合分项系数 $\gamma_F = 1.25$，支护结构重要性系数 $\gamma_0 = 1.0$，弯矩设计值 $M = 369.83 \times 1.25 \times 1.0 = 462.29$（kN·m/m）。选择拉森 SP-VA500×200U 型钢板桩，其截面模量 $W_x = 31500$ cm³/m，弯曲容许强度 $[f] = 200$ MPa，则有：

$$\sigma = \frac{M}{\beta \xi W_x} = \frac{462.29 \times 10^3}{3150 \times 10^{-6}} = 146.76 (MPa) \leqslant [f]$$

所选拉森 U 型钢板桩满足设计要求。

4.5.1.2　支护桩构造设计

（1）支护桩（钻孔灌注桩）的桩径与桩间距

支护桩采用钻孔灌注桩时，对悬臂式排桩，宜选桩径 $d \geqslant 600$ mm 的桩；对拉锚式排桩或支撑式排桩，宜选 $d \geqslant 400$ mm 的桩。工程实践中，多用 $d \geqslant 600$ mm 的灌注桩，尤其当埋深超过 12m 时，宜选用 $\phi 800 \sim 1200$ mm 的桩径。

支护桩的桩间距（中心距）不宜大于桩直径 2.0 倍，一般可选 $(1.2 \sim 1.5)d$，对于砂土和软土，桩间距宜较小；黏性土可选较大桩间距，原则是桩间土不发生滑塌。

（2）支护桩的配筋计算

桩身混凝土强度等级不宜低于 C25；纵向受力钢筋宜选用 HRB400、HRB500 钢筋，单桩的纵向受力钢筋不宜少于 8 根，其净间距不应小于 60mm。

钻孔灌注桩作为挡土结构受力时，可按钢筋混凝土圆形截面受弯构件进行配筋计算。沿周边均匀配置纵向钢筋的圆形截面支护桩，如图 4-16 所示，其正截面受弯承载力宜按式(4-37) 计算：

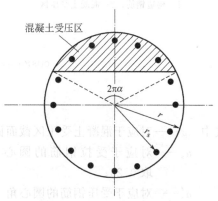

图 4-16　沿周边均匀配置纵向钢筋的圆形截面

$$M \leqslant \frac{2}{3} f_c A r \frac{\sin^3 \pi\alpha}{\pi} + f_y A_s r_s \frac{\sin\pi\alpha + \sin\pi\alpha_t}{\pi} \tag{4-37}$$

$$\alpha f_c A \left(1 - \frac{\sin 2\pi\alpha}{2\pi\alpha}\right) + (\alpha - \alpha_t) f_y A_s = 0 \tag{4-38}$$

$$\alpha_t = 1.25 - 2\alpha \tag{4-39}$$

式中　M——桩的弯矩设计值，kN·m。

　　　f_c——混凝土轴心抗压强度设计值，kN/m^2，当混凝土强度超过 C50 时，f_c 应以 $\alpha_1 f_c$ 代替；当混凝土强度等级为 C50 时，取 $\alpha_1 = 1.0$；当混凝土强度等级为 C80 时，取 $\alpha_1 = 0.94$；其间按线性内插法确定。

　　　A——支护桩截面面积，m^2。

　　　r——支护桩的半径，m。

　　　α——对应于受压区混凝土截面面积的圆心角（rad）与 2π 的比值。

　　　f_y——纵向钢筋的抗拉强度设计值，kN/m^2。

　　　A_s——全部纵向钢筋的截面面积，m^2。

　　　r_s——纵向钢筋重心所在圆周的半径，m。

　　　α_t——纵向受拉钢筋截面面积与全部纵向钢筋截面面积的比值，当 $\alpha > 0.625$ 时，取 $\alpha_t = 0$。

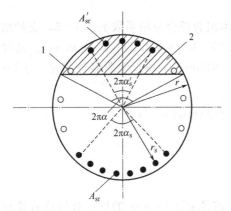

图 4-17　沿受拉区和受压区周边局部
均匀配置纵向钢筋的圆形截面
1—构造钢筋；2—混凝土受压区

当采用沿截面周边非均匀配置纵向钢筋时，受压区的纵向钢筋根数不应少于 5 根；当施工方法不能保证钢筋的方向时，不应采用沿截面周边非均匀配置纵向钢筋的形式。

沿受拉区和受压区周边局部均匀配置纵向钢筋的圆形截面钢筋混凝土支护桩，如图 4-17 所示，其正截面受弯承载力宜按下式计算：

$$M \leqslant \frac{2}{3} f_c A r \frac{\sin^3 \pi\alpha}{\pi} + f_y A_{sr} r_s \frac{\sin\pi\alpha_s}{\pi\alpha_s}$$
$$+ f_y A'_{sr} r_s \frac{\sin\pi\alpha'_s}{\pi\alpha'_s} \tag{4-40}$$

$$\alpha f_c A \left(1 - \frac{\sin 2\pi\alpha}{2\pi\alpha}\right) + f_y (A'_{sr} - A_{sr}) = 0 \tag{4-41}$$

$$\cos\pi\alpha \geqslant 1 - \left(1 + \frac{r_s}{r} \cos\pi\alpha_s\right) \xi_b \tag{4-42}$$

$$\alpha \geqslant \frac{1}{3.5} \tag{4-43}$$

式中　α——对应于混凝土受压区截面面积的圆心角（rad）与 2π 的比值；

　　　α_s——对应于受拉钢筋的圆心角（rad）与 2π 的比值，宜取 $1/6 \sim 1/3$，通常可取 0.25；

　　　α'_s——对应于受压钢筋的圆心角（rad）与 2π 的比值，宜取 $\alpha'_s \leqslant 0.5\alpha$；

A_{sr}、A'_{sr}——沿周边均匀配置在圆心角 $2\pi\alpha_s$、$2\pi\alpha'_s$ 内的纵向受拉、受压钢筋的截面面积，m^2；

ξ_b——矩形截面的相对界限受压区高度，应按现行国家标准《混凝土结构设计规范》（GB 50010）的规定取值。

当 $\alpha < 1/3.5$ 时，其正截面受弯承载力宜按下式计算：

$$M \leq f_y A_{sr}\left(0.78r + r_s\frac{\sin\pi\alpha_s}{\pi\alpha_s}\right) \tag{4-44}$$

【例 4-4】 接【例 4-2】，该基坑若采用钻孔灌注桩支护，桩身混凝土强度 C35，钻孔灌注桩桩径 $\phi800mm$，桩间距 1200mm，试计算灌注桩的配筋。

解 设计最大弯矩 $M_{max} = 1085.6kN\cdot m/m$。基本组合综合分项系数 $\gamma_F = 1.25$，支护结构重要性系数 $\gamma_0 = 1.0$，桩间距 1.2m。

单桩承担的弯矩设计值 $M = 1085.6 \times 1.25 \times 1.0 \times 1.2 = 1628.4$（kN·m）。

查《混凝土结构设计规范》（GB 50010），C35 混凝土轴心抗压强度的设计值 $f_c = 16.7N/mm^2$。纵向受力钢筋宜选用 HRB400，抗拉强度设计值 $f_y = 360N/mm^2$，沿周边均匀配置。选择 28 根直径 28mm 的钢筋，查《钢筋混凝土用钢　第 2 部分：热轧带肋钢筋》（GB/T 1499.2—2018），单根钢筋公称横截面面积 615.8mm^2，$A_s = 17242.4mm^2$。

支护桩的半径 $r = 400mm$，截面面积 $A = 502400mm^2$，保护层厚度 60mm，则纵向钢筋重心所在圆周的半径 $r_s = 400 - 60 - 28/2 = 326$（mm）。

根据式(4-38)、式(4-39) 求 α：

$$\frac{\alpha\left(1 - \frac{\sin 2\pi\alpha}{2\pi\alpha}\right)}{\alpha - (1.25 - 2\alpha)} = -\frac{f_y A_s}{f_c A} = -\frac{360 \times 17242.4}{16.7 \times 502400} = -0.7398$$

化简 $3.2195\alpha - \frac{\sin 2\pi\alpha}{2\pi} - 0.9248 = 0$，经二分法（或牛顿迭代法）计算，可以求得近似解，$\alpha = 0.331$，$\alpha_t = 0.588$。

根据式(4-37)，可得：

$$\frac{2}{3}f_c Ar\frac{\sin^3\pi\alpha}{\pi} + f_y A_s r_s\frac{\sin\pi\alpha + \sin\pi\alpha_t}{\pi}$$

$$= \frac{2}{3} \times 16.7 \times 502400 \times 400 \times \frac{\sin^3 0.331\pi}{\pi} + 360 \times 17242.4 \times 326 \times \frac{\sin 0.331\pi + \sin 0.588\pi}{\pi}$$

$$= 456684203 + 1175112896 = 1631.8(kN\cdot m) > M = 1628.4(kN\cdot m)$$

4.5.2　锚杆设计

桩锚支护结构体系中的锚杆是将受拉杆件的一端（锚固段）固定在稳定地层中，另一端与支护桩通过腰梁联结，用以承受土压力、水压力等施加于支护结构上的推力，从而利用地层的锚固力以维持岩土层的稳定。

4.5.2.1　土层锚杆类型

（1）水泥注浆锚杆

目前基坑支护工程中较常用的土层锚杆是水泥注浆锚杆，它是借助水泥浆（或水泥砂浆）凝结固化后的强度，将锚杆杆体与锚孔孔壁牢牢地连接在一起，从而形成锚固力的。水泥注浆锚杆主要由锚固体（图 4-18 中 8）、拉杆（图 4-18 中 4～7）、锚头（图 4-18 中 1～3）三部分组成。

拉杆是锚杆系统中的中心受拉构件，作用是把来自锚杆端部的拉力传递给锚固体。拉杆的全长（L）实际上包括自由段长度（l_1）和锚固段长度（l_2）。锚固段是锚杆的有效锚固部

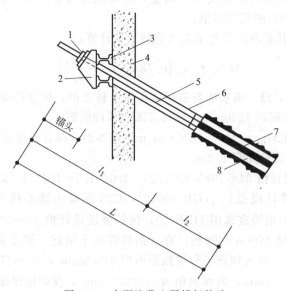

图 4-18 水泥注浆土层锚杆构造

1—锚具；2—台座；3—腰梁；4—支护桩墙；5—防腐水泥浆；6—锚孔；7—钢拉杆（钢绞线）；
8—锚固体；l_1—自由段长度；l_2—锚固段长度

分，它将来自拉杆的力通过水泥浆（水泥砂浆）结石体与岩土体之间的相互作用，以侧阻力的形式传递至稳固的岩土层中。锚固力的大小主要取决于锚杆有效锚固长度和锚固段所处地层的土层性状。

（2）拉力型锚杆与压力型锚杆

锚杆工作状态中，锚杆杆体均处于受拉状态是拉力型锚杆与压力型锚杆的共性，不同之处在于锚杆受荷后其固定段内的注浆体分别处于受拉或者受压状态。

拉力型锚杆工作时，如图 4-19(a) 所示，荷载是依赖其锚固段杆体与注浆体接触的界面上的，剪应力由顶端向底端传递。锚杆工作时，锚杆注浆体处于受拉状态。由于注浆体抗拉强度很小，锚固段的注浆体容易出现张拉裂缝，地下水极易通过裂缝渗入锚杆内部，从而导致锚杆杆体长期的防腐性差。

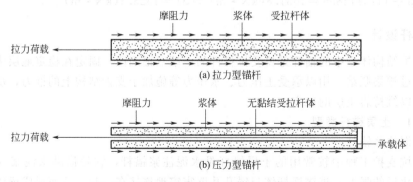

图 4-19 拉力型和压力型锚杆示意图

拉力型锚杆结构简单、施工方便并具有较好的经济性，因此该类型锚杆在无特殊要求的深基坑工程中得到较为广泛的应用，当前基坑工程中多采用此类型锚杆。

压力型锚杆如图 4-19(b) 所示，工作时，借助特制的承载体和无黏结钢绞线或带套管钢筋使之与注浆体隔开，将荷载直接传至底部的承载体，从而由底端向锚固段的顶端传递。锚杆工作时，锚杆注浆体处于受压状态。由于注浆体受压性能远优于其受拉性能，注浆体不易开裂，锚杆防腐蚀性较好，因此压力型锚杆受力性能优于拉力型锚杆。另外，由于锚杆芯体与注浆体之间采取隔离措施，为锚杆使用完毕回收锚杆芯体创造了条件。

（3）可回收锚杆

可回收锚杆是指用于临时性工程加固的锚杆，在工程完成后可回收预应力钢筋。可回收锚杆一般为压力型锚杆，施工使用经过特殊加工的张拉材料、注浆材料和承载体，可分为以下三类：

① 机械式可回收锚杆。将锚杆体与机械的联结器联结起来，回收时施加与紧固方向相反力矩，使杆体与机械联结器脱离后取出。其中，锚杆体与机械联结器是配套制作的，使其在工作过程中能够更加巧妙地结合在一起。其代表是日本 JCE 可回收锚索，如图 4-20 所示，锚索的自由长度范围内有套管包围，自由段钢绞线与注浆体不会发生实质性接触，钢绞线受力后会将拉力通过承载体以机械力的形式传递到其四周的注浆体，使注浆体产生压应力，而压应力沿着注浆体不断向前传递，使得注浆体三向受压，四周产生膨胀变形，再以剪应力和正应力的形式将力施加到周围岩土体上，形成锚固。

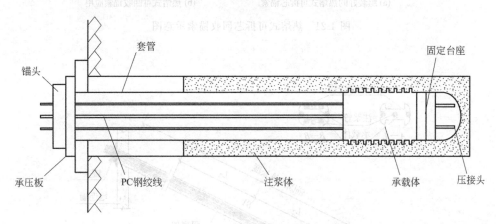

图 4-20 JCE 可回收锚索结构示意图

② 化学式可回收锚杆。如热熔式可拆芯回收锚索，如图 4-21 所示，采用无黏结预应力钢绞线为杆体，为压力型锚索，主要靠锚固段的承载力提供抗拔力。回收原理是通过热熔通电（36V 安全电压）进行拆芯，待通电一定时间，热熔锚拆芯结束，钢绞线与承载体脱落分离可拔出，拔出钢绞线回收。

③ 力学式可回收锚杆。如 U 形可回收锚索，用一根钢绞线穿过锚固段末端的承载体再回转到上端形成"U"形，也称为"回转型"可回收锚索，如图 4-22 所示，属于压力型锚索。回收原理是在释放预应力后拉动单根无粘结钢绞线，整根钢绞线就可以绕着承载体被拉出以达到回收目的，因此 U 形可回收锚索可以对锚索体全长回收。

4.5.2.2 锚杆设置与构造

（1）锚杆布置

锚杆布置包括锚杆位置、层数、间距与倾角等。

① 锚杆位置。锚杆的锚固区应当设置在主动土压力楔形破裂区以外，要根据地层情况来确定锚杆的锚固区，以保证锚杆在设计荷载下正常工作。为确保有足够的锚固力，锚杆的锚固段需设置在稳定的地层。

(a) 组装好的热熔式可拆芯锚索   (b) 热熔式可回收锚索应用

图 4-21　热熔式可拆芯回收锚索示意图

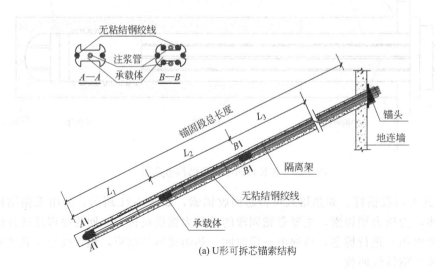

(a) U形可拆芯锚索结构

(b) U形承载体可拆芯锚索端部构造

图 4-22　U形可拆芯回收锚索示意图

② 锚杆层数。锚杆层数根据土压力分布大小、岩土层分布、锚杆最小垂直间距等而定，还应考虑基坑允许变形量和施工条件等综合因素。土层锚杆的上、下两层的竖向间距不宜小于 2.0m；最上层锚杆要有足够的上部覆土层厚度，以防止锚杆的向上垂直分力引起底面隆起，一般最上层锚杆锚固段的上覆土层厚度不宜小于 4.0m。

③ 锚杆间距。锚杆间距应根据地层情况、锚杆杆体所能承受的拉力等进行经济比较后确定。间距太大，将增加腰梁应力，从而需增加腰梁断面；缩小间距，可使腰梁尺寸减小，但锚杆会发生相互干扰，产生群锚效应，使极限抗拔力减小而造成危险。锚杆的水平间距不宜小于 1.5m；对多层锚杆，其竖向间距不宜小于 2.0m；当锚杆的间距小于 1.5m 时，应根据群锚效应对锚杆抗拔承载力进行折减或改变相邻锚杆的倾角。

④ 锚杆倾角。锚杆倾角的大小影响到锚杆水平分力与垂直分力的比例，也影响着锚固段与非锚固段的划分，还对锚杆的整体稳定性和施工是否方便产生影响。对于锚固力来说，水平分力是有效的，垂直分力不但无效反而增加了支护结构底部的压力。从这一点考虑，锚杆倾角不宜太大。

锚杆倾角宜取 15°～25°，不应大于 45°，不应小于 10°；锚杆的锚固段宜设置在强度较高的土层内。锚杆倾角应避开与水平面的夹角为 -10°～10° 这一范围，因为倾角接近水平的锚杆注浆后灌浆体的沉淀和泌水现象会影响锚杆的承载能力。

(2) 锚杆杆体材料与构造

基坑工程中常用的水泥注浆锚杆通常都对杆体施加预应力。为此，当预应力值较大时，宜采用高螺纹钢筋（精轧螺纹钢筋）、钢绞线或高强钢丝做拉杆材料；当预应力值较小或锚杆不施加预应力时，可采用 HRB400、HRB500 普通螺纹钢筋。

沿锚杆杆体全长应设置定位支架，如图 4-23 所示。定位支架应能使相邻定位支架中点处锚杆杆体的注浆固结体保护层厚度不小于 10mm；定位支架的间距宜根据锚杆杆体的组装刚度确定，对自由段宜取 1.5～2.0m，对锚固段宜取 1.0～1.5m；定位支架应能使各根钢绞线相互分离。

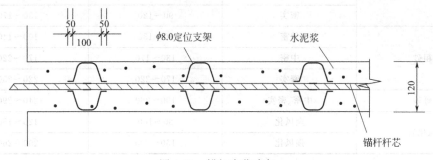

图 4-23　锚杆定位支架

4.5.2.3　锚杆设计

锚杆设计是针对特定的地层条件和锚杆形式，主要确定锚杆的承载能力和锚杆长度。

(1) 锚杆的承载力

锚杆的极限抗拔承载力应通过抗拔试验确定，也可按下式估算，但应通过抗拔试验验证。

$$R_k = \pi d \sum q_{ski} l_i \tag{4-45}$$

式中　R_k——极限抗拔承载力标准值，kN；

　　　d——锚杆的锚固体直径，m；

l_i——锚杆的锚固段在第 i 土层中的长度，锚固段长度为锚杆在理论直线滑动面以外的长度，m；

q_{ski}——锚固体与第 i 土层的极限黏结强度标准值，应根据工程经验并结合表 4-1 取值，kPa。

表 4-1　锚杆的极限黏结强度标准值

土的名称	土的状态或密实度	q_{sk}/kPa	
		一次常压注浆	二次压力注浆
填土		16～30	30～45
淤泥质土		16～20	20～30
黏性土	$I_L>1$	18～30	25～45
	$0.75<I_L\leqslant1$	30～40	45～60
	$0.50<I_L\leqslant0.75$	40～53	60～70
	$0.25<I_L\leqslant0.50$	53～65	70～85
	$0<I_L\leqslant0.25$	65～73	85～100
	$I_L<0$	73～90	100～130
粉土	$e>0.90$	22～44	40～60
	$0.75<e\leqslant0.90$	44～64	60～90
	$e<0.75$	64～100	80～130
粉细砂	稍密	22～42	40～70
	中密	42～63	75～110
	密实	63～85	90～130
中砂	稍密	54～74	70～100
	中密	74～90	100～130
	密实	90～120	130～170
粗砂	稍密	80～130	100～140
	中密	130～170	170～220
	密实	170～220	220～250
砾砂	中密、密实	190～260	240～290
风化岩	全风化	80～100	120～150
	强风化	150～200	200～260

当锚杆锚固段主要位于黏土层、淤泥质土层、填土层时，应考虑土的蠕变对锚杆预应力损失的影响，并应根据蠕变试验确定锚杆的极限抗拔承载力。

锚杆的极限抗拔承载力 R_k 应符合下式要求：

$$\frac{R_k}{N_k}=K_t \tag{4-46}$$

式中　N_k——锚杆轴向拉力标准值，kN；

　　　K_t——锚杆抗拔安全系数，安全等级为一级、二级、三级的支护结构，K_t 分别不小于 1.8、1.6、1.4。

锚杆的轴向拉力标准值 N_k 应按下式计算：

$$N_k = \frac{F_h s}{b_a \cos\alpha} \tag{4-47}$$

式中　F_h——挡土构件计算宽度内的弹性支点水平反力，kN；

　　　s——锚杆水平间距，m；

　　　b_a——挡土结构计算宽度，m；

　　　α——锚杆倾角（°）。

　　锚杆杆体的材料强度必须满足轴向拉力设计值的要求，即

$$N \leq f_{py} A_p \tag{4-48}$$

式中　N——锚杆轴向拉力设计值，kN；

　　　f_{py}——锚杆预应力筋抗拉强度设计值，当锚杆杆体采用普通钢筋时，取普通钢筋的抗拉强度设计值，kPa；

　　　A_p——锚杆预应力筋的截面面积，m^2。

　　（2）锚杆长度计算

　　锚杆杆体的外露长度应满足腰梁、台座尺寸及张拉锁定的要求；锚杆自由段的长度不应小于 5m，且应穿过潜在滑动面并进入稳定土层不小于 1.5m；钢绞线、钢筋杆体在自由段应设置隔离套管（工程实践中也有缠绕塑料布的）；土层中的锚杆锚固段长度不宜小于 6m。

　　锚杆的非锚固段长度应按下式计算（图 4-24），且不应小于 5m。

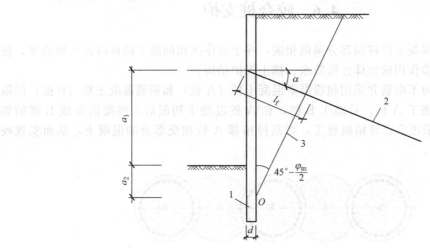

图 4-24　锚杆非锚固段长度计算简图
1—挡土构件；2—锚杆；3—理论直线滑动面

$$l_f \geq \frac{(a_1 + a_2 - d\tan\alpha)\sin\left(45° - \dfrac{\varphi_m}{2}\right)}{\sin\left(45° + \dfrac{\varphi_m}{2} + \alpha\right)} + \frac{d}{\cos\alpha} + 1.5 \tag{4-49}$$

式中　l_f——锚杆非锚固段长度，m；

　　　α——锚杆倾角（°）；

　　　a_1——锚杆锚头中点至基坑底面的距离，m；

　　　a_2——基坑底面至基坑外侧主动土压力与基坑内侧被动土压力强度等值点 O 的距离，对成层土，当存在多个等值点时应按其中最深的等值点计算，m；

　　　d——挡土构件的水平尺寸，m；

　　　φ_m——O 点以下各土层按厚度加权的等效内摩擦角，（°）。

4.5.2.4 冠梁与腰梁

（1）冠梁

冠梁，也叫顶圈梁，是指设置在基坑周边支护或围护结构（多为桩和墙）顶部的钢筋混凝土连续梁。冠梁主要有两个作用：一是把支护桩连到一起，形成桩墙，以防止基坑顶部边缘产生坍塌；二是作支撑或锚杆的传力构件，则承担钢支撑（钢筋混凝土支撑）或锚杆传过来的轴力或锚拉力。

支护桩顶部应设置混凝土冠梁。冠梁的宽度不宜小于桩径，高度不宜小于桩径的 0.6 倍。冠梁钢筋应符合现行国家标准《混凝土结构设计规范》（GB 50010）对梁的构造配筋要求。冠梁用作支撑或锚杆的传力构件或按空间结构设计时，应按受力构件进行截面设计。

（2）腰梁

腰梁是指设置在支护结构顶部以下，传递支护结构、锚杆或内支撑支点力的钢筋混凝土梁或钢梁。锚杆和支撑的作用力通过腰梁传递给支护桩墙。

锚杆腰梁应按受弯构件设计，应根据实际约束条件按连续梁或简支梁计算。计算腰梁内力时，腰梁的荷载应取结构分析时得出的支点力设计值。锚杆腰梁可采用型钢组合腰梁或钢筋混凝土现浇腰梁。型钢组合腰梁可选用双槽钢或双工字钢；钢筋混凝土现浇腰梁宜采用斜面与锚杆轴线垂直的梯形截面；腰梁的混凝土强度等级不宜低于 C25。

4.6 咬合桩支护

咬合桩是相邻混凝土排桩间部分圆周相嵌，并于后序次相间施工的桩内置入钢筋笼，使之形成具有良好防渗作用的整体连续防水、挡土围护结构。

桩的排列方式为不配筋并采用超缓凝素混凝土桩（A 桩）和钢筋混凝土桩（B 桩）间隔布置。施工时，先施工 A 桩，后施工 B 桩，在 A 桩混凝土初凝后、终凝前完成 B 桩的施工。A 桩、B 桩均采用全套管钻机施工，切割掉相邻 A 桩相交部分的混凝土，从而实现咬合，如图 4-25 所示。

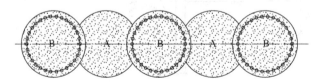

图 4-25　钻孔咬合桩示意图

4.6.1 咬合桩的工作机理

咬合桩是桩与桩相互咬合，形成墙体，共同承担止水和挡土作用，刚度较大，变形较小，桩与桩之间可一定程度上传递剪应力。在桩墙受力和变形时，素混凝土桩（素桩）与配筋混凝土桩（荤桩）共同抵抗水土压力。对荤桩来说，素桩的存在增大了抗弯刚度，计算时可予以考虑。

咬合桩的承载能力受两个方面因素的制约：

① 桩体自身的抗弯刚度。支护桩体在基坑开挖之后随着桩后土体主动土压力的增大，桩体向基坑侧的挠曲，达到桩体自身的极限抗弯刚度后，在桩体最大侧向位移处出现平行于基坑底部的裂纹。

② 桩体咬合面的抗剪强度。由于桩体采用的是素桩和荤桩咬合的方式，荤桩在素桩之

后浇筑，桩体咬合面之间存在界面层。二者的刚度也存在着差异，一般素桩采用强度等级较低的混凝土（如 C20），而荤桩则采用强度等级相对较高的混凝土，因此在二者共同承担桩后土压力时，在相同水土压力作用下，侧向变形的大小不同。荤桩桩体的抗弯刚度高，侧向位移小，而素桩的抗弯刚度相对较低，侧向位移较大，同一水平面上侧向位移的不均衡则需要通过咬合机制来协调。因此，咬合面的强度成为控制桩体之间不等位移能力的主要因素。一旦荤素桩之间的相对位移超过了桩体咬合面的抗剪强度，桩体便开始产生平行于桩轴线的裂纹，裂纹的进一步扩展将导致桩体的咬合失效，从而降低支护能力。

4.6.2　咬合桩的设计

通常咬合桩是采用钢筋混凝土桩与素混凝土桩相互搭接，由配有钢筋的桩承受土压力荷载，素混凝土桩只用于截水。

理论上，由于相邻的素桩与荤桩相互咬合形成墙体，在桩墙受力和变形时，素桩与荤桩起到共同作用的效果。对荤桩来说，素桩的存在增大了其抗弯刚度，在计算时予以考虑。但有专家针对实际工程的研究表明，开挖到坑底后随着素混凝土桩身裂缝的出现，其对刚度的贡献率仅 15% 左右。因此，当弯矩较大时，可不考虑素混凝土桩的刚度；当弯矩较小时，在计算排桩变形时，可适当考虑素混凝土桩的刚度贡献，将钢筋混凝土桩的刚度乘以 1.1～1.2 的刚度提高系数。

4.7　双排桩支护

双排桩是沿基坑侧壁排列设置的由前、后两排支护桩和梁连接成的刚架及冠梁组成的支挡结构。

当场地土软弱或开挖深度大时，单排悬臂桩的桩顶水平位移较大，因此对护坡结构的水平位移要求较严格的工程其应用受到限制。

采用支撑或锚拉支护方法虽可减小桩的水平位移，但在工期、造价及施工技术或场地条件限制等方面也存在一些不利因素。双排桩支护结构，即通过钢筋混凝土灌注桩、压顶梁和连系梁形成空间门架式支护结构体系，具有更大的侧向刚度，可以明显减小基坑的侧向变形，支护的深度也相应增加。

4.7.1　双排桩的平面和剖面布置

双排桩平面布置的几种典型形式如图 4-26 所示。

双排桩的前后排桩可采用等长和非等长布置，也可采用不同的桩顶标高，形成不等高双排桩形式，如图 4-27 所示。

4.7.2　双排桩的内力计算

双排桩的计算较为复杂，体现在双排桩支护结构上的土压力难以确定，尤其是桩间土对前后两排桩的影响难以确定。因此，在计算双排桩围护结构时，首先必须确定土压力分布情况及嵌固端位置。由此可引出多种内力计算模型。

（1）桩间土静止土压力模型

这种模型假设前排桩桩前受被动土压力，后排桩桩后受主动土压力，桩间土则为静止土压力。应用经典土压力理论确定土压力值，以此可求得双排桩结构的弯矩及轴力。这种方法虽较简单，但影响因素少，计算结果误差较大。

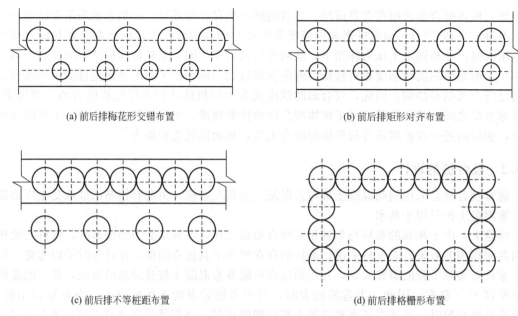

(a) 前后排梅花形交错布置　　　　　　　　(b) 前后排矩形对齐布置

(c) 前后排不等桩距布置　　　　　　　　　(d) 前后排格栅形布置

图 4-26　双排桩常见的平面布置形式

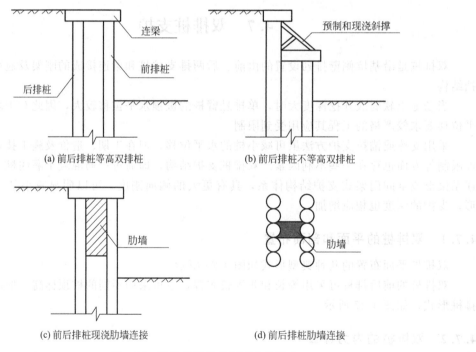

(a) 前后排桩等高双排桩　　　　　　　　　(b) 前后排桩不等高双排桩

(c) 前后排桩现浇肋墙连接　　　　　　　　(d) 前后排桩肋墙连接

图 4-27　双排桩常见的剖面布置形式

（2）前后排桩土压力分配模型

双排桩结构由于"拱效应"与前后排桩之间桩间土的作用，土压力不确定性因素多。且前排桩与后排桩不同的排列形式，其土压力的分布也不一样。因此，需要考虑不同布桩形式的情况下，桩间土的土压力传递对前后排桩的土压力分布的影响。

通常双排桩分梅花形排列和矩形排列，如图 4-28 所示。根据不同的双排桩排列情况，可分别求得作用的土压力。

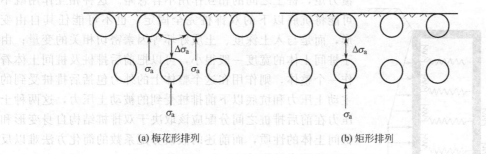

(a) 梅花形排列　　　　　　　(b) 矩形排列

图 4-28　双排桩不同布桩形式时桩间土对土压力的传递

① 梅花形排列。如图 4-28(a) 所示，考虑桩间土对土压力的传递作用，一般情况下前排桩与后排桩的土压力是不同的。基坑开挖后，前排桩与后排桩的土体一侧均作用有主动土压力 σ_a，桩间土对前后排桩会产生相等的土压力 $\Delta\sigma_a$，使前排桩的土压力增大，后排桩的土压力减小。因此后排桩的土压力 P_{ab} 为 σ_a 与 $\Delta\sigma_a$ 的差值，前排桩的土压力 P_{af} 为 σ_a 与 $\Delta\sigma_a$ 之和：

$$后排桩　　P_{ab}=\sigma_a-\Delta\sigma_a \tag{4-50}$$
$$前排桩　　P_{af}=\sigma_a+\Delta\sigma_a \tag{4-51}$$

假定不同深度下 σ_a 与 $\Delta\sigma_a$ 的比值相同，即 $\Delta\sigma_a=\alpha\sigma_a$，则有：

$$P_{ab}=\sigma_a(1-\alpha) \tag{4-52}$$
$$P_{af}=\sigma_a(1+\alpha) \tag{4-53}$$

式中　α——比例系数。

假设基坑挖深为 H，双排桩间距为 b，比例系数 α 可按后排桩靠基坑侧滑动土体占整个滑动土体的质量比例关系确定，如图 4-29 所示。

$$\alpha=\frac{2L}{L_0}-\left(\frac{L}{L_0}\right)^2 \tag{4-54}$$

$$L_0=H\tan\left(45°-\frac{\varphi}{2}\right) \tag{4-55}$$

式中　L——双排桩排距；

　　　φ——土体内摩擦角。

② 矩形排列。如图 4-28(b)，由于前后排相对，在基坑开挖后，主动土压力可假定仅作用在后排桩上，桩间土压力仍取为 $\Delta\sigma_a$，则前后排桩的土压力分别为：

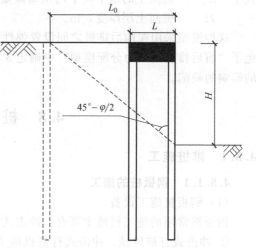

图 4-29　比例系数 α 计算简图

$$后排桩　　　　P_{ab}=\sigma_a-\Delta\sigma_a=\sigma_a(1-\alpha) \tag{4-56}$$
$$前排桩　　　　P_{af}=\Delta\sigma_a=\alpha\sigma_a \tag{4-57}$$

(3) 考虑前后排桩相互作用的计算模型

前面两种方法都对前后两排桩分担的荷载提出了一些假设，分配了土压力，没有考虑前后两排桩的相互作用。

双排桩抗倾覆能力之所以强主要是因为它相当于一个插入土体的刚架，能够靠基坑以下桩前土的被动土压力和刚架插入土中部分的前桩抗压、后桩抗拔所形成的力偶来共同抵抗倾

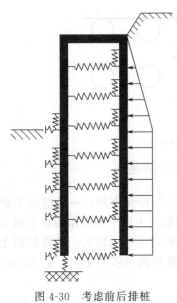

图 4-30 考虑前后排桩
与土相互作用的模型

覆力矩，桩土之间的相互作用不容忽略。这种相互作用既不可能将坑底以下的双排桩完全固定，也不可能任其自由变形，而是与入土深度、土质好坏等因素密切相关的变量；由于桩间土体的宽度一般很小，可以把前后排桩及桩间土体看作一个整体，则作用在这个整体上的外力包括后排桩受到的主动土压力和坑底以下前排桩受到的被动土压力，这两种土压力在前后排桩之间分配应该取决于双排桩结构自身变形和桩间土体的性质，而前述的假设分配系数的简化方法难以反映这些因素的影响。

如图 4-30 所示，荷载作用下，后排桩向坑内运动，势必受到桩间土的抗力；同时，桩间土也对前排桩产生推力。由于桩间土与前后排桩的相互作用主要是水平荷载，所以假定桩间土体为连接前后排桩的弹簧，土压力的分配就靠这种弹簧与前后排桩的位移协调来完成。弹簧刚度的大小反映的就是桩间土的水平向地基反力系数 k。由于前后排桩间土层的厚度通常很薄，当桩长大于排距的 4 倍（即相当于大于桩间土厚度 5 倍）且每一排桩内桩距不大时，一般可以认为是竖向薄压缩层，于是 k 可以比较简化地由下式确定：

$$k = \frac{E_s}{H} \tag{4-58}$$

式中　E_s——桩间土的水平向平均压缩模量，MPa；

　　　H——桩间土层厚度，m。

这种模型采用在前后排桩之间设置弹性约束，反映前后排桩之间土体压缩性的影响，避免了"前后排桩土压力分配模型"中确定 α 时不考虑桩间土压缩性对前后排桩之间相互作用的影响的缺陷。

4.8　桩锚支护施工

4.8.1　排桩施工

4.8.1.1　钢板桩的施工

（1）钢板桩施工设备

钢板桩常用的施工机械主要有：冲击式打桩机械、振动锤打桩机、静压植桩机等。

① 冲击式打桩机械。冲击式打桩机械主要靠桩锤产生冲击功击打桩帽，桩帽将冲击能传给钢板桩，从而将钢板桩打入土中。打钢板桩通常采用的桩锤包括柴油锤、蒸汽锤、落锤和液压锤。

柴油锤打桩机主体是由汽缸和柱塞组成，其工作原理和单缸二冲程柴油机相似，利用喷入汽缸燃烧室内的雾化柴油高压高温后燃爆所产生的强大压力，驱动锤头打击桩帽，产生冲击力，将桩贯入地层，如图 4-31 所示。

蒸汽锤打桩机是一种利用高压的蒸汽将锤推向高空以自由落体的形式来打桩的机器。落锤打桩机的桩锤是一钢质重块，由卷扬机用吊钩提升，脱钩后沿导向架自由下落而打桩。由于蒸汽锤落锤效率较低，目前基本已经不再使用。

液压锤打桩机依靠柴油带启动，以油液压力为动力，可按地层土质不同调整液压，以达

(a) 柴油打桩机　　　　　　　　　　(b) 柴油锤打设钢板桩现场

图 4-31　柴油锤打桩机

到适当的冲击力进行打桩，是一种新型打桩机，如图 4-32 所示。柴油锤打桩机的能量传递效率仅为 20%～30%，而液压锤打桩机的能量传递效率能够达到 70%～95%。

图 4-32　液压锤打桩机

② 振动锤打桩机。振动锤打桩机主要有电动振动锤 [图 4-33（a）] 及液压振动锤 [图 4-33（b）] 等。振动锤利用动力（电动机或液压马达）带动成对偏心块作相反的转动，使它们产生的横向离心力相互抵消，而垂直离心力相互叠加，通过偏心轮的高速转动使齿轮箱产生垂直的上下高频振动。

振动锤打桩机是利用其高频振动，以高加速度振动桩身，将机械产生的垂直振动传给桩

(a) 电动振动锤   (b) 液压振动锤

图 4-33   振动锤打桩机

体，导致桩周围的土体结构因振动发生变化，强度降低。桩身周围土体液化，减少桩侧与土体的摩擦阻力，然后振动锤与桩身自重将桩沉入土中。对砂质土层，颗粒间的结合被破坏，产生微小液化；对黏性土土层，破坏了原来的构造，使土层密度改变，黏聚力降低，灵敏度增加，板桩周围的阻力便会减小。

振动锤打桩机施工速度较快，如需拔桩时，效果更好。尤其是液压振动锤，施工的噪声小；在施工净空受限时可以使用；不易损坏桩顶；操作简单；无柴油或蒸汽锤施工所产生的烟雾。但是对硬土层（砂质土 $N>50$，黏性土 $N>30$）贯入性能较差。

③ 静压植桩机。静压植桩机如图 4-34（a）所示，通过夹住数根已经压入地面的桩（完成桩），将其拔出的阻力作为反力，利用静荷载将下一根桩压入地面（"压入机理"），如图 4-34（b）所示。

静压植桩机通常根据地质条件来选定最适当的压入工法。对于标准贯入试验 N 值为 25 以下比较软弱的地层，可利用静荷载压入，即"单独压入法"；当 N 值超过 25 时，采用高压射水的"水刀辅助压入法"或者"螺旋钻辅助压入法"。

静压植桩机在施工过程中，不仅不会产生振动和噪声，而且在邻近铁路等的近距离施工、地震或洪水等原因导致地基松动的情况下，只要夹住已沉入地层的反力桩，机体就会稳定，不会碰到周围的建筑物，没有机械倾倒的危险性。在各种现场条件下实现安全、快速的施工。

此外，即使在水中、倾斜地段、不平坦地段、狭隘地段以及超低空间地段等严峻的现场条件下，利用 GRB 系统（giken reaction base system），不需要修建临时栈桥、道路等大型临设工程，将桩的"搬运""吊装""压入"等一系列作业系统化，使以上作业全部在已完成的桩上进行，即"无临设工程施工"，如图 4-35 所示，最大限度地提高了工程施工效率。

②如面积很小的坑，__ 沟槽支撑挡土板前可在坑边作方框，坑内直接顶撑，或用铁丝与桩顶拉住，围檩支撑用横撑及斜撑加固，如图 4-30 所示。

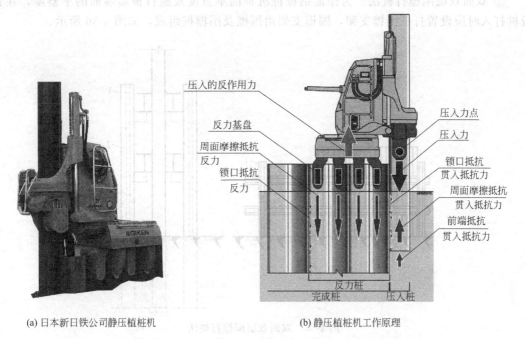

(a) 日本新日铁公司静压植桩机   (b) 静压植桩机工作原理

图 4-34 静压植桩机

内容重复而无意义。凡遇到搅拌太干的混凝土施工人的浇灌浇度大 2～10mm，如果原地下水较来太的碰土高度较厚过泛，尽每层浇度捣人时并有间要求作，上下相邻孔口在 300mm 处，间应支架架且升整期，围填捣人于深度 2.5m，间距 6m，间隔与围檩交立中用直径振捣浇灌。

如捣灌坑坑方而或过窄狭，在混浇度中动流筑要时，日应可用直流较断的短种。

——浇灌人的操有保证。

③ 顺风点：搞理，基站站而团团要间且用架布风一挡不放度，敷保证捣人过程内：绕理，绕架点稳浇，如图不动打提要，绕理机打自动增更，工工

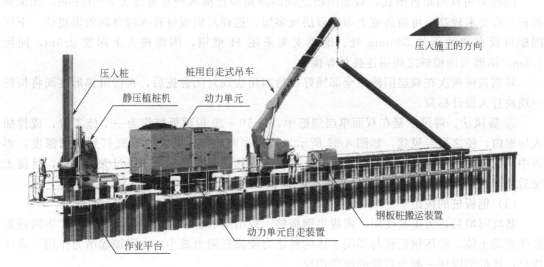

图 4-35 静压植桩机施工 GRB 系统

（2）钢板桩沉桩成墙方法

钢板桩沉桩是确保钢板桩施工质量的重要环节，选择时应考虑技术可靠及经济合理，沉桩成墙的方法通常有三种：插入法、双面双层围檩打桩法、屏风法。

① 插入法。从板桩墙一角开始，每次一块，沿板桩墙轴线依次打至设计标高。此方法可用较低的插桩设备，桩机行走路线短，不需要多次往返，施工简便，进度快，但锁口易松动，板桩容易倾斜，累计倾斜难以纠正，桩墙面平直难以控制，适用于松软土质、长度不大（10m 左右）和要求不高的板桩墙施工。为防止倾斜，可在一根桩打入后，把它与前一根焊牢。

② 双面双层围檩打桩法。为保证钢板桩沉桩的垂直度及施打板墙墙面的平整度，在钢板桩打入时应设置打桩围檩支架，围檩支架由围檩及围檩桩组成，如图 4-36 所示。

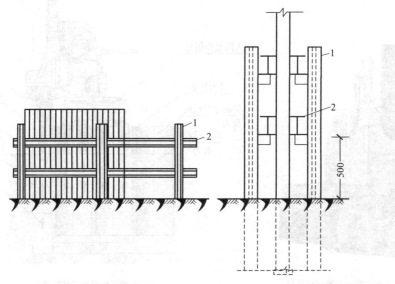

图 4-36　双面双层围檩打桩法
1—围檩桩；2—围檩

围檩采用双面布置形式，双面围檩之间的净距应比插入板桩宽度大 8～10mm，如果钢板桩打设要求较高，可沿高度上布置双层或多层，这样对钢板桩打入时导向效果更佳。下层围檩可设在离地面约 500mm 处。围檩支架采用 H 型钢，围檩桩入土深度 2.5m，间距 1.8m。围檩与围檩桩之间用连接板焊接。

将钢板桩依次在双层围檩中全部插好，待四角实现封闭合拢后，再按阶梯形逐渐将板桩一块块打入设计标高。

③ 屏风法。屏风法是在双面单层围檩中，将 10～20 根钢板桩作为一个施工段，成排插入导架内，使之呈屏风状，如图 4-37 所示，桩机来回施打，并使两端先打到要求深度，再将中间的钢板桩顺次打入。这种施工方法可以减少倾斜误差积累，防止过大的倾斜，且施工完后易于合拢。

（3）钢板桩的拔出

基坑回填后，为重复使用，需拔出钢板桩。拔出钢板桩一般采用振动锤，它产生的强迫振动扰动土体，破坏钢板桩与周围土体的黏结力使拔桩阻力减小，在附加起吊力作用下将桩拔出，拔桩的顺序一般与打设的顺序相反。

拔桩时的振动加上拔桩时带土过多，会引起地面的沉降和土体位移，还可能会给已施工的地下结构带来危害，并影响邻近建（构）筑物、道路和地下管线的安全。拔桩时应尽量设法减少带土，拔出后留下的桩孔必须及时用砂子回填，并灌水振实以减少对邻近建筑物等的影响。

4.8.1.2　灌注桩的施工

（1）钻孔灌注桩干法成孔施工

钻孔灌注桩干法成孔可以采用长螺旋钻孔灌注桩机、电动洛阳铲成孔等。长螺旋钻孔灌注桩机施工有两种方法：一种是长螺旋钻孔灌注成桩，只能用于地下水位以上；另一种是长螺旋钻孔压灌混凝土成桩，可以用于地下水位以下，这种方法是长螺旋钻进成孔后，需先泵

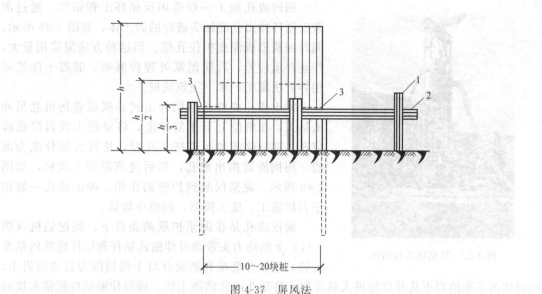

图 4-37 屏风法
1—围檩桩；2—围檩；3—两端先打入的定位钢板桩

送压灌混凝土，后在混凝土内插入钢筋笼。采用超流态混凝土，坍落度为 $180 \sim 220 \text{mm}$，插入钢筋笼需要振捣插筋器，如图 4-38 所示。

(a) 长螺旋钻孔桩机

(b) 振捣插筋器与钢筋笼

(c) 后插钢筋笼

(d) 钢筋笼振捣下沉

图 4-38 长螺旋钻孔压灌混凝土成桩

干法成孔施工可靠性好，成孔作业效率高、质量好，无振动，噪声小，无泥浆污染与处理，作业环境较好。

（2）钻孔灌注桩湿法成孔施工

所谓湿法，是指成孔过程中采用泥浆护壁，主要方法有回转成孔、冲击成孔和旋挖成孔。

图 4-39　反循环工程钻机

回转成孔施工一般选用反循环工程钻机，通过泥浆反循环排出孔底钻头破碎的岩土体，如图 4-39 所示，同时泥浆形成泥皮护住孔壁。但这种方法泥浆用量大，作业环境较差，后期泥浆处理较麻烦。混凝土浇筑采用导管法施工，水下浇筑成桩。

冲击成孔成桩是指用冲击式钻机或卷扬机悬吊冲击钻头，在桩位上下往复冲击，将坚硬土或岩层破碎成孔，部分碎渣和泥浆挤入孔壁，使其大部分成为泥渣，用掏渣筒掏出成孔，然后浇筑混凝土成桩，如图 4-40 所示。泥浆仅起到护壁的作用。冲击成孔一般用于岩层施工，施工简单，但效率较低。

旋挖成孔是在泥浆护壁的条件下，旋挖钻机（图 4-41）上的动力头带动可伸缩式钻杆和钻杆底部的钻斗旋转，用钻斗底端和侧面开口上的切削刀具切削岩土，同时切削下来的岩土从开口处进入钻斗内。待钻斗内装满渣土后，通过伸缩钻杆把钻头提到孔口，自动开底卸土，再把钻斗下到孔底继续钻进。如果把钻斗换成短螺旋钻头，则不需泥浆护壁，可以干法施工。

(a) 冲击式钻机　　　　　　　　(b) 掏渣筒　　　　　　　　(c) 十字冲击钻头

图 4-40　冲击式钻机

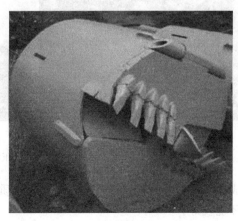

(a) 钻机　　　　　　　　　　　　　(b) 钻斗

图 4-41　旋挖钻机

4.8.2　锚杆施工

锚杆的施工包括锚杆孔钻进、拉杆的组装与安放、注浆、张拉与锁定等工序。

（1）锚杆孔钻进

锚杆成孔直径宜取 100~150mm；一般采用人工洛阳铲与锚杆钻机（图 4-42）成孔。若采用锚杆钻机，则有干法（螺旋钻进）与湿法（回转钻进）施工。

图 4-42　锚杆钻机

（2）拉杆的组装与安放

若锚杆采用钢筋锚杆，按锚杆要求的长度切割钢筋，并在杆体外端加工成螺纹以便安放螺母，在杆体上每隔 2~3m 安放隔离件，以使杆体在孔内居中，保证有足够的保护层。预应力锚杆的自由段除涂刷防腐涂料外，还应套上塑料管或包裹塑料布，使之与水泥浆体分隔开。

钢绞线锚索的结构如图 4-43 所示，锚固段的钢绞线呈波浪形，是通过架线环（约束环）与隔离环的交替设置而成的，钢绞线绑扎时应平行、间距均匀。

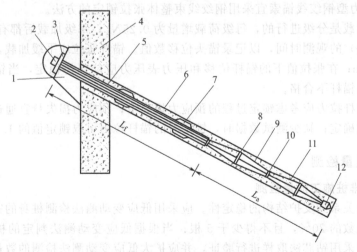

图 4-43　钢绞线锚索结构示意图

1—台座；2—锚具；3—承压板；4—支挡结构；5—自由隔离层；6—钻孔；7—定位支架；8—隔离环；9—钢绞线；
10—架线环；11—注浆体；12—导向帽；L_f—自由段长度；L_a—锚固段长度

锚杆插入孔内时，在推送过程中用力要均匀，以免在推送时损坏锚杆配件和防护层。当锚杆设置有排气管、注浆管和注浆袋时，推送时不要使锚杆体转动，并不断检查排气管和注浆管，以免管子折死、压扁和磨坏，应避免钢绞线在孔内弯曲或扭转，并确保锚杆在就位后排气管和注浆管畅通。

（3）注浆

锚孔注浆是锚杆施工的重要工序之一，注浆的目的是形成锚固段，并防止锚杆腐蚀。此外，压力注浆还能改善锚杆周围土体的力学性能，使锚杆具有更大的承载能力。注浆浆液采用水泥浆时，水灰比宜取 0.5～0.55；采用水泥砂浆时，水灰比宜取 0.4～0.45，灰砂比宜取 0.5～1.0，拌和用砂宜选用中粗砂。必要时可加入定量的外加剂或掺和料，以改善其施工性能以及与土体的粘接。

注浆方法有一次注浆法和二次注浆法两种。

一次注浆法：用泥浆泵通过一根注浆管自孔底起开始注浆，待浆液流出孔口时，将孔口封堵，继续以 0.4～0.6MPa 压力注浆，并稳压数分钟注浆结束。

二次注浆法：一次注浆结束后 2～4h，水泥结石体强度达到 5MPa 左右进行，利用二次注浆花管进行二次注浆，注浆压力控制在 2.0～4.5MPa。花管注浆孔设置范围在锚杆末端 $L_a/4$～$L_a/3$ 范围内，孔间距宜取 500～800mm，每个注浆截面的注浆孔宜取 2 个；二次压力注浆浆液宜采用水灰比 0.5～0.55 的水泥浆；二次注浆管应固定在杆体上，注浆管的出浆口应有逆止构造；二次压力注浆应在水泥浆初凝后、终凝前进行，终止注浆的压力不应小于 1.5MPa。

（4）张拉与锁定

锚杆的张拉，其目的就是要通过张拉设备使锚杆杆体自由段产生弹性变形，从而对锚固结构施加所需求的预应力。

当锚杆固结体的强度达到 15MPa 或设计强度的 75% 后，方可进行锚杆的张拉锁定。张拉前，应对张拉设备进行标定；设备安装后，应注意台座的承压面与拉杆的轴线方向是否垂直；张拉时，应取（0.1～0.2）N_k 对锚杆预张拉 1～2 次，以使锚杆各部位接触紧密，并使杆体平直。锚杆的张拉控制应力 σ_{con} 则不应超过 $0.65 f_{ptk}$（预应力筋的抗拉强度标准值）。锚具回缩等原因造成的预应力损失采用超张拉的方法克服，超张拉值一般为设计预应力的 5%～10%。拉力型钢绞线锚索宜采用钢绞线束整体张拉锁定的方法。

锚杆张拉荷载是分级进行的，每级荷载增量为 $0.25N_k$，每级加载后都有 5～10min（黏性土时间长一些）的观测时间，以记录锚头位移数值。锚杆张拉应平缓加载，加载速率不宜大于 $0.1N_k/\min$；在张拉值下的锚杆位移和压力表压力应能保持稳定，当锚头位移不稳定时，应判定此根锚杆不合格。

锁定时的锚杆拉力应考虑锁定过程的预应力损失量；预应力损失量宜通过对锁定前、后锚杆拉力的测试确定；缺少测试数据时，锁定时的锚杆拉力可取锁定值的 1.1～1.15 倍。

4.8.3　施工质量检测

4.8.3.1　排桩施工质量检测

排桩的质量关系到支护结构的稳定性。应采用低应变动测法检测桩身的完整性，检测桩数不宜少于总桩数的 20%，且不得少于 5 根；当根据低应变动测法判定的桩身完整性为Ⅲ类或Ⅳ类时，应采用钻芯法取样进行验证，并应扩大低应变动测法检测的数量。

4.8.3.2　锚杆施工质量检测

锚杆施工结束后，需进行抗拔承载力检测，以确保锚杆的施工质量。锚杆检测数量不应少于锚杆总数的 5%，且同一土层中的锚杆检测数量不应少于 3 根；检测试验应在锚固段注浆固结体强度达到 15MPa 或达到设计强度的 75% 后进行。抗拔承载力检测值应按表 4-2 确定。

表 4-2　锚杆的抗拔承载力检测值

支护结构的安全等级	一级	二级	三级
抗拔承载力检测值与轴向拉力标准值 N_k 的比值	≥1.4	≥1.3	≥1.2

确定锚杆极限抗拔承载力的试验，最大试验荷载不应小于预估破坏荷载，且最大试验荷载下的锚杆杆体应力，不应超过其极限强度标准值的 0.85 倍。锚杆极限抗拔承载力试验宜采用多循环加载法，其加载分级和锚头位移观测时间应按表 4-3 确定。

表 4-3　多循环加载试验的加载分级与锚头位移观测时间

循环次数	分级荷载与最大试验荷载的百分比/%						
	初始荷载	加载过程			卸载过程		
第一循环	10	20	40	50	40	20	10
第二循环	10	30	50	60	50	30	10
第三循环	10	40	60	70	60	40	10
第四循环	10	50	70	80	70	50	10
第五循环	10	60	80	90	80	60	10
第六循环	10	70	90	100	90	70	10
观测时间/min	5	5		10	5	5	5

锚杆抗拔承载力检测试验过程中，从第二级加载开始，后一级荷载产生的单位荷载下的锚头位移增量大于前一级荷载产生的单位荷载下的锚杆位移增量的 5 倍；或者锚头位移不收敛；或者锚杆杆体破坏，则终止继续加载。此时，锚杆极限抗拔承载力应取终止加载时的前一级荷载值；未出现时，应取终止加载时的荷载值。

多循环加载试验应绘制锚杆的荷载-位移（Q-s）曲线、荷载-弹性位移（Q-s_e）曲线和荷载-塑性位移（Q-s_p）曲线，如图 4-44 所示。

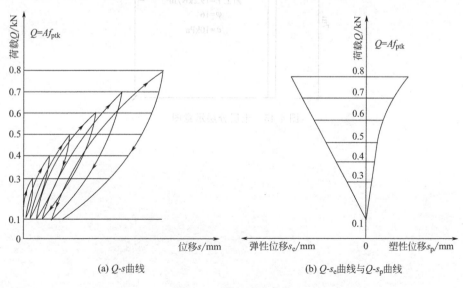

(a) Q-s曲线　　　　　　　(b) Q-s_e曲线与Q-s_p曲线

图 4-44　锚杆试验曲线

思考题与习题

1. 桩锚支护体系由哪些部分组成？
2. 基坑支护土层锚杆与土钉的区别是什么？
3. 拉力型锚杆与压力型锚杆受力机理的区别是什么？
4. 什么是咬合桩？咬合桩如何施工？
5. 钢板桩可以采用哪些方法施工？其施工设备分别是什么？
6. 排桩支护中，钻孔灌注桩可以采用哪些方法施工？
7. 土层锚杆施工步骤是什么？

8. 如图 4-45 所示，某高层建筑基坑开挖深度 6.0m，拟采用钢筋混凝土排桩支护。地基土分为两层：第一层为黏质粉土，厚度 3m，$\gamma = 16.8 \text{kN/m}^3$，$c = 20 \text{kPa}$，$\varphi = 25°$；第二层为黏土，厚度 10m，$\gamma = 19.2 \text{kN/m}^3$，$c = 10 \text{kPa}$，$\varphi = 16°$。两层土范围内未发现地下水，地面超载 $q = 10 \text{kPa}$。采用悬臂式支护桩，回答：（1）试确定支护桩的嵌固深度。（2）若在地表之下 1m 处设置一道水平支撑，计算水平支撑力，并确定其嵌固深度。（3）试计算桩身配筋。

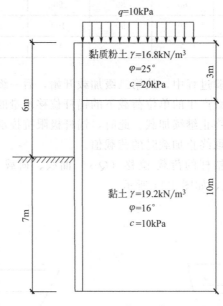

图 4-45　土层分层示意图

第5章　内支撑支护

■ **案例导读**

　　武汉地铁4号线五里墩站位于汉阳大道地下，跨汉阳大道和江城大道交叉口，呈东西走向，采用明挖顺作法施工。车站主体基坑长度481.87m，标准段宽度21.7m，标准段开挖深度约14.7～15.5m。车站主体结构基坑支护采用钻孔灌注桩＋内支撑设计方案。基坑标准段钻孔灌注桩尺寸为$\phi 1000@1200$mm，第一道内支撑采用混凝土支撑，水平间距6.2m。以下第二、三道内支撑采用钢支撑，水平间距3.1m。

讨论

　　内支撑支护结构由几个部分组成？其作用分别是什么？内支撑体系应该如何布置？桩与支撑等结构之间如何连接？内支撑体系如何施工？施工完后，内支撑应怎样拆除？

5.1　内支撑支护结构组成

　　内支撑支护结构，也称内支撑围护结构，可用"外护内支"四个字表述。"外护"指的是用围护构件对外挡住边坡土体、防止地下水渗漏；"内支"是指利用内支撑系统为围护构件的稳定提供足够的支撑力。

　　内支撑支护结构，一般由水平支撑和竖向支撑两部分组成。支护结构"构件"的组成与"构件"的名称如图5-1所示。

　　① 围护墙。可采用地下连续墙，也可采用钻孔灌注桩，通过圈梁联结构成围护墙，具体可见第4章和第6章。

　　② 支撑。传递水平力的构件，要求传力直接、平面刚度好而且分布均匀。支撑可以采用钢筋混凝土支撑，或者钢支撑，如图5-2所示。

　　③ 立柱。主要作用是减少支撑构件作为承受竖向荷载的梁的计算跨度，也在某种程度上起着减少构件受压时的计算长度的作用。因此，立柱除了自身受压，还要考虑应具有起码的抗侧力的能力。由于该构件穿过底板，一般采用型钢加工成的格构柱。

　　④ 立柱桩。承受立柱传过来的竖向荷载，要求具有较好自身刚度和较小垂直位移。

　　⑤ 围檩（腰梁）。协调支撑和围护墙结构间受力与变形的重要受力构件，可加强围护墙

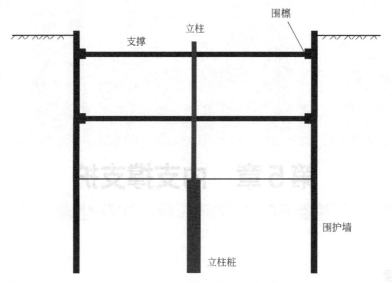

图 5-1　内支撑支护结构示意图

(a) 钢筋混凝土支撑

(b) 钢支撑

图 5-2　内支撑支护结构现场照片

的整体性，并将其所受的水平力传递给支撑构件，因此要求具有较好的自身刚度和较小的垂直位移。首道支撑的围檩应尽量兼作围护墙的冠梁。必要时可将围护墙墙顶标高落低，如首道支撑体系的围檩不能兼作冠梁时，应另外设置围护墙顶圈梁。冠梁的作用是将离散的钻孔灌注围护桩等围护墙连接起来，加强围护墙的整体性，对减少围护墙顶部位移有利。

　　从地质条件上看，内支撑支护可适用于各种地质条件下的基坑工程，而最能发挥其优越性的是软弱地基中的基坑工程。软土性状较差，锚杆的锚固力低，经济性差。而内撑式支护的支撑构件的承载能力不受周围土质的制约，只与构件的强度、截面尺寸及形式有关。

　　从基坑开挖深度上看，内支撑支护适用的基坑深度不受限制。至于多大的开挖深度、出现多大的土压力、适宜采用什么样的内支撑，应通过技术和经济比较决定。从基坑开挖的平面尺寸来看，内支撑支护适用于平面尺寸不太大的基坑。过大的基坑必然导致内支撑的长度与断面太大，以致可能出现经济上不合理的情况。

　　内支撑支护基坑，形成支撑并使其具有一定的强度，需占用一定的工期；支撑的存在有时对大规模机械化开挖不利；基坑四周围护后，当开挖深度较大时，机械进出基坑不甚方便，尤其是到开挖的最后阶段，挖土机械退出基坑时需要整体或解体吊出。

5.2　支撑体系设计

5.2.1　支撑体系设计要点

为了整个基坑施工安全应布置必要的支撑。支撑设计包括以下内容和要求：
① 支撑结构体系布置：应尽可能简单，支撑的杆件应尽可能少；
② 支撑材料的选择：设计选用的材料必须强度高、稳定性好；
③ 支撑结构的内力计算和变形验算计算：假定要符合工程实际条件和施工具体情况；
④ 支撑构件的强度和稳定性验算：强度和稳定性必须满足设计要求；
⑤ 支撑构件的节点设计：节点设计应当方便施工，安全可靠；
⑥ 支撑在施工中的替换与拆除方案设计；
⑦ 支撑设计施工图及说明要强调对施工的要求；
⑧ 支撑体系在施工阶段的监测和控制要求。

5.2.2　支撑体系的布置形式

5.2.2.1　平面布置

内支撑支护结构可根据基坑条件采用水平式、斜撑式及复合式。复合式即为水平式与斜撑式相结合的形式。水平式和斜撑式支撑分别如图 5-3（a）和图 5-3（b）所示。根据基坑平面形状和施工要求，水平式内支撑一般可分为对撑、角撑、钢筋混凝土环梁支撑，以及边桁架、对撑桁架等组合形式，如图 5-4 所示。有时在同一基坑中混合使用，如角撑加对撑、环梁加边桁（框）架、环梁加角撑等。支撑形式的选择应因地制宜，要结合具体工程实际情况，充分利用有利条件做出受力明确、构造合理、施工方便、经济安全的设计，不受形式的约束。因为支撑毕竟是临时性结构。

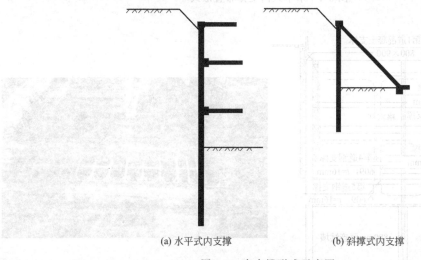

(a) 水平式内支撑　　　　　　　　(b) 斜撑式内支撑

图 5-3　内支撑形式示意图

对于长条形基坑，如地铁车站基坑，如图 5-4（a）所示，可以采用对撑式支撑，如福州地铁 2 号线某车站内支撑支护深基坑（图 5-5），基坑主体采用对撑，两端采用角撑。车站主

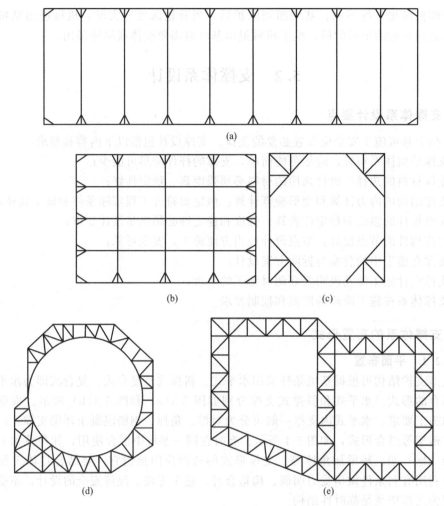

图 5-4　水平式内支撑布置形式

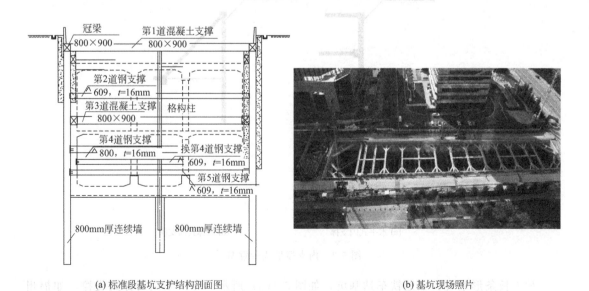

(a) 标准段基坑支护结构剖面图　　　　　　　　(b) 基坑现场照片

图 5-5　福州地铁 2 号线某车站内支撑支护深基坑

体基坑全长 488m，其围护结构采用 800mm 厚地下连续墙加 5 道内支撑、在支撑中部设格构柱的形式，车站端头井和标准段基坑均采用 2 道钢筋混凝土支撑（第 1 和第 3 道）和 3 道（第 2、第 4 和第 5 道）钢管支撑的结构形式。

　　如方形或接近方形的基坑则可设计成桁架式角撑型、环型等，如图 5-4(c)、(d) 所示。如某高层建筑深基坑，周边分别为酒店和商住楼，建设施工空间狭小，基坑面积约 2500m²，周长约 200m，基坑深度 14.5m，采用角撑结合边桁架支撑布置形式，这种布置形式无支撑面积大，出土空间较大，如图 5-6 所示。

图 5-6　某高层建筑深基坑现场照片

　　对深基坑支撑结构的受力性能分析可知，挖土时基坑围护墙须承受四周土体压力的作用。从力学观点分析，可以设置水平方向上的受力构件作支撑结构，为充分利用混凝土抗压能力高的特点，把受力支撑形式设计成圆环形结构，支撑围护墙传来的土压力是十分合理的。在这个基本原理指导下，土体侧压力通过围护墙传递给围檩与边桁架腹杆，再集中传至圆环。在围护墙的垂直方向上可设置多道圆环内支撑，其圆环的直径大小、垂直方向的间距可由基坑平面尺寸、地下室层高、挖土工况与土压力值来确定。圆环支撑形式适用于超大面积的深基坑工程以及多种平面形式的基坑，特别适用于方形、多边形。如宁波某国际金融中心北区双圆环内支撑深基坑，开挖深度 17.0～22.0m，采用地下连续墙＋3～4 道钢筋混凝土水平内支撑，如图 5-7 所示。

图 5-7　宁波某国际金融中心北区双圆环内支撑深基坑现场照片

正交对撑布置［图 5-4(b)］形式的支撑系统支撑刚度大、传力直接、受力清楚、变形小，在所有平面布置形式的支撑体系中最具控制变形的能力，十分适合在敏感环境下面积较小或适中的基坑工程中应用，如邻近保护建（构）筑物、地铁车站或隧道的深基坑工程。如上海某大厦深基坑（图 5-8），开挖深度 10.25m，基坑周边环境复杂，东侧福山路与南侧向城路下均分布有大量管线；西南侧与向城路之间为浦东供电局福山变电站；北侧与潍坊路之间为 5～7 层的多层建筑；东侧福山路下为南北走向分布的轨道交通 4 号线区间段，隧道的覆土深度约为 11m，其中上行线与本工程地下室外墙边线的最近距离为 9.89m。为减小对于周边环境、管线的影响，特别是为加强对于轨道交通 4 号线的保护，采用地下连续墙＋2 道钢筋混凝土支撑支护，选用相互正交的十字对撑布置形式，如图 5-8 所示。该布置形式支撑受力明确，整体性好，能较好地控制围护墙体的变形。

图 5-8　上海某大厦深基坑支护现场照片

边桁架式支撑方便土方开挖与主体结构施工，如图 5-4(e) 所示，但整体稳定性及变形控制效果不及正交对撑布置。如昆明市某医院大楼基坑，基坑开挖深度为 17.5～19.4m，基坑开挖面积为 6835.4m^2，采用排桩＋3 道内支撑的支护体系，支撑布置采用角撑、边桁架与对撑相结合的方式，如图 5-9 所示。

图 5-9　昆明市某医院大楼基坑支护现场照片

实际遇到的基坑平面是多种多样的，因此支撑的平面设计常富有创造性。在水平支撑布置中特别要注意支撑内力的对称平衡和整体稳定。支撑的布置应考虑以下原则：

① 水平支撑的层数应综合考虑基坑开挖深度、工程地质条件、围护结构类型、土方工程施工、主体结构等条件。另外，还应满足围护结构的变形控制要求，以控制对周围环境的影响。

② 相邻支撑的水平间距应满足土方开挖的施工要求；采用机械挖土时，应满足挖土机械作业的空间要求，且不宜小于 4m。

③ 内支撑结构宜采用受力明确、连接可靠、施工方便的结构形式；应与主体地下结构的结构形式、施工顺序协调，力求避开主体结构的柱、墙位置，便于主体结构施工。

④ 水平支撑与挡土构件之间应设置连接腰梁；当支撑设置在挡土构件顶部时，水平支撑应与冠梁连接；腰梁或冠梁上支撑点的间距，对钢腰梁不宜大于 4m，对混凝土梁不宜大于 9m。

5.2.2.2　剖面布置

在基坑竖向剖面内，基坑水平支撑需要布置的数量，主要依据基坑围护墙的承载力和变形控制计算确定，且应满足土方开挖的施工要求，还需考虑工程地质条件、主体结构特点、工程经验等。

一般情况下，支撑系统竖向剖面布置可按如下原则进行确定：

① 支撑与挡土构件连接处不应出现拉力。

② 支撑应避开主体地下结构底板和楼板的位置，并应满足主体地下结构施工对墙、柱钢筋连接长度的要求；当支撑下方的主体结构楼板在支撑拆除前施工时，支撑底面与下方主体结构楼板间的净距不宜小于 700mm。

③ 支撑至坑底的净高不宜小于 3m，当采用机械下坑开挖及运输时应根据机械的操作所需空间要求适当放大。

④ 采用多层水平支撑时，各层水平支撑宜布置在同一竖向平面内，层间净高不宜小于 3m。基坑设置多道支撑时，最下道支撑的布置在不影响主体结构施工和土方开挖条件下，宜尽量降低。

⑤ 各层支撑的走向应一致，上、下各层水平支撑的轴线应尽量布置在同一竖向平面内，主要目的是便于基坑土方的开挖，同时也能保证各层水平支撑共用竖向支承立柱系统。

5.2.3　支撑材料

水平支撑的材料一般采用钢筋混凝土与钢支撑。

钢筋混凝土支撑一般在现场浇筑。支撑设计比较灵活，可以设计成任意形状和断面的支撑，并且整体性好，可靠度高，节点容易处理，价格也比较便宜。但施工工序多，要现场支模、安装钢筋、浇捣混凝土，后期支撑拆除也比较费工，且支撑杆件材料不能回收。

支撑的混凝土强度等级不应低于 C25，支撑构件的截面高度不宜小于其竖向平面内计算长度的 1/20；腰梁的截面高度（水平尺寸）不宜小于其水平方向计算跨度的 1/10，截面宽度（竖向尺寸）不应小于支撑的截面高度。支撑构件的纵向钢筋直径不宜小于 16mm，沿截面周边的间距不宜大于 200mm；箍筋的直径不宜小于 8mm，间距不宜大于 250mm。

钢支撑构件可采用钢管、型钢及其组合截面。型钢和钢管是工厂定型生产的规格化的现成材料，施工时根据受力大小和长度要求可以直接选购，然后截割或拼接后使用，因此施工速度快。钢管支撑主要规格有 $\phi 580/12$、$\phi 580/14$、$\phi 609/14$、$\phi 609/16$。由于材料本身重量轻、强度高、稳定性好，并可施加预应力，控制基坑变形。钢支撑受压杆件的长细比不应大于 150，受拉杆件长细比不应大于 200。

5.2.4 内支撑结构的设计计算

内支撑虽是临时结构，但结构与荷载较为复杂。内支撑的每根杆件必须满足强度和变形的要求，以确保支护结构的稳定和基坑的安全。

支撑结构的计算主要包括以下几个方面：

① 荷载分析，确定荷载种类、方向及大小；

② 选择合理的计算模型和方法；

③ 计算结果的分析判断和取用。

5.2.4.1 水平支撑的荷载分析

作用在水平支撑的荷载主要有水平荷载和竖向荷载。水平荷载主要是由水、土压力和外荷载通过挡土构件传至内支撑结构。竖向荷载主要是水平支撑的自重和附加在支撑上的施工活荷载（支撑作为施工平台时考虑）。另外，当温度改变引起的支撑结构内力不可忽略不计时，应考虑温度应力；支撑立柱下沉或隆起量较大时，应考虑支撑立柱与挡土构件之间差异沉降产生的作用。

5.2.4.2 计算方法

（1）简化计算方法

这种方法将支撑体系与竖向围护结构各自分离计算。冠梁和腰梁作为承受由竖向围护构件传来的水平力的连续梁或闭合框架，支撑与冠梁（或顶圈梁）、腰梁相连的节点即为其不动支座。

基坑形状规则时，可以采用以下假定：

① 在水平荷载作用下，腰梁和冠梁的内力和变形可近似按多跨或单跨水平连续梁计算。计算跨度取相邻支撑点中心距。当支撑与腰梁、冠梁斜交或梁自身转折时，尚应计算这些梁所受的轴向力。

② 水平对撑与水平斜撑，应按偏心受压构件进行计算；支撑的轴向压力应取支撑间距内挡土构件的支点力之和；腰梁或冠梁应按以支撑为支座的多跨连续梁计算，计算跨度可取相邻支撑点的中心距。

③ 在竖向荷载作用下，支撑的内力和变形可近似按单跨或多跨连续梁分析，其计算跨度取相邻立柱中心距。

④ 立柱的轴向力取水平支撑在其上面的支座反力。

按照上述原理计算的结果都是近似值，但比较直观简明，适合于手算和混合计算，一般可起到控制作用。

（2）支撑平面有限元计算方法

水平支撑系统平面内的内力和变形计算方法一般是将支撑结构从整个支护结构体系中截离出来，此时内支撑（包括围檩和支撑杆件）形成一自身平衡的封闭体系，该体系在土压力作用下的受力特性可采用杆系有限元进行计算分析。

分析时，在周边的围檩上添加适当的约束，以限制整个结构的刚体位移，一般可在结构上施加不相交于一点的三个约束链杆，形成静定约束结构，此时约束链杆不产生反力，可保证分析得到的结果与不添加约束链杆时得到的结果一致。支撑平面模型以及约束条件确定后，应用有限元计算软件计算支撑系统的内力与变形。

（3）支撑三维计算方法

这种方法将支护体系整体作为分析对象，包括竖向围护结构、水平支撑、围檩、冠梁、立柱等。先通过有限元软件自带的前处理模块或其他有限元前处理软件建立支护体系整体的三维有限元模型，模型建立时需综合考虑结构的分布、开挖的顺序等，然后用有限元程序分步求解，计算各工况下的内力与变形。

设计时，可以采用两种以上的方法进行计算以方便比较，然后通过分析判断确定最合理的计算结果作为支撑断面与节点的设计依据。

5.2.5　支撑构件的节点设计

（1）钢支撑的长度拼接节点

钢支撑构件的拼接应满足截面等强度的要求。常用的连接方式有焊接和螺栓连接。焊接施工方便，但焊缝质量不易保证，且拆卸不便，故常采用螺栓连接。螺栓连接施工方便但整体性不如焊接，为减少节点变形，宜采用高强螺栓。钢支撑的拼接如图 5-10 和图 5-11 所示。

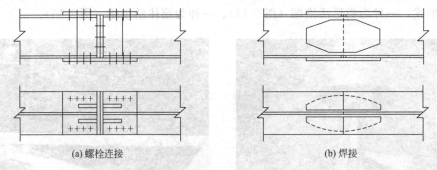

(a) 螺栓连接　　　　　　　　　　　　　　　　(b) 焊接

图 5-10　型钢支撑的长度拼接示意图

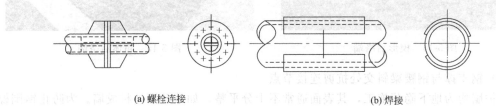

(a) 螺栓连接　　　　　　　　　　　　　　　　(b) 焊接

图 5-11　钢管支撑的长度拼接示意图

（2）两个方向的钢支撑连接节点

纵向与横向支撑可以采用重叠连接，其施工安装较方便，但支撑结构整体性较差，一般应避免使用。若采用重叠连接时，则相应的围檩在基坑转角位置不在同一个平面相交，此时应加固该转角处的围檩端部，防止两个方向上的围檩端部产生悬臂受力状态。

纵向与横向支撑一般应设置在同一标高上，采用定型十字节点来连接，该连接方式整体性好，节点可靠，如图 5-12 所示。节点可以采用特制的"十"字及"井"字接头，纵横管都与"十"字或"井"字接头连接，使纵横钢管处于同一平面内。"井"字接头连接使钢管形成一个平面框架，如图 5-13 所示，刚度大，受力性能好。

图 5-12　"十"字接头连接　　　　　　　　图 5-13　"井"字接头连接

（3）钢支撑端部预应力活络头构造节点

钢支撑安装后，为控制变形，需施加预应力，因此，其端部一般均设置为活络端，预应力施加完毕后，将活络端固定，并配以琵琶撑。钢支撑端部外除了设置活络端，支撑的中部还可以设置螺旋千斤顶等设备。由于支撑加工及生产厂家不同，目前钢支撑端部使用的活络端有两种形式，一种为楔形活络端（图 5-14）、一种为箱体活络端（图 5-15）。

图 5-14　楔形活络端　　　　　　　　　图 5-15　箱体活络端

（4）钢支撑与钢腰梁斜交处抗剪连接节点

围护墙均为地下隐蔽施工，其表面通常不十分平整，如钻孔灌注桩成墙。为防止钢围檩截面产生扭曲，必须确保围护墙与钢围檩接合紧密，可以采用细石混凝土填实钢围檩与围护墙之间的空隙。如果二者之间缝宽较大，缝内宜放置钢筋网，以防止所填充的混凝土脱落。

支撑与围檩斜交时，在围檩与围护墙之间设置剪力传递装置，以传递沿围檩方向的水平分力。围护墙为地下连续墙时可采用预埋钢板，钻孔灌注桩则在钢围檩设置抗剪焊接件，如图 5-16 所示。

（5）支撑与混凝土腰梁斜交处抗剪连接节点

一般情况下，混凝土围檩与围护墙之间的结合面不考虑传递水平剪力。对于形状比较复杂的基坑，采用斜交支撑布置时，特别是大角撑的支撑布置时，水平力较大，沿围檩长度方向传递，为确保围檩与围护墙能形成整体连接，二者接合面能承受剪力，围护墙与围檩之间应设置抗剪件和剪力槽，可使得围护墙也能参与承受部分水平力，既可改善围檩的受力状

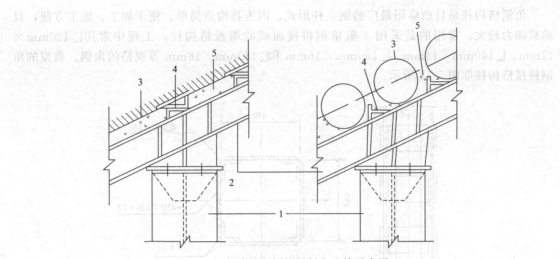

图 5-16　钢支撑与钢腰梁斜交连接示意图
1—钢支撑；2—钢腰梁；3—围护墙；4—剪力块；5—填缝混凝土

态，又可减少整体支撑体系的变形。围檩与围护墙之间的结合面的墙体上一般采用预埋插筋或预埋件作为抗剪件，开挖后焊接抗剪件，预留的剪力槽中可间隔布置抗剪件，其高度一般与围檩截面相同，间距 150～200mm，槽深 50～70mm，如图 5-17 所示。

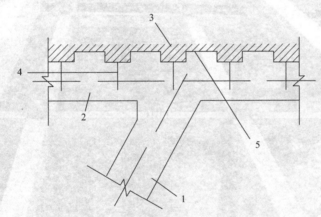

图 5-17　地下连续墙预留剪力槽和插筋与围檩连接示意图
1—支撑；2—围檩；3—地下连续墙；4—预留受剪钢筋；5—预留剪力槽

5.2.6　立柱与立柱桩设计

（1）立柱设计

立柱可采用钢格构（角钢格构）、钢管柱、型钢柱或钢管混凝土柱等形式。立柱要求承受较大的荷载，因此构件必须具备足够的强度和刚度，且断面不宜过大，施工方便。钢立柱插入立柱桩内，立柱桩承受立柱传递的荷载，可以利用主体结构工程桩作立柱桩；在无法利用工程桩的部位应加设临时立柱桩。

在竖向荷载作用下，内支撑结构按框架计算时，立柱应按偏心受压构件计算；内支撑结构的水平构件按连续梁计算时，立柱可按轴心受压构件计算。设计时还应考虑所采用的立柱结构构件与水平支撑的连接构造要求以及立柱穿过主体结构底板的部位，应有有效的止水措施。

角钢格构柱是目前应用最广的钢立柱形式，因为其构造简单、便于加工、施工方便，且承载能力较大。常用的是采用 4 根角钢拼接而成的缀板格构柱，工程中常用∟120mm×12mm、∟140mm×14mm、∟160mm×16mm 和∟180mm×18mm 等规格的角钢。典型的角钢拼接格构柱如图 5-18 所示。

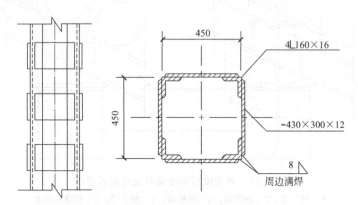

(a) 角钢拼接格构柱示意

(b) 角钢拼接格构柱现场照片

图 5-18　角钢拼接格构柱

钢立柱断面尺寸除需满足承载能力要求外，尚应考虑立柱桩桩径和所穿越的结构梁等结构构件的尺寸。工程中最常用的钢立柱断面边长为 420mm、440mm 和 460mm，与之相适用的最小立柱桩桩径分别为 ϕ700mm、ϕ750mm 和 ϕ800mm。

（2）立柱桩设计

立柱桩应满足抗压和抗拔的要求，其设计计算方法与主体结构工程桩相同，可按照国家或地方相关标准进行。立柱桩承受立柱传递下来的支撑结构的荷载，支撑作为施工平台时，还应考虑施工荷载。立柱桩通过桩与土的侧摩阻力和桩端的端阻力来承受上部荷载。

钢立柱一般需要插入立柱桩顶以下 3～4m，以满足下部连接的稳定。因此，为确保钢立柱插入立柱桩桩身范围内，钢立柱的外径或对角线长度应小于立柱桩的直径。

立柱桩可以采用钻孔灌注桩和钢管灌注桩，但钢管桩作为立柱桩，造价较高，施工工艺较复杂，施工难度较高，应用不太广泛；当采用钻孔灌注桩时，钢立柱与灌注桩的钢筋笼，施工时可焊接起来下放到桩孔内，然后灌注混凝土，如图 5-19 所示。

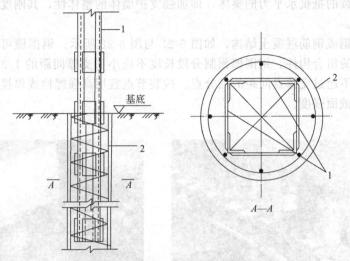

图 5-19 钢立柱与灌注桩连接示意图
1—钢格构立柱；2—灌注桩

立柱桩可以是专门加打的钻孔灌注桩，但在允许的条件下应尽可能利用主体结构工程桩以降低临时围护体系工程量，提高工程经济性。

（3）钢立柱与支撑的连接

钢立柱与临时支撑节点的设计，应确保节点在基坑施工阶段能够可靠地传递支撑的自重和各种施工荷载。

角钢格构柱与支撑的连接节点，施工期间主要承受临时支撑竖向荷载引起的剪力，设计一般根据剪力的大小计算确定后，在节点位置钢立柱上设置足够数量的抗剪钢筋或抗剪栓钉。图 5-20 为设置抗剪钢筋与临时支撑连接的节点示意图。

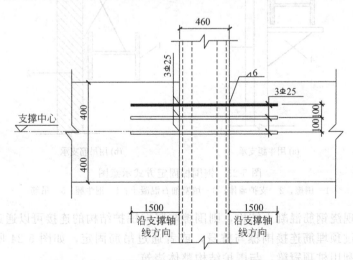

图 5-20 钢立柱设置抗剪钢筋与临时支撑的连接节点

5.2.7 围檩设计

基坑外侧水、土及地面荷载所产生的对竖向围护构件的水平作用力通过围檩传给支撑，从受力状态看，围檩是一种受弯剪的构件；设置围檩后可使原来各自独立的竖向围护构件形成一个闭合的连续的抵抗水平力的整体，即加强支护墙体的整体性，其刚度对围护结构的整体刚度影响很大。

围檩可用型钢或钢筋混凝土结构，如图 5-21 与图 5-22 所示。钢围檩可以采用 H 型钢、槽钢或这类型钢的组合构件。钢围檩预制分段长度不应小于支撑间距的 1/3，拼接点尽量设在支撑点附近并不超过支撑点间距的三分点。拼装节点宜用高强螺栓或焊接，拼接强度不得低于构件本身的截面强度。

图 5-21　型钢围檩　　　　　　　　　　图 5-22　钢筋混凝土围檩

钢围檩通过设置于围护墙上的钢牛腿与墙体连接，或通过墙体内伸出的吊筋予以固定，如图 5-23 所示，围檩与墙体间的空隙用细石混凝土填塞。

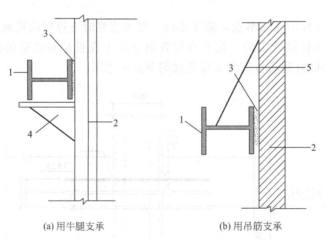

(a)用牛腿支承　　　　　　　　　　(b)用吊筋支承

图 5-23　钢围檩固定方式示意图

1—围檩；2—支护墙体；3—填塞细石混凝土；4—钢牛腿；5—吊筋

若围檩采用现浇钢筋混凝土结构，则围檩与竖向围护结构的连接可以通过预埋筋（或植筋）来处理，通过预埋筋连接围檩与桩身，或者通过吊筋固定，如图 5-24 所示。对于围护墙顶部的围檩则利用桩顶冠梁，与围护结构整体浇筑。

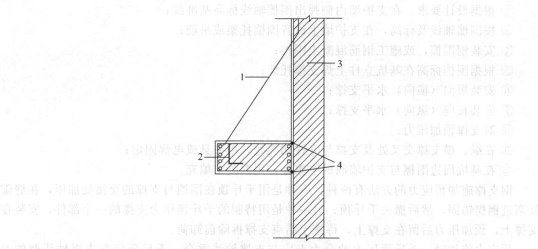

图 5-24　桩身处钢筋混凝土围檩固定方式示意图

1—吊筋；2—钢筋混凝土围檩；3—支护墙体；4—与预埋筋连接

5.3　支撑结构施工

5.3.1　支撑施工总体原则

内支撑体系的施工，一般应遵循以下原则：

① 支撑系统结构未达到要求强度等级前不得开始基坑土方开挖。

② 内支撑结构的施工与拆除顺序，应与基坑支护结构的设计工况一致，必须遵循"先撑后挖、限时支撑、分层开挖、严禁超挖"的原则进行施工，尽量减小基坑无支撑暴露时间和空间。

③ 应根据基坑工程等级、支撑形式、场内条件等因素，确定基坑开挖的分区及其顺序。宜先开挖周边环境要求较低的一侧土方。土方在平面上分区开挖时，支撑应随开挖进度分区安装，并使一个区段内的支撑形成整体。

④ 基坑开挖过程中，应采取措施防止碰撞支护结构、工程桩或扰动原状土。支撑拆除时，必须遵循"先换撑、后拆除"的原则进行施工。

5.3.2　钢支撑的施工

钢支撑可回收再利用，对节省基坑工程造价和加快工期具有显著优势，适用于开挖深度一般、平面形状规则、狭长形的基坑工程中，如地铁车站基坑等。单根支撑承载力较大，安装、拆除周期较短，不需养护期，钢管可重复回收。其缺点是支撑体系的整体性较差，安装与连接施工要求高，现场拼装尺寸不易精确，施工质量难以保证，且由于圆钢管和型钢的承载能力不如钢筋混凝土结构支撑的承载能力大，因而支撑水平向的间距不能很大，相对来说机械挖土不太方便。在减少变形方面，钢结构支撑也不如钢筋混凝土结构支撑，对于城市周边环境复杂的基坑，支护结构多以变形控制，若能根据变形发展情况，分阶段多次施加预应力，亦能控制变形量。

钢支撑安装的工艺流程如下：

① 根据支撑布置图，在基坑四周支护墙上测量定出围檩轴线位置；

② 根据设计要求，在支护墙内侧弹出围檩轴线标高基准线；

③ 按围檩轴线及标高，在支护墙上设置围檩托架或吊筋；

④ 安装钢围檩，或施工钢筋混凝土围檩；

⑤ 根据围檩标高在基坑立柱上焊支撑托架；

⑥ 安装短向（横向）水平支撑；

⑦ 安装长向（纵向）水平支撑；

⑧ 对支撑预加压力；

⑨ 在纵、横支撑交叉处及支撑与立柱相交处，用夹具或电焊固定；

⑩ 在基坑周边围檩与支护墙间的空隙处，用混凝土填充。

钢支撑施加预应力的方法有两种：一种是用千斤顶在围檩与支撑的交接处加压，在缝隙处塞进钢楔锚固，然后撤去千斤顶；另一种是用特制的千斤顶作为支撑的一个部件，安装在支撑上，预加压力后留在支撑上，待挖土结束支撑拆除前卸荷。

预应力施加时，千斤顶压力的合力点应与支撑轴线重合，千斤顶应在支撑轴线两侧对称、等距放置，且应同步施加压力。千斤顶的压力应分级施加，施加每级压力后应保持压力稳定 10min 后方可施加下一级压力；预压力加至设计规定值后，应在压力稳定 10min 后，方可按设计预压力值进行锁定。

5.3.3 钢筋混凝土支撑的施工

钢筋混凝土支撑体系（支撑及围檩）应在同一平面内整浇，支撑与支撑、支撑与围檩相交处宜采用加腋，使其形成刚性节点。

支撑施工宜用开槽浇筑的方法，底模板可用素混凝土，也可采用木、小钢模等铺设，也可利用槽底作土模，侧模多用木、钢模板，如图 5-25 所示。

图 5-25　钢筋混凝土支撑模板施工现场照片

模板拆除时间以同条件养护试块强度为准。在土方开挖时，必须清理掉支撑底模，防止底模附着在支撑上在以后施工过程中坠落。特别是在大型钢筋混凝土支撑节点处，若不清理干净，附着的底模可能比较大，极易引起安全隐患。

5.3.4 立柱的施工

立柱多用挖（钻）孔灌注桩等接以各类型钢及型钢组合的格构柱。钢格构柱一般均在工厂进行制作，考虑到运输条件的限制，一般均分段制作，单段长度一般最长不超过 15m，运至现场之后再组成整体进行吊装。

型钢立柱与灌注桩的钢筋笼，施工时可焊接成一体，吊起下放到桩孔内，如图 5-26 所示，然后灌注混凝土至地下室底板底面，在底板底面以上桩孔不灌注混凝土而用砂子填实，当型钢立柱自身刚度较大时也可不填。钢立柱或格构柱中间净空尺寸要考虑灌注混凝土时的导管能通过。如柱的刚度不足，则在挖土后应再焊上对角连接条，以加强立柱的稳定性。

图 5-26　型钢立柱与钢筋笼下放桩孔

5.3.5　支撑的拆除

随着地下结构施工的进行，需要自下而上逐层拆除原有的支撑。支撑拆除时，如不采取替代措施，则意味着将增加桩作为竖向梁的跨度，在最不利的情况下，桩将呈长悬臂状态工作，对基坑的安全是非常不利的。支撑拆除在基坑工程整个施工过程中也是十分重要的工序，必须严格按照设计要求的程序进行拆除，遵循"先换撑、后拆除"的原则。

5.3.5.1　换撑

为了保证基坑工程的稳定性，需要通过换撑结构将支护结构上的水土压力安全有序地传递到地下室结构上，这个环节称为"基坑换撑"，需要进行针对性的专门设计。基坑传力块换撑形式如图 5-27、图 5-28 所示。

建筑深基坑换撑的形式有多种，工程技术人员研究出了上翻牛腿换撑、斜抛撑换撑、传力块换撑、肋板换撑等换撑形式。这些换撑形式将作用于支护结构上的荷载通过换撑结构传递到地下室结构上。

在土质较差、工程较复杂的情况下，建筑深基坑一般采用"两墙合一"的地下连续墙＋内支撑支护方案。此种支护方案中，地下室的内衬墙与地连墙紧密贴合。基坑拆换撑阶段，当底层地下室达到设计强度，内衬墙和地下室楼板可以限制地连墙的侧向变形，起到支承作用，如图 5-29 所示。由于内衬墙与地连墙之间没有空隙，无须设置换撑构件，由地下室的楼板即可以完成换撑。

图 5-30 所示为支护桩＋支撑的建筑深基坑，支护桩与地下室外墙有一定的空隙，换撑结构在地下室侧墙和支护结构之间。建筑深基坑的尺寸一般比较大，而且要做外防水，所以换撑结构在地下室侧墙外边。地下室回筑完成后，基坑要进行回填。换撑结构之间按施工要求需要间隔设置开口，

图 5-27　基坑换撑剖面示意图

基坑工程

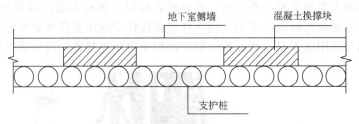

图 5-28　基坑换撑平面示意图

以便施工人员拆除外墙模板，进行外墙防水施工，以及后期外墙与支护结构之间回填土的施工作业。

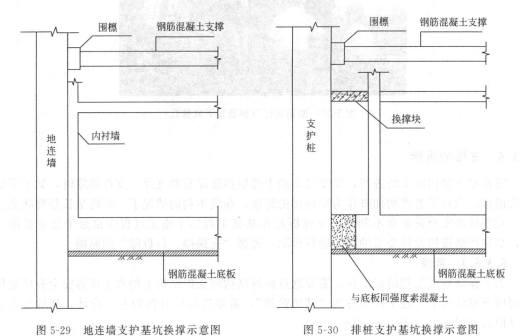

图 5-29　地连墙支护基坑换撑示意图　　　图 5-30　排桩支护基坑换撑示意图

5.3.5.2　支撑的拆除

（1）拆除原则

原设置的内支撑在临时支撑开始工作后即可予以拆除。支撑拆除应在替换支撑的结构构件达到换撑要求的承载力后进行。当主体结构底板和楼板分块浇筑或设置后浇带时，应在分块部位或后浇带处设置可靠的传力构件。

在支撑拆除过程中，支护结构受力发生很大变化，支撑拆除程序应考虑支撑拆除后对整个支护结构不产生过大的受力突变，一般可遵循以下原则：

①　分区分段设置的支撑，也宜分区分段拆除；

②　整体支撑宜从中央向两边分段逐步拆除，这对最上一道支撑拆除尤为重要，它对减小悬臂段位移较为有利；

③　先分离支撑与围檩，再拆除支撑，最后拆除围檩。

（2）钢支撑的拆除

按照设计的施工流程拆除基坑内的钢支撑，支撑拆除前，先解除预应力。

钢支撑拆除应选择合适的起重机，要求满足起重量和起重半径，同时应考虑起重机的操作面及开行道路。单根钢支撑拆除一般也分段进行，通常以两支承点（围檩或立柱）间的支撑作为一段，逐段拆除。拆除时用起重机将钢支撑吊紧，用气割或解除螺栓等方法拆除支撑节点及与支承点的连接，起吊装车运离工地。

钢围檩在支撑拆除后进行拆除，方法与支撑类似。

（3）钢筋混凝土支撑的拆除

钢筋混凝土支撑拆除方法一般有人工拆除法、静态膨胀剂拆除法和爆破拆除法。

① 人工拆除法。组织工人用大锤和风镐等机械设备人工拆除支撑梁。一般采用分段凿开，起吊运出工地，分段的长度根据起重机起重能力，一般 1～2m。凿开钢筋保护层后需将纵钢切断，箍筋也可拆去。成段的钢筋混凝土块运出后也应凿碎，或置于填埋场，否则会影响环境。如起重机的起重量较小，也可将凿断的混凝土块在现场凿碎再运出。

② 静态膨胀剂拆除法。静态膨胀剂拆除法，即在支撑梁上按设计孔网尺寸钻孔眼，钻孔后灌入膨胀剂，数小时后利用其膨胀力，将混凝土胀裂，再用风镐将胀裂的混凝土清掉。该方法的优点在于施工方法较简单；混凝土胀裂是一个相对缓慢的过程，整个过程无粉尘，噪声小，无飞石。其缺点是要钻的孔眼数量多；装膨胀剂时，不能直视钻孔，否则产生喷孔现象易使眼睛受伤；膨胀剂膨胀产生的胀力小于钢筋的拉应力，该力可使混凝土胀裂，但拉不断钢筋，要进一步破碎。

③ 爆破拆除法。在混凝土内钻孔然后装药爆破。爆破方式一般采用无声炸药松动爆破，在爆破实施前要征得有关部门批准。该办法的优点在于施工的技术含量较高；爆破效率较高，工期短，施工安全。

思考题与习题

1. 简述支撑体系的分类、优缺点及其适用范围。
2. 简述支撑体系的设计内容、设计原则和设计方法。
3. 钢筋混凝土支撑和钢支撑的主要特点分别有哪些？
4. 简述支撑体系的平面和剖面布置原则。
5. 支撑体系的换撑方法主要有哪些？
6. 简述钢筋混凝土支撑和钢支撑的施工流程。

第6章 地下连续墙

案例导读

深圳恒大中心项目位于深圳市南山区白石洲，地处白石四道与深湾三路交会处东南侧，总占地面积 $10376m^2$。项目规划建设 1 栋超高层建筑（72 层），地上高度约 400m，6 层地下室。基坑深 42.35m，形状为矩形，基坑支护长约 370m，开挖面积约 $8633m^2$。采用地下连续墙、三重管高压旋喷桩及隔离咬合桩作为基坑围护结构。其中，旋喷桩及咬合桩主要作为地下连续墙护槽结构。地下连续墙厚 1.5m，深 41.6～64.5m，成槽垂直精度 1/500，地下连续墙多处需入微风化花岗岩 30 余米，采用 H 型钢止水接头。地下连续墙成槽先利用旋挖机每隔 1.2m 引 1 个孔；然后利用液压抓斗成槽机对非入岩部分进行抓斗成槽；最后利用双轮铣槽机对入岩部分进行铣削成槽。

讨论

地下连续墙是如何施工的？施工接头有哪些类型？成槽可以采用哪些设备？

地下连续墙（diaphragm wall）是指分槽段用专用机械成槽、浇筑钢筋混凝土所形成的连续地下墙体，亦可称为现浇地下连续墙。地下连续墙施工先构筑导墙，然后在导墙内用抓斗式、冲击式或回转式等成槽工艺，在泥浆护壁的情况下，开挖一条一定长度的沟槽至设计深度，形成一个单元槽段，清槽后在槽内放入预先制作好的钢筋笼，然后用导管法浇灌水下混凝土，混凝土自下而上充满槽内并将护壁泥浆从槽内置换出来，形成一个单元墙段，按照成槽顺序依次逐段进行，各单元墙段之间用各种接头相互连接，形成一条完整的地下连续墙体，如图 6-1 所示，作为截水、防渗、承重、挡水结构。

意大利米兰的工程师 C. Veder 在 1950 年首次开发出地下连续墙的施工技术，并首次在 Santa Malia 大坝深达 40m 的防渗墙进行应用。20 世纪 50 年代以后，法国、日本等国相继引进该技术；60 年代，推广到英国、美国、苏联等国家。地下连续墙首先作为防渗墙（slurry wall）在水利水电基础工程中得到应用，随后，作为挡土、承重的连续墙（diaphragm wall）逐步推广到建筑、市政、交通、铁道等部门。

我国也是早期使用地下连续墙技术的国家之一，水电部门 1958 年在青岛月子口水库建造深达 20m 的桩排式防渗墙时首次应用该技术。进入 21 世纪，地下连续墙已经在我国水

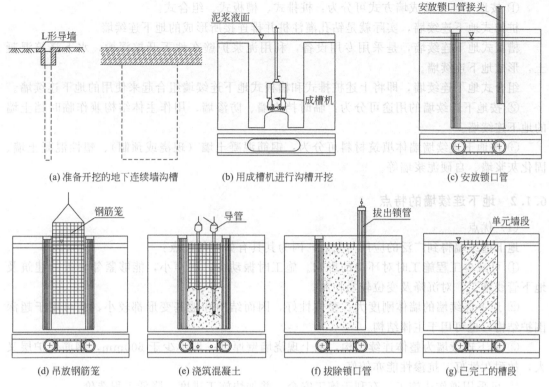

(a) 准备开挖的地下连续墙沟槽　　(b) 用成槽机进行沟槽开挖　　(c) 安放锁口管

(d) 吊放钢筋笼　　(e) 浇筑混凝土　　(f) 拔除锁口管　　(g) 已完工的槽段

图 6-1　地下连续墙单元槽段施工示意图

利、建筑、交通等行业得到广泛应用，如 2017 年杭州地铁 1 号线下沙江滨站风井基坑为挖深 20.3～28.3m 的超深基坑，周边环境复杂，构筑物多，施工范围内管线密、种类多，工程施工难度相当大，为保证施工安全，基坑围护结构设计采用 69 幅 1m 和 1.2m 厚地下连续墙＋内支撑的支护体系，墙深 62m，图 6-2 所示为下沙江滨站风井基坑地下连续墙施工现场图。随着土地资源越发紧张，城市转向地下空间发展，地下工程逐步加深，施工条件越来越复杂，超深基础承重要求的增加，地下连续墙技术还将得到进一步的发展。

(a) 下放钢筋笼　　(b) 地下连续墙液压抓斗成槽机

图 6-2　杭州下沙江滨站风井基坑地下连续墙施工现场照片

6.1　地下连续墙的分类与特点

6.1.1　地下连续墙的分类

地下连续墙可以按以下几种方法分类。

① 按地下连续墙成墙方式可分为：桩排式、槽板式、组合式。

桩排式地下连续墙，实际就是钻孔灌注桩并排连接所形成的地下连续墙。

槽板式地下连续墙，是采用专用设备，利用泥浆护壁在地下开挖深槽，水下浇筑混凝土，形成地下连续墙。

组合式地下连续墙，即将上述桩排式和槽板式地下连续墙组合起来使用的地下连续墙。

② 按地下连续墙的用途可分为：临时挡土墙、防渗墙、用作主体结构兼作临时挡土墙的地下连续墙。

③ 按地下连续墙墙体填筑材料可分为：钢筋混凝土墙（现浇或预制）、塑性混凝土墙、固化灰浆墙、自硬泥浆墙等。

6.1.2 地下连续墙的特点

（1）优点

地下连续墙得到广泛的应用与发展，因为其具有如下的优点：

① 可减少工程施工时对环境的影响。施工时振动少，噪声小，能够紧邻相近的建筑及地下管线施工，对沉降及变位较易控制。

② 地下连续墙的墙体刚度大、整体性好，因而结构和地基变形都较小，既可用于超深围护结构，也可用于主体结构。

③ 地下连续墙为整体连续结构，加上现浇墙壁厚度一般不少于 600mm，钢筋保护层又大，故耐久性好，抗渗性能亦较好。

④ 可采用逆作法施工，有利于施工安全，并加快施工进度，降低工程造价。

⑤ 占地少，可以充分利用建筑红线以内有限的地面和空间，充分发挥投资效益。

⑥ 适用于多种地基条件。地下连续墙对地基的适用范围很广，从软弱的冲积地层到中硬的地层、密实的砂砾层，各种软岩和硬岩等地基都可以建造地下连续墙。

（2）缺点

地下连续墙也有自身的缺点和尚待完善的方面，主要有：

① 弃土及废泥浆的处理问题。除增加工程费用外，如处理不当，还会造成新的环境污染。

② 地质条件和施工的适应性问题。从理论上讲，地下连续墙可适用于各种地层，但最适应的还是软塑、可塑的黏性土层，当地层条件复杂时，还会增加施工难度和影响工程造价。

③ 槽壁坍塌问题。地下水位急剧上升、护壁泥浆液面急剧下降、有软弱疏松或砂性夹层、泥浆的性质不当或已经变质、施工管理不当等，都可引起槽壁坍塌。槽壁坍塌轻则引起墙体混凝土超方和结构尺寸超过允许的界限，重则引起相邻地面沉降、坍塌，危害邻近建筑和地下管线的安全。

④ 现浇地下连续墙的墙面通常比较粗糙，如果对墙面要求较高，虽可使用喷浆或喷砂等方法进行表面处理，但也增加工作量。

⑤ 地下连续墙如果单纯用作施工期间的临时挡土结构，不如采用钢板桩等一类可拔出重复使用的围护结构来得经济。

由于受到施工机械的限制，地下连续墙的厚度具有固定的模数，不能像灌注桩一样根据桩径和刚度灵活调整。因此，地下连续墙只有在一定深度的基坑工程或其他特殊条件下才能显示出经济性和特有优势。一般适用于如下条件：

① 开挖深度超过 10m 的深基坑工程。

② 围护结构亦作为主体结构的一部分，且对防水、抗渗有较严格要求的工程。

③ 采用逆作法施工，地上和地下同步施工时，一般采用地下连续墙作为围护墙。

④ 邻近存在保护要求较高的建（构）筑物，对基坑本身的变形和防水要求较高的工程。

⑤ 基坑内空间有限，地下室外墙与红线距离极近，采用其他围护形式无法满足留设施工操作要求的工程。

⑥ 在超深基坑中，例如 30～50m 的深基坑工程，采用其他围护体无法满足要求时，常采用地下连续墙作为围护结构。

6.2　地下连续墙设计

作为基坑围护结构，主要基于强度、变形和稳定性三个大的方面对地下连续墙进行设计和计算。强度主要指墙体的水平和竖向截面承载力、竖向地基承载力；变形主要指墙体的水平变形和作为竖向承重结构的竖向变形；稳定性主要指作为基坑围护结构的整体稳定性、抗倾覆稳定性、坑底抗隆起稳定性、抗渗流稳定性等。

6.2.1　墙体厚度与槽段宽度

6.2.1.1　墙体厚度

地下连续墙厚度一般为 0.5～1.2m，而随着挖槽设备大型化和施工工艺的改进，地下连续墙厚度可达 2.0m 以上。在具体工程中，地下连续墙的厚度应根据成槽机的规格、墙体的抗渗要求、墙体的受力和变形综合确定。地下连续墙的墙体厚度宜根据成槽机的规格，选取 600mm、800mm、1000mm 或 1200mm。如武汉阳逻长江公路大桥南锚碇基坑围护结构采用内径 70m、外径 73m、深 61m、壁厚 1.5m 的圆形地下连续墙，如图 6-3 所示。

图 6-3　武汉阳逻长江公路大桥南锚碇基坑地下连续墙现场照片

6.2.1.2　槽段宽度

确定地下连续墙单元槽段的平面形状需考虑墙体的结构受力特性、槽壁稳定性、周边环境的保护要求和施工条件等。一字形槽段［图 6-4（a）］长度宜取 4～6m。当成槽施工可能对周边环境产生不利影响或槽壁稳定性较差时，应取较小的槽段长度。必要时，宜采用搅拌桩对槽壁进行加固。地下连续墙的转角处或有特殊要求时，单元槽段的平面形状可采用 L

形〔图 6-4（b）〕、T 形〔图 6-4（c）〕等。

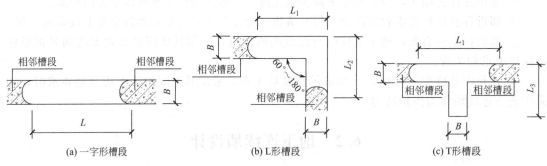

图 6-4　地下连续墙槽段形式

(a) 一字形槽段　　　(b) L形槽段　　　(c) T形槽段

6.2.2　地下连续墙入土深度

一般工程中地下连续墙入土深度在 10～50m 范围内，最大深度可达 150m。在基坑工程中，地下连续墙既作为承受侧向水土压力的受力结构，同时又兼有隔水的作用，因此此地下连续墙的入土深度需考虑挡土和隔水两方面的要求。作为挡土结构，地下连续墙入土深度需满足各项稳定性和强度要求，作为止水帷幕，地下连续墙入土深度需根据地下水控制要求确定。

（1）根据稳定性确定入土深度

地下连续墙作为挡土受力的围护体，地下连续墙底部需要插入基底足够深并进入较好的土层，以满足嵌固深度和基坑各项稳定性要求。在软土地层中，地下连续墙在基底以下的入土深度一般接近或大于开挖深度方能满足稳定性要求。在基底以下为密实的砂层或岩层等物理力学性质较好的土（岩）层时，地下连续墙在基底以下的嵌入深度可大大缩短。

（2）考虑止水作用确定入土深度

地下连续墙作为止水帷幕，设计时需根据基底以下的水文地质条件和地下水控制确定入土深度，当根据地下水控制要求需隔断地下水或增加地下水绕流路径时，地下连续墙底部需进入隔水层隔断坑内外潜水及承压水的水力联系，或插入基底以下足够深度以确保形成可靠的隔水边界。如根据隔水要求确定的地下连续墙入土深度大于受力和稳定性要求确定的入土深度时，为了减少经济投入，地下连续墙为满足隔水要求加深的部分可采用素混凝土浇筑。

6.2.3　内力与变形计算及承载力验算

（1）内力与变形计算

地下连续墙的支护形式一般有无支撑（锚）、单支撑（锚）和多支撑几种，其内力可以参照排桩支护的内力与变形计算，采用弹性支点法等计算，具体见第 4 章。计算时合理确定基坑开挖计算工况，按基坑内外实际状态选择计算模式，进行各种工况下的连续完整的设计计算。

（2）承载力验算

地下连续墙作为基坑围护结构时，应根据各工况的内力计算结果对墙体进行截面承载力验算，以此进行配筋设计。地下连续墙一般应进行正截面受弯承载力和斜截面受剪承载力计算，当需要承受竖向荷载时，还应进行竖向受压承载力验算。以上计算应按现行国家标准《混凝土结构设计规范》（GB 50010）的有关规定进行。

6.2.4　地下连续墙构造设计

6.2.4.1　地下连续墙墙身混凝土

由于是用导管法在泥浆条件下浇筑的，因此混凝土的强度、钢筋与混凝土的握裹力都会受到影响，也由于浇筑水下混凝土，施工质量不易保证，地下连续墙的混凝土等级不宜太低，以免影响成墙的质量。

地下连续墙的混凝土设计强度等级宜取 C30～C40。地下连续墙用于截水时，墙体混凝土抗渗等级不宜小于 P6。当地下连续墙同时作为主体地下结构构件时，墙体混凝土抗渗等级应满足现行国家标准《地下工程防水技术规范》（GB 50108）等相关标准的要求。

地下连续墙保护层厚度在基坑内侧不宜小于 50mm，基坑外侧不宜小于 70mm。混凝土浇筑时，宜高出墙体设计标高 300～500mm，凿去浮浆层后的墙顶标高和墙体混凝土强度应满足设计要求。

6.2.4.2　钢筋笼

地下连续墙的配筋必须按计算结果拼装成钢筋笼，然后吊入槽内就位，并浇筑水下混凝土。为满足存放、运输吊装等，钢筋笼必须具有足够的强度和刚度，因此钢筋笼的组成，除纵向钢筋、水平钢筋和构造加强钢筋外，还需要有架立主筋纵、横方向的承力钢筋桁架，如图 6-5 所示。

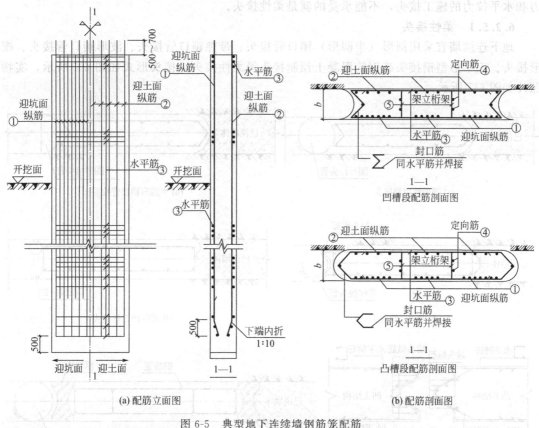

(a) 配筋立面图　　　　(b) 配筋剖面图

图 6-5　典型地下连续墙钢筋笼配筋

钢筋笼内还得考虑水下混凝土导管上下的空间，即保证此空间比导管外径要大 100mm以上。钢筋笼端部与槽段接头之间、钢筋笼端部与相邻墙段混凝土面之间的间隙不应大于

150mm。钢筋笼的底端，为防止纵向钢筋的端部擦坏槽壁，可将钢筋笼底端500mm范围内做成向内按1∶10斜度收口。

承力钢筋桁架主要为满足钢筋笼吊装而设计，吊装过程整个钢筋笼假定为均布荷载作用在钢筋桁架上，根据吊点的不同位置，以梁式受力计算桁架承受的弯矩和剪力，再以钢筋结构进行桁架的截面验算及选材，并控制计算挠度在1/300以内。

地下连续墙的纵向受力钢筋应沿墙身两侧均匀配置，可按内力大小沿墙体纵向分段配置，但通长配置的纵向钢筋不应少于总数的50%；纵向受力钢筋宜选用HRB400、HRB500钢筋，直径不宜小于16mm，净间距不宜小于75mm。

水平钢筋及构造钢筋宜选用HPB300或HRB400钢筋，直径不宜小于12mm，水平钢筋间距宜取200～400mm。冠梁按构造设置时，纵向钢筋伸入冠梁的长度宜取冠梁厚度。

冠梁按结构受力构件设置时，墙身纵向受力钢筋伸入冠梁的锚固长度应符合现行国家标准《混凝土结构设计规范》（GB 50010）对钢筋锚固的有关规定。当不能满足锚固长度的要求时，其钢筋末端可采取机械锚固措施。

6.2.5 地下连续墙槽段接头

为保证墙体的连续性和完整性，同时为了满足抗渗要求，各单元槽段采用连接接头连接。根据受力特性，接头可分为刚性接头和柔性接头，刚性接头是指接头能够承受弯矩、剪力和水平拉力的施工接头，不能承受的就是柔性接头。

6.2.5.1 柔性接头

地下连续墙宜采用圆形（半圆形）锁口管接头、带榫锁口管接头、波形锁口管接头、楔形接头、工字形型钢接头或钢筋混凝土预制接头等柔性接头。接头形式如图6-6所示，实物照片如图6-7所示。

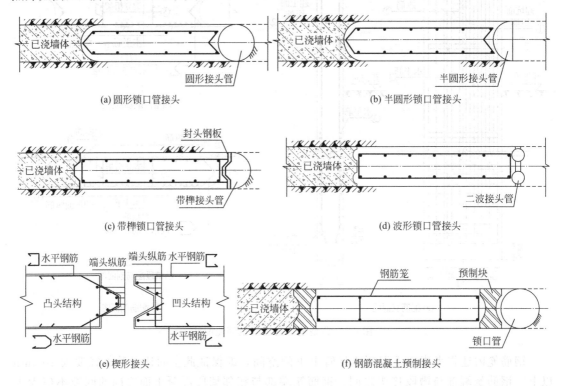

(a) 圆形锁口管接头　　　　　　　　　　　(b) 半圆形锁口管接头

(c) 带榫锁口管接头　　　　　　　　　　　(d) 波形锁口管接头

(e) 楔形接头　　　　　　　　　　　　　(f) 钢筋混凝土预制接头

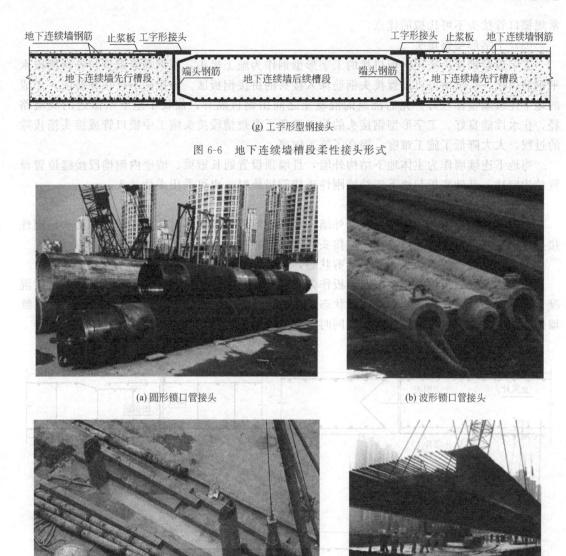

(g) 工字形型钢接头

图 6-6 地下连续墙槽段柔性接头形式

(a) 圆形锁口管接头

(b) 波形锁口管接头

(c) 半圆形锁口管接头

(d) 工字形型钢接头

图 6-7 地下连续墙槽段接头实物照片

（1）锁口管接头

圆形（半圆形）锁口管接头、波形管（双波管、三波管）接头统称为锁口管接头，锁口管接头是地下连续墙中最常用的接头形式。锁口管在地下连续墙混凝土浇筑时作为侧模，可防止混凝土的绕流，同时在槽段端头形成半圆形或波形面，增加了槽段接缝位置地下水的渗流路径。锁口管接头构造简单，施工方便，工艺成熟，刷壁方便，易清除先期槽段侧壁泥浆，后期槽段下放钢筋笼方便，造价较低，止水效果可满足一般工程的需要。

（2）钢筋混凝土预制接头

钢筋混凝土预制接头可在工厂进行预制加工后运至现场，也可现场预制。预制接头一般采用近似工字形截面，在地下连续墙施工流程中取代锁口管的位置和作用，沉放后无须顶拔，作为地下连续墙的一部分。由于预制接头无须拔除，简化了施工流程，提高了效率，有

109

常规锁口管接头不可比拟的优点。

（3）工字形型钢接头

工字形型钢接头采用钢板拼接的工字形型钢作为施工接头，型钢翼缘钢板与先行槽段水平钢筋焊接，后续槽段可设置接头钢筋深入接头的拼接钢板区。该接头不存在无筋区，形成的地下连续墙整体性好。先后浇筑的混凝土之间由钢板隔开，加长了地下水渗透的绕流路径，止水性能良好。工字形型钢接头的施工避免了常规槽段接头施工中锁口管或接头箱拔除的过程，大大降低了施工难度，提高了施工效率。

当地下连续墙作为主体地下结构外墙，且墙顶设置通长冠梁、墙壁内侧槽段接缝位置设置结构壁柱、基础底板与地下连续墙刚性连接等措施时，也可采用柔性接头。

6.2.5.2 刚性接头

当地下连续墙作为主体地下结构外墙，且需要形成整体墙体时，宜采用刚性接头；刚性接头可采用一字形或十字形穿孔钢板接头、钢筋搭接接头和十字型钢插入式接头等。

一字形穿孔钢板接头只能承受抗剪状态，故在工程中较少使用。

十字形穿孔钢板接头是以开孔钢板作为相邻槽段间的连接构件，开孔钢板与两侧槽段混凝土形成嵌固咬合作用，能承受剪拉状态，在较多情况下可以使用，如格形重力式地下连续墙结构的剪力墙上，各墙段间接头就同时承受剪力和拉力，如图 6-8（a）所示。

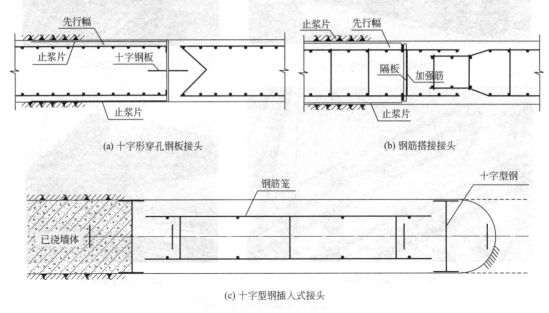

(a)十字形穿孔钢板接头　　　　(b) 钢筋搭接接头

(c)十字型钢插入式接头

图 6-8　地下连续墙刚性施工接头

钢筋搭接接头采用相邻槽段水平钢筋凹凸搭接，先行施工槽段的钢筋笼两面伸出搭接部分，通过采取施工措施，浇灌混凝土时可留下钢筋搭接部分的空间，先行槽段形成后，后施工槽段的钢筋笼一部分与先行施工槽段伸出的钢筋搭接，然后浇灌后施工槽段的混凝土。钢筋搭接接头如图 6-8（b）所示。这种连接形式在接头位置有地下连续墙钢筋通过（水平钢筋和纵向主筋），为完全的刚性连接。

十字型钢插入式接头是在工字形型钢接头上焊接两块 T 形型钢，并且 T 形型钢锚入相邻槽段中，进一步增加了地下水的绕流路径，在增强止水效果的同时，增加了墙段之间的抗剪性能，形成的地下连续墙整体性好。十字型钢插入式接头如图 6-8（c）所示。

图 6-9 为十字钢板接头和十字钢板接头箱的实物照片。

(a)十字钢板接头　　　　　　　　　　　　　　(c)十字钢板接头箱

图 6-9　十字钢板接头及十字钢板接头箱实物照片

6.2.6　冠梁构造

地下连续墙采用分幅施工而成，墙顶应设置通长的冠梁将地下连续墙连成结构整体。冠梁宽度不宜小于墙厚，高度不宜小于墙厚的 0.6 倍，且宜与地下连续墙迎土面平齐，以避免凿除坑外导墙，利用外导墙对墙顶以上土体挡土护坡。

冠梁钢筋应符合现行国家标准《混凝土结构设计规范》（GB 50010）对梁的构造配筋要求。冠梁用作支撑或锚杆的传力构件或按空间结构设计时，尚应按受力构件进行截面设计。

6.3　地下连续墙施工

地下连续墙施工，一般分为准备工作与墙体施工两个阶段。

准备工作阶段要求准确定出墙位位置，现场核对单元槽段的划分尺寸，完成泥浆制备和废浆处理系统，场地平整、清除地下旧管线和各类基础，挖导沟准确地设置导墙，铺设轨道和组装成槽设备、吊车、拔管机等设备，准备好钢筋笼及接头工具，并检查全部检测设备。

地下连续墙施工作为一种地下工程的施工方法，由诸多工序组成，其施工过程较为复杂，施工工艺流程如图 6-10 所示。其中，修筑导墙，泥浆制备与处理，成槽，钢筋笼制作与吊放，水下混凝土浇筑是主要的工序。

6.3.1　修筑导墙

6.3.1.1　导墙的作用

导墙是地下连续墙施工中必不可少的构筑物，成槽施工前，应沿地下连续墙两侧设置导墙。导墙具有以下作用：

① 测量基准，成槽导向。导墙与地下墙中心相一致，规定了沟槽的位置走向，可作为量测挖槽标高、垂直度的基准。

② 存储泥浆，稳定液面，维护槽壁稳定。导墙内存蓄泥浆，为保证槽壁的稳定，要使泥浆液面始终保持高于地下水位一定的高度，大多数规定为 1.25～2.0m。

③ 稳定上部土体，防止槽口坍方。由于地表土层受地面超载影响，容易塌陷，导墙起到挡土作用。

④ 作为施工荷载支撑平台。施工期间，承受钢筋笼、灌筑混凝土用的导管、接头管以及其他施工机械的静、动荷载。

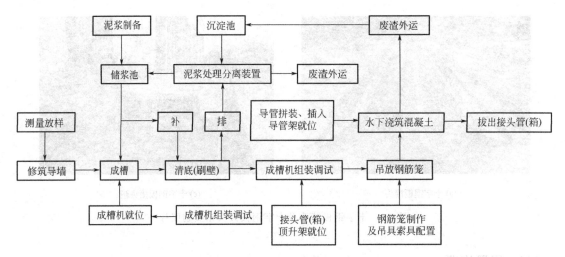

图 6-10　地下连续墙施工工艺流程

6.3.1.2　导墙的形式

导墙宜采用现浇钢筋混凝土结构，也有钢制的或预制钢筋混凝土的装配式结构。根据工程实践，采用现场浇筑的混凝土导墙容易做到底部与土层贴合，防止泥浆流失。其他预制式导墙较难做到这一点。

现浇导墙形状有倒"L"（见图 6-11）、"L"、"］［"等形状，可根据地质条件选用。当土质较好时，可选用倒"L"形，其他两种用于土质条件较差的土层。当浅层土质较差时，可预先加固导墙两侧土体，并将导墙底部加深至原状土上。

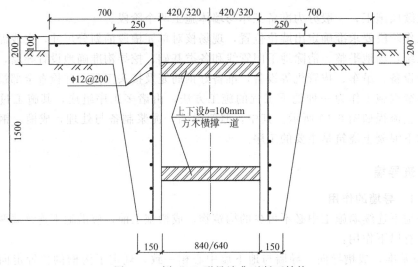

图 6-11　倒"L"形导墙典型断面结构

6.3.1.3　导墙的施工

（1）工艺流程

如图 6-12 所示，工艺流程如下：测量放线→挖槽→绑扎钢筋→安装模板→浇筑混凝土→拆模、架设横木撑。

（2）施工要点

导墙混凝土强度等级不宜低于 C20，墙体厚度一般为 150～300mm，双向配筋ϕ8～16@

(a) 测量放线

(b) 挖槽

(c) 绑扎钢筋

(d) 安装模板

(e) 浇筑混凝土

(f) 拆模、架设横木撑

图 6-12　导墙施工工艺

150～200。导墙底面不宜设置在新近填土上，且埋深不宜小于 1.5m。导墙的强度和稳定性应满足成槽设备和顶拔接头管施工的要求。

导墙应对称浇筑，墙顶面要水平，内墙面应垂直，地面与地基土密贴。混凝土强度达到 70%以上才能拆模。导墙拆模后，应立即在导墙间加设支撑，防止导墙向内挤压。可采用上下两道槽钢或木撑，支撑水平间距一般 2m 左右，并禁止重型机械在尚未达到强度的导墙附近作业，以防止导墙位移或开裂。

6.3.2　泥浆制备与处理

6.3.2.1　泥浆的作用

地下连续墙施工的基本特点是利用泥浆护壁进行成槽，泥浆护壁是地下连续墙施工确保槽壁不坍的重要措施，除护壁作用外，还有携渣、冷却钻具和润滑作用。泥浆的正确使用，是挖槽成败的关键。

泥浆具有一定的比重，在槽内对槽壁有一定的静水压力，相当于一种液体支撑。泥浆能

113

渗入土壁形成一层透水性很低的泥皮，有助于维护土壁的稳定性。

泥浆具有较高的黏性，能在挖槽过程中将土渣悬浮起来；可使钻头时刻钻进新鲜土层，避免土渣堆积在工作面上影响挖槽效率，又便于土渣随同泥浆排出槽外。

泥浆既可降低钻具因连续冲击或回钻而上升的温度，又可减轻钻具的磨损消耗，有利于提高挖槽效率并延长钻具的使用时间。

6.3.2.2 泥浆材料及性能控制指标

成槽前，应根据地质条件进行护壁泥浆材料的试配及室内性能试验，泥浆配比应按试验确定。泥浆拌制后应储放 24h，待泥浆材料充分水化后方可使用。成槽时，泥浆的供应及处理设备应满足泥浆使用量的要求，泥浆的性能应符合相关技术指标的要求。

护壁泥浆主要是膨润土泥浆，其成分为膨润土、水和外加剂。其性能控制指标有泥浆比重、黏度、失水量、pH 值、胶体率、含砂率以及泥皮厚度等。

膨润土泥浆的通常配合比如表 6-1 所示。

表 6-1　泥浆配合比

成分	材料名称	配合比
主要材料	膨润土	8～10
悬溶液	水	100
增黏剂	Na-CMC（羧甲基纤维素钠）	0.1～0.3
分散剂	Na_2CO_3（纯碱）	0.3～0.4
加重剂	重晶石粉	必要时采用

泥浆性能控制指标及测试方法如表 6-2 所示。

表 6-2　泥浆性能控制指标及测试方法

泥浆性能	新配制		循环泥浆		废弃泥浆		测试方法
	黏性土	砂性土	黏性土	砂性土	黏性土	砂性土	
比重	1.04～1.05	1.06～1.08	<1.15	<1.25	>1.25	>1.35	比重计
黏度/s	20～24	25～30	<25	<35	>50	>60	漏斗黏度计
含砂率/%	<3	<4	<4	<7	>8	>11	洗砂瓶
pH 值	8～9	8～9	>8	>8	>14	>14	试纸
胶体率/%	>98	>98	—	—	—	—	量杯法
失水量/(mL/30min)	<10	<10	<20	<20	—	—	失水量仪
泥皮厚度/mm	<1	<1	<2.5	<2.5	—	—	

6.3.2.3 泥浆制备与处理

制备泥浆用搅拌机搅拌或离心泵重复循环搅拌，并用压缩空气助拌。制备泥浆的投料顺序一般为水、膨润土、Na-CMC、分散剂、其他外加剂。

泥浆经过多次使用，其性能会逐渐恶化，土砂的混入和泥浆中膨润土等成分减少使泥浆密度增加、黏度变大、失水量增加而泥皮变厚、泥皮性质松软。泥浆受钙离子等多价阳离子污染造成泥浆凝絮化，稳定性恶化，pH 值升高，失水量增加，泥皮劣化。

施工中对泥浆性能的调整，采取对循环过程中的泥浆添加水、增黏剂、分散剂和膨润土等不同材料。

泥浆的再生处理方法主要有机械处理和重力沉降处理，最好是两种方法组合使用。重力沉降处理是利用泥浆和土渣的密度差使土渣沉淀的方法。机械处理方法通常是使用振动筛和旋流器。从槽段中回收的泥浆经振动筛除去其中较大的土渣，进入沉淀池进行重力沉淀，再通过旋流器分离颗粒较小的土渣，若还达不到使用指标，再加入掺加物进行化学处理。

废弃泥浆需采用化学及机械方法进行泥水分离，水排走，泥可用填土。

6.3.3　成槽施工

成槽施工是地下连续墙施工中的重要环节，约占工期的一半，成槽精度又决定了墙体制作精度，所以是决定施工进度和质量的关键工序。地下连续墙通常是分段施工的，每一段称为一个槽段，一个槽段是一个混凝土浇筑单位。

6.3.3.1　槽壁稳定性分析

在成槽施工中，最重要的是保证槽壁在成槽过程中的稳定，减少成槽施工对周边环境的影响。影响槽壁稳定性的因素有：单元槽段的长度及长度与深度的比值（长深比）；护壁泥浆的配制及使用过程中的控制；成槽机械的选型；槽段外场地施工荷载；成槽时间的长短；单元槽段开挖及单元槽段内挖槽分段顺序。

泥浆对槽壁的支撑可借助于楔形土体滑动的假定所分析的结果进行计算。

地下连续墙在黏性土层内成槽。当槽内充满泥浆时，槽壁将受到泥浆的支撑护壁作用，此时泥浆使槽壁保持相对稳定。假定槽壁上部无荷载，且槽壁面垂直，其临界稳定槽深宜采用梅耶霍夫（G. G. Meyerhof）经验公式：

沟槽开挖临界深度：

$$H_{cr} = \frac{NC_u}{(\gamma' - \gamma'_1)K_0} \tag{6-1}$$

式中　H_{cr}——沟槽的临界深度，m；

C_u——黏性土的不排水抗剪强度，kPa；

K_0——静止土压力系数；

γ'——黏土的浮重度，kN/m³；

γ'_1——泥浆的有效重度，kN/m³；

N——条形深基础的承载力系数，矩形开挖槽壁为 $N = (1 + B/L)$；

B——槽壁的平面宽度，m；

L——槽壁的平面长度，m。

沟槽的倒塌安全系数，对于黏性土为：

$$K = \frac{NC_u}{P_{0m} - P_{1m}} \tag{6-2}$$

对于无黏性的砂土（黏聚力 $c = 0$），倒塌安全系数为：

$$K = \frac{2(\gamma - \gamma_1)^{1/2} \tan\varphi}{\gamma - \gamma_1} \tag{6-3}$$

式中　P_{0m}——沟槽开挖面外侧的土压力和水压力，MPa；

P_{1m}——沟槽开挖面内侧的泥浆压力，MPa；

γ——砂土的重度，N/mm³；

γ_1——泥浆的重度，N/mm³；

φ——砂土的内摩擦角，（°）。

6.3.3.2　槽壁稳定措施

为保持槽壁稳定，保证施工质量，应采取以下措施：

① 成槽施工前应进行成槽试验，检验泥浆的配比及成槽机选型的适宜性，并通过试验确定施工工艺及施工参数。

② 护壁泥浆除配制应符合要求外，在施工中应严格控制泥浆液面，成槽过程护壁泥浆液面应高于导墙底面500mm，液面下落时应及时补浆以防槽壁坍塌；同时应定期对泥浆指标进行检查测试，随时调整并做好质量检测记录。

③ 单元槽段宜采用间隔一个或多个槽段的跳幅施工顺序。每个单元槽段，挖槽分段不宜超过3个。

④ 尽量减少成槽时间，同时槽壁附近应尽量不堆放荷载。

6.3.3.3　成槽工法与设备

常用的成槽机械设备按其工作机理主要分为抓斗式、冲击式和回转式三大类，相应来说基本成槽工法也主要有三类：抓斗式成槽工法、冲击式钻进成槽工法、回转式钻进成槽工法。

以下主要介绍抓斗式成槽机、冲击钻机、液压铣槽机、多头钻成槽机。

（1）抓斗式成槽机

抓斗式成槽机已成为目前国内地下连续墙成槽的主力设备，如图6-13所示。使用抓斗成槽，可以单抓成槽，也可以多抓成槽，槽段幅长一般为3.8～7.2m。

(a) 外形　　　　　　　(b) 抓斗式成槽机成槽施工　　　　　　(c) 抓斗卸土

图6-13　液压抓斗成槽机

抓斗式成槽机挖槽能力强，施工高效，结构简单，易于操作维修，运转费用较低。其广泛应用在较软弱的冲积地层，如 $N<40$ 的黏性土、砂性土及砾卵石土等，大块石、漂石、基岩等不适用。成墙厚度一般在300～1500mm。

（2）冲击钻机

冲击式成槽采用冲击钻机钻进成槽，冲击钻机利用钢丝绳悬吊冲击钻头进行往复提升和下落运动，依靠其自身的重量反复冲击破碎岩石，然后带有活底的收渣筒将破碎下来的土渣石屑取出而成孔。一般先钻进主孔，后劈打副孔，主副孔相连成为一个槽孔。图 6-14 所示为冲击钻机成槽现场。

图 6-14　冲击钻机成槽现场照片

冲击式成槽适用于各种土、砂砾石、卵石、基岩（一般只用在岩石地层），特别适用于深厚漂石、孤石等复杂地层施工，在此类地层中其施工成本要远低于抓斗式成槽机和液压铣槽机。

其优点是施工设备简单，操作简便，设备价格低廉；缺点是效率低下，成槽质量较差。

（3）液压铣槽机

液压铣槽机属于水平双轴回转钻机，故又叫双轮铣槽机，如图 6-15 所示。根据动力源的不同，可分为电动和液压两种机型。液压铣槽机对地层适应性强，淤泥、砂、砾石、卵石、中等硬度岩石等均可掘削；施工效率高，掘进速度快，中等硬度的岩石能达 $1\sim2m^3/h$，一般沉积层可达 $20\sim40m^3/h$；成槽精度高，可使垂直度高达 $0.1\%\sim0.2\%$；成槽深度大，一般可达 60m，特制型号可达 150m；设备自动化程度高，运转灵活，操作方便。

(a) 液压铣槽机　　　　　　　　　　　　　　(b) 铣轮刀

图 6-15　液压铣槽机与铣轮刀

液压铣槽机价格昂贵、维护成本高；不适用于存在孤石、较大卵石等地层；对地层中的铁器掉落或原有地层中存在的钢筋等比较敏感。

液压铣槽机的工作原理（图6-16）：通过液压马达驱动下部两个切削轮转动从而对破碎地层进行水平切削，利用机架自身配置的泵吸反循环系统将钻掘出的土岩渣与泥浆混合物通过铣轮中间的吸砂口抽吸出排到地面专用除砂设备进行集中处理。

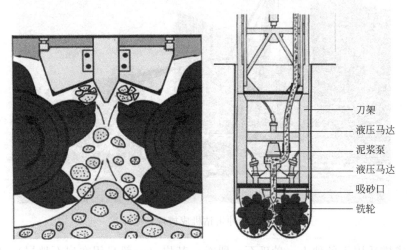

刀架
液压马达
泥浆泵
液压马达
吸砂口
铣轮

图6-16 液压铣槽机工作原理

（4）多头钻成槽机

多头钻成槽机如图6-17所示，适用于$N<30$的黏性土、砂性土等不太坚硬的细颗粒地层，深度可达40m左右。但不适用于卵石、漂石地层及有障碍物地层，更不能用于基岩。

其优点是施工时无振动无噪声，可连续进行挖槽和排渣，不需要反复提钻，施工效率高，机械化程度高，施工质量较好，垂直度可控制在1/200～1/300之间。但设备体积、自重大。

多头钻成槽机的工作原理：通过动力带动钻机下的多个钻头旋转，等钻速对称切削土层，用泵吸反循环的方式排渣。

6.3.4 钢筋笼制作与吊放

6.3.4.1 钢筋笼制作

根据地下连续墙墙体配筋和单元槽段的划分来制作钢筋笼，按单元槽段做成整体。若地下连续墙很深，或受起吊设备能力的限制，须分段制作，在吊放时再连接，则接头宜用绑条焊接。

钢筋笼端部与接头管或混凝土接头面间应有150～200mm的空隙。主筋保护层厚度为70～80mm，保护层垫块厚50mm，一般用薄钢板制作垫块，焊于钢筋笼上，垫块在垂直方向上的间距宜取3～5m，在水平方向上宜每层设置2～3块。

图6-17 多头钻成槽机

制作钢筋笼时要预先确定浇筑混凝土用导管的位置，由于这部分空间要求上下贯通，周围须增设箍筋和连接筋加固。为避免横向钢筋阻碍导管插入，纵向主筋放在内侧，横向钢筋放在外侧，如图 6-18 所示。纵向钢筋的底端距离槽底面 100~200mm。纵向钢筋底端应稍向内弯折，防止吊放钢筋笼时擦伤槽壁。

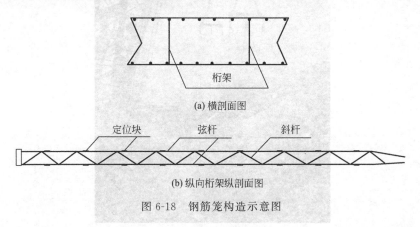

(a) 横剖面图

(b) 纵向桁架纵剖面图

图 6-18 钢筋笼构造示意图

钢筋笼制作时，纵向受力钢筋的接头不宜设置在受力较大处。同一连接区段内，纵向受力钢筋的连接方式和连接接头面积百分率应符合现行国家标准《混凝土结构设计规范》(GB 50010) 对板类构件的规定。

6.3.4.2 钢筋笼吊放

钢筋笼吊装前应根据钢筋笼的重量选择主、副吊设备，进行吊点布置，在吊点处设置纵横向起吊桁架。桁架主筋宜采用 HRB400 级钢筋，钢筋直径不宜小于 20mm，且应满足吊装和沉放过程中钢筋笼的整体性及钢筋笼骨架不产生塑性变形的要求。

钢筋笼应采用横吊梁或吊架起吊（图 6-19）。起吊时钢筋笼下端不能在地面拖行。如起吊过程中连接点出现位移、松动或开焊时，钢筋笼不得入槽，应重新制作或修整完好。如钢筋笼不能顺利入槽，应重新吊出，在查明原因并处理后再吊装，不得强行插放。

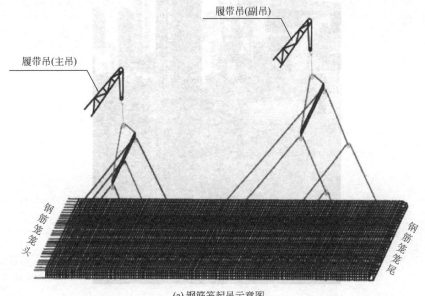

(a) 钢筋笼起吊示意图

图 6-19

(b) 钢筋笼起吊现场照片

图 6-19　钢筋笼起吊示意图与照片

6.3.5　接头施工

在单元槽段成槽施工后，用起吊设备在该槽段的两端吊放接头管，然后吊装钢筋笼，如图 6-19 所示。槽段接头应满足混凝土浇筑压力对其强度和刚度的要求。安放槽段接头时，

图 6-20　钢筋笼入槽

应紧贴槽段垂直缓慢沉放至槽底，遇到阻碍时应先清除，然后入槽。

在浇筑混凝土时，两端的接头管相当于模板，将刚浇筑的混凝土与还未开挖的二期槽段的土体隔开。待新浇筑混凝土开始初凝时，用机械拔出接头管，这样在未开挖槽段与已浇筑墙体之间就留下一个圆形孔，已浇筑的墙段两端就是内凹半圆形端头。

二期槽段施工时，与其两端相邻的一期槽段混凝土已经结硬，只需开挖二期槽段内的土方。当二期槽段完成土方开挖后，在浇筑相邻槽段混凝土时，应在吊放地下连续墙钢筋笼前，对一期槽段已浇筑的混凝土半圆形端头表面进行处理，将附着的水泥浆与稳定液混合而成的胶凝物除去。在接头处理后，即可进行二期槽段钢筋笼吊放和混凝土的浇筑，这样，相邻槽段内新浇筑成形的外凸半圆形端头与之前的内凹半圆形端头相互嵌接，形成整体，否则接头处止水性就很差。胶凝物的铲除须采用专门设备，例如刷壁器（图 6-21）、刮刀等工具。

(a) 刷壁　　　　　　　　　　　　　　　　　(b) 刷壁器

图 6-21　刷壁器刷壁

6.3.6　混凝土浇筑

现浇地下连续墙应采用导管法浇筑混凝土，如图 6-22 所示。导管拼接时，其接缝应密闭，并进行气密性试验。混凝土浇筑时，导管内应预先设置隔水栓。

图 6-22　导管法浇筑混凝土

槽段长度不大于 6m 时，混凝土宜采用两根导管同时浇筑；槽段长度大于 6m 时，混凝土宜采用三根导管同时浇筑。每根导管分担的浇筑面积应基本均等。钢筋笼就位后应及时浇筑混凝土。混凝土浇筑过程中，导管埋入混凝土面的深度宜在 2.0～4.0m 之间，浇筑液面的上升速度不宜小于 3m/h。混凝土浇筑面宜高于地下连续墙设计顶面 500mm。

地下连续墙的质量检测应符合下列规定：

① 应进行槽壁垂直度检测。检测仪器可以采用超声波钻孔侧壁检测仪，如图 6-23 所示，检测数量不得少于同条件下总槽段数的 20%，且不应少于 10 幅；当地下连续墙作为主体地下结构构件时，应对每个槽段进行槽壁垂直度检测。

图 6-23　超声波钻孔侧壁检测仪检测槽壁垂直度

② 应进行槽底沉渣厚度检测。当地下连续墙作为主体地下结构构件时，应对每个槽段进行槽底沉渣厚度检测。

③ 应采用声波透射法对墙体混凝土质量进行检测。检测墙段数量不宜少于同条件下总墙段数的 20%，且不得少于 3 幅，每个检测墙段的预埋超声波管数不应少于 4 个，且宜布置在墙身截面的四边中点处。

④ 当根据声波透射法判定的墙身质量不合格时，应采用钻芯法进行验证。

⑤ 地下连续墙作为主体地下结构构件时，其质量检测尚应符合相关标准的要求。

思考题与习题

1. 简述地下连续墙的特点和适用条件。
2. 简述地下连续墙的分类和结构形式。
3. 如何确定地下连续墙的墙厚、槽段宽度和入土深度？
4. 简述地下连续墙的构造设计要点。
5. 简述地下连续墙施工接头的分类和特点。
6. 简述地下连续墙的施工工艺流程。
7. 地下连续墙可以采用哪些设备成槽？
8. 简述导墙的作用。
9. 简述泥浆的作用。

第7章 重力式水泥土墙

某项目位于温州市苍南县，建筑占地面积 $30797.7m^2$，总建筑面积为 $226269m^2$，地下室总建筑面积 $40010m^2$。该工程包括 12 栋 17～28 层高层建筑、35 栋 3 层别墅、1 栋 3 层商业用房及配套设施。建筑拟采用框剪结构和框架结构，钻孔灌注桩基础。基坑开挖深度 5.2m。

北侧为已建道路，道路边线紧靠用地红线，用地红线距离基坑边线 34.5m；东侧为规划住宅区域，现为空地；西侧为待建道路，现为农田；南侧为待建道路，现为空地。东侧、南侧围护结构已经施工完成，目前进行地下室结构的施工，本次围护设计主要范围是北侧和西侧。

依据地勘报告，勘探深度范围内自上而下地层有素填土、黏土、淤泥、淤泥质黏土、卵石、黏土等 10 个工程地质层。开挖影响范围内的土层性质如表 7-1 所示。

表 7-1　开挖影响范围内各土层的岩土参数

层号	土层	平均厚度/m	含水量 $W/\%$	重度 $\gamma/(kN/m^3)$	黏聚力 c/kPa	内摩擦角 $\varphi/(°)$
①	素填土	0.5		17.5	5.0	8.0
②	黏土	1.2	34.2	18.19	32.1	12.1
③	淤泥	64.1	77.0	15.75	14.4	5.8

注：素填土岩土参数取经验值。

根据勘察资料，地下水位一般为 0.0～1.6m（从现在地面起算），年变幅一般在 0.5～1.0m 左右。地下水对桩基础施工一般无影响，对地基基础施工影响作用较小，如需要可用简易排水设施进行排水。

根据该工程地下室基坑的特点，采用如下基坑围护方案：基坑地下室部分挖深 5.2m，围护采用 4.2m 宽、φ700@500 重力式水泥土墙进行支护；基坑靠近主楼部分挖深 6.0m，采用 φ600@800 钻孔灌注桩结合 2 道可回收式扩孔锚杆进行支护；部分电梯井筏板紧邻围护结构，在该区域沿电梯井布置 φ600@800 钻孔桩悬臂支护；转角位置设置一道钢筋混凝土支撑；坑底采用多排 φ700@500 水泥土搅拌桩加固。电梯井等坑中坑位置采用重力式水泥土墙支护施工。采用重力式水泥土墙支护典型剖面图如图 7-1 所示。

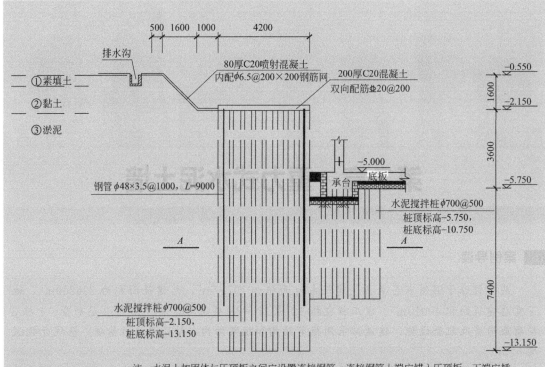

注：水泥土加固体与压顶板之间应设置连接钢筋，连接钢筋上端应锚入压顶板，下端应插入水泥土加固体中1～2m，间隔梅花形布置。

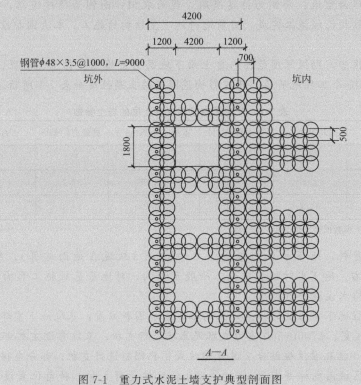

图 7-1　重力式水泥土墙支护典型剖面图

讨论

上述案例中提到了重力式水泥土墙围护结构，什么是重力式水泥土墙？

重力式水泥土墙（gravity cement-soil wall）是指由水泥土桩相互搭接成格栅或实体的重力式支护结构，水泥土搅拌桩是指利用一种特殊的搅拌头或钻头，在地基中钻进至一定深度后，喷出固化剂，使其沿着钻孔深度与地基土强行拌合而形成的加固土桩体，如图 7-2 所示。水泥土搅拌桩既可以单独作为一种支护形式使用，也可以与混凝土灌注桩、预制桩、钢板桩等相结合，形成组合式支护结构，同时还可以作为其他支护结构的止水帷幕。

图 7-2　重力式水泥土墙

重力式水泥土墙是一种无支撑自立式挡土墙，依靠墙体自重、墙底摩阻力和墙前基坑开挖面以下土体的被动土压力稳定墙体，以满足围护墙的整体稳定、抗倾覆稳定、抗滑移稳定和控制墙体变形等要求。其变形主要表现为墙体水平平移、墙顶前倾、墙底前滑以及几种变形的叠加。与此相对应，水泥土墙的破坏模式主要有以下几种：

① 由于墙体入土深度不够，或由于墙底土体软弱，抗剪强度不足等，导致墙体及附近土体整体滑移破坏，基底土体隆起，如图 7-3（a）所示。

② 由于墙体后侧挤土施工、基坑边堆载、重型施工机械作业等引起墙后土压力增加，或者由于墙体抗倾覆稳定性不够，导致墙体倾覆，如图 7-3（b）所示。

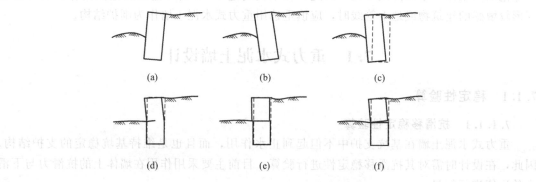

图 7-3　重力式水泥土墙的破坏模式

③ 由于墙前被动区土体强度较低，设计抗滑稳定性不够，导致墙体变形过大或整体刚性移动，如图 7-3(c) 所示。

④ 当设计墙体抗压强度、抗剪强度或抗拉强度不够，或者由于施工质量达不到设计要求时，导致墙体压、剪或拉等破坏，如图 7-3(d)～(f) 所示。

与其他支护方式相比，重力式水泥土墙具有以下优点：

① 施工操作简单，成桩工期较短，造价较低，且施工时无振动，无噪声，无泥浆废水污染；

② 基坑开挖时一般不需要支撑拉锚；

③ 因墙体隔水防渗性能良好，坑外不需要设井点降水，基坑内外可以有水位差，且坑内干燥整洁，空间宽敞，方便后期主体结构施工。

然而，由于重力式水泥土墙是一种重力式挡土结构，且受施工工艺的限制，在实际基坑工程中应用时常需要考虑以下因素。

（1）土质条件

重力式水泥土墙适用于正常固结的淤泥、淤泥质土、素填土、黏性土、粉土、粉细砂、中粗砂、饱和黄土等土层；不适用于含大孤石或障碍物较多且不易清除的杂填土、欠固结的淤泥和淤泥质土、硬塑及坚硬的黏性土、密实的砂类土，以及地下水渗流影响成墙质量的土层。当地基土的天然含水量小于 30％（黄土含水量小于 25％）时不宜采用粉体搅拌法。冬期施工时，应考虑负温对成墙质量的影响。重力式水泥土墙用于泥炭土、有机质土、pH 值小于 4 的酸性土、塑性指数大于 25 的黏土，或在腐蚀性环境中以及无工程经验的地区使用时，必须通过现场和室内试验确定其适用性。

（2）基坑开挖深度

根据国内现有设备，目前重力式水泥土墙最大支挡高度约 9m，个别工程达到 14m，而常用的支挡高度为 4～7m。一般情况下，当采用湿法施工时，开挖深度不宜超过 7m；当采用干法施工时，开挖深度不宜超过 5m。

此外，由于重力式水泥土墙侧向位移控制能力在很大程度上取决于桩身的搅拌均匀性和强度指标，相比其他基坑围护结构来说，位移控制能力较弱。因此，在基坑周边环境保护要求较高的情况下，采用重力式水泥土墙时，基坑开挖深度一般控制在 5m 范围内。

（3）环境条件

一方面，受重力式水泥土墙的施工工艺限制，在施工中注浆压力的作用可能使得周边土体产生一定的隆起或者侧移；另一方面，基坑开挖阶段围护墙体水平位移较大，会使基坑外一定范围内土体产生沉降或变位。因此，在基坑周边 1～2 倍开挖深度范围内存在对沉降和变形较敏感的建筑物或地下管线时，应慎重选用重力式水泥土墙作为围护结构。

7.1　重力式水泥土墙设计

7.1.1　稳定性验算

7.1.1.1　抗滑移稳定性验算

重力式水泥土墙在基坑支护中不但起到止水作用，而且也是维持基坑稳定的支护结构，因此，在设计时需对其抗滑移稳定性进行验算。目前主要采用作用在墙体上的抗滑力与下滑力的比值进行衡量。

抗滑移稳定性验算如图 7-4 所示，且应符合下式规定：

$$\frac{E_{pk} + (G - u_m B)\tan\varphi + cB}{E_{ak}} \geqslant K_{sl} \tag{7-1}$$

式中　K_{sl}——抗滑移安全系数，其值不应小于 1.2；

E_{ak}、E_{pk}——重力式水泥土墙上的主动土压力、被动土压力标准值，kN/m；

　　G——重力式水泥土墙的自重，kN/m；

　　u_m——重力式水泥土墙底面上的水压力，kPa，重力式水泥土墙底位于含水层时，可

取 $u_m = \dfrac{\gamma_w (h_{wa} + h_{wp})}{2}$，在地下水位以上时，取 $u_m = 0$；

　　c——重力式水泥土墙底面下土层的黏聚力，kPa；

　　φ——重力式水泥土墙底面下土层的内摩擦角，(°)；

　　B——重力式水泥土墙的底面宽度，m；

　　γ_w——地下水重度，kN/m³；

　　h_{wa}——基坑外侧水泥土墙底处的压力水头，m；

　　h_{wp}——基坑内侧水泥土墙底处的压力水头，m。

7.1.1.2　抗倾覆稳定性验算

重力式水泥土墙抗倾覆稳定性计算，其本质就是假定墙体刚好绕基坑内侧墙角进行转动时，抗倾覆弯矩与倾覆弯矩的比值，如图 7-5 所示，应符合下式规定：

$$\frac{E_{pk}a_p + (G - u_m B)a_G}{E_{ak}a_a} \geqslant k_{ov} \tag{7-2}$$

式中　k_{ov}——抗倾覆安全系数，其值不应小于 1.3；

　　a_a——重力式水泥土墙外侧主动土压力合力作用点至墙趾的竖向距离，m；

　　a_p——重力式水泥土墙内侧被动土压力合力作用点至墙趾的竖向距离，m；

　　a_G——重力式水泥土墙自重与墙底水平合力作用点至墙趾的水平距离，m。

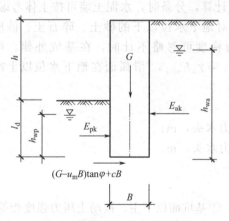 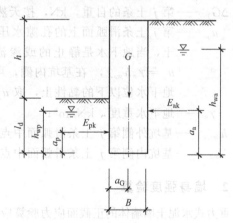

图 7-4　抗滑移稳定性验算简图　　　　　图 7-5　抗倾覆稳定性验算简图

7.1.1.3　整体稳定性验算

采用圆弧滑动条分法进行验算时，当墙底以下存在软弱下卧土层时，稳定性验算的滑动面中应包括由圆弧与软弱土层层面组成的复合滑动面。当采用圆弧滑动面时，如图 7-6 所示，其稳定性应符合下列规定：

$$\min\{K_{s,1}, K_{s,2}, \cdots, K_{s,i}, \cdots\} \geqslant K_s \tag{7-3}$$

$$K_{s,i} = \frac{\sum\{c_j l_j + [(q_j b_j + \Delta G_j)\cos\theta_j - u_j l_j]\tan\varphi_j\}}{\sum(q_j b_j + \Delta G_j)\sin\theta_j} \tag{7-4}$$

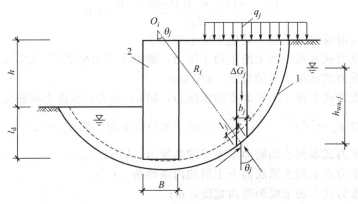

图 7-6　整体滑动稳定性验算

式中　K_s——圆弧滑动稳定安全系数，其值不应小于 1.3；

　　　$K_{s,i}$——第 i 个圆弧滑动体的抗滑力矩与滑动力矩的比值，抗滑力矩与滑动力矩之比的最小值宜通过搜索不同圆心及半径的所有潜在滑动圆弧确定；

　　　c_j——第 j 土条滑弧面处土的黏聚力，kPa；

　　　φ_j——第 j 土条滑弧面处土的内摩擦角，(°)；

　　　b_j——第 j 土条的宽度，m；

　　　θ_j——第 j 土条滑弧面中点处的法线与垂直面的夹角，(°)；

　　　l_j——第 j 土条的滑弧长度，m，取 $l_j = \dfrac{b_j}{\cos\theta_j}$；

　　　q_j——第 j 土条上的附加分布荷载标准值，kPa；

　　　ΔG_j——第 j 土条的自重，kN，按天然重度计算，分条时，水泥土墙可按土体考虑；

　　　u_j——第 j 土条滑弧面上的孔隙水压力，对地下水位以下的砂土、碎石土、砂质粉土，当地下水是静止的或渗流水力梯度可忽略不计时，在基坑外侧，可取 $u_j = \gamma_w h_{wa,j}$，在基坑内侧，可取 $u_j = \gamma_w h_{wp,j}$，滑弧面在地下水位以上或对地下水位以下的黏性土，取 $u_j = 0$；

　　　γ_w——地下水重度，kN/m³；

　　　$h_{wa,j}$——基坑外侧第 j 土条滑弧面中点的压力水头，m；

　　　$h_{wp,j}$——基坑内侧第 j 土条滑弧面中点的压力水头，m。

7.1.2　墙身强度验算

重力式水泥土墙墙体的正截面应力验算应包含：①基坑面以下主、被动土压力强度相等处；②基坑底面处；③重力式水泥土墙的截面突变处。拉应力、压应力和剪应力应符合下列规定：

拉应力

$$\frac{6M_i}{B^2} - \gamma_{cs} z \leqslant 0.15 f_{cs} \tag{7-5}$$

压应力

$$\gamma_0 \gamma_F \gamma_{cs} z + \frac{6M_i}{B^2} \leqslant f_{cs} \tag{7-6}$$

剪应力

$$\frac{E_{aki} - \mu G_i - E_{pki}}{B} \leqslant \frac{1}{6} f_{cs} \tag{7-7}$$

式中　M_i——重力式水泥土墙验算截面的弯矩设计值，kN·m/m；

　　　B——验算截面处重力式水泥土墙的宽度，m；

　　　γ_{cs}——重力式水泥土墙的重度，kN/m³；

　　　z——验算截面至重力式水泥土墙顶的垂直距离，m；

　　　f_{cs}——重力式水泥土开挖龄期时的轴心抗压强度设计值，应根据现场试验或工程经验确定，kPa；

　　　γ_F——荷载综合分项系数，支护结构构件按承载能力极限状态设计时，作用基本组合的综合分项系数不应小于 1.25；

　　　E_{aki}——验算截面以上的主动土压力标准值，kN/m；

　　　E_{pki}——验算截面以上的被动土压力标准值，验算截面在坑底以上时，取 $E_{pki}=0$，kN/m；

　　　G_i——验算截面以上的墙体自重，kN/m；

　　　μ——墙体材料的抗剪断系数，取 0.4～0.5；

　　　γ_0——支护结构重要性系数，对安全等级为一级、二级、三级的支护结构，其结构重要性系数分别不应小于 1.1、1.0 和 0.9。

7.2　重力式水泥土墙构造

7.2.1　平面布置要求

重力式水泥土墙宜采用水泥土搅拌桩相互搭接成格栅状的结构形式，也可采用水泥土搅拌桩相互搭接成实体的结构形式，搅拌桩的施工工艺宜采用喷浆搅拌法。采用格栅形式能够有效降低成本，缩短工期，格栅形布置的水泥土墙（图 7-7）应保证墙体的整体性，设计时一般按土的置换率控制，即水泥土面积与水泥土墙的总面积的比值，对淤泥质土，格栅的面积置换率不宜小于 0.7；对淤泥，不宜小于 0.8；对一般黏性土、砂土，不宜小于 0.6。同时，要求格栅的格子长宽比不宜大于 2。每个格栅内的土体面积应符合下式要求：

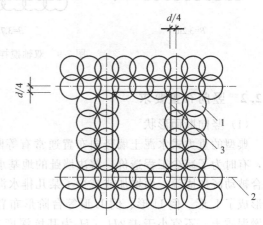

图 7-7　格栅式水泥土墙
1—水泥土桩；2—水泥土桩中心线；3—计算周长

$$A \leqslant \delta \frac{cu}{\gamma_m}$$

式中　A——格栅内的土体面积，m²；

　　　δ——计算系数，对黏性土取 $\delta=0.5$，对砂土、粉土取 $\delta=0.7$；

　　　c——格栅内土的黏聚力，kPa；

　　　u——计算周长，m；

　　　γ_m——格栅内土的天然重度，kN/m³，对多层土，取重力式水泥土墙深度范围内各层土按厚度加权的平均天然重度。

搅拌桩重力式水泥土墙靠桩与桩的搭接形成整体，桩施工应保证垂直度偏差要求，以满足搭接宽度要求。桩的搭接宽度不小于 150mm（最低要求）。当搅拌桩较长时，应考虑施工时垂直度偏差问题，增加设计搭接宽度。双轴水泥土搅拌桩单桩断面 $\phi700@500$，双头搭接 200mm，如图 7-8 所示，格栅长度 a 不宜大于 2400mm，宽度 b 不宜大于 1200mm，其中 a、

b 分别指图 7-7 中计算周长所对应图形的长、宽，且应通过强度计算，满足格栅材料强度要求。双轴水泥土搅拌桩施工时应连续施工，避免出现冷缝。墙体宽度大于等于 3.2m 时，前后墙厚度不宜小于 1.2m。

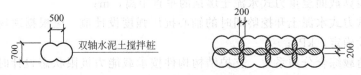

图 7-8 双轴水泥土搅拌桩搭接形式

根据水泥土桩施工设备的不同，其平面布置稍有差别，当采用双轴搅拌桩时，平面布置形式如图 7-9 所示。

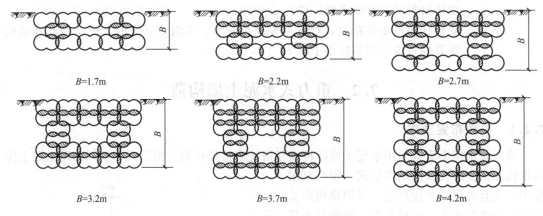

图 7-9 双轴搅拌桩平面布置图

7.2.2 竖向布置要求

（1）竖向断面形状

典型的重力式水泥土墙竖向布置通常有等断面布置和台阶形布置等形式，如图 7-10 所示，有时为了减少工程造价、解决墙趾的地基承载力问题、提升重力式水泥土墙的稳定性或结合被动区加固等，而增加或减少了某几排水泥搅拌桩的长度，使重力式水泥土墙的竖向布置形成了 L 形、倒 U 形、倒 L 形等台阶形布置形式。另外，重力式水泥土墙的嵌固深度，对淤泥质土，不宜小于 1.2H（H 为基坑深度），对淤泥，不宜小于 1.3H；重力式水泥土墙的宽度，对淤泥质土，不宜小于 0.7H，对淤泥，不宜小于 0.8H。

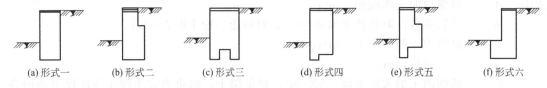

(a)形式一　(b)形式二　(c)形式三　(d)形式四　(e)形式五　(f)形式六

图 7-10 搅拌桩支护结构的几种竖向布置形式

（2）插筋及面板

水泥土墙顶面宜设置混凝土连接面板，面板厚度不宜小于 150mm，常用的厚度为 150～200mm，采用双向配筋，混凝土强度等级不宜低于 C15，且应扩展至顶部一定的距离，与施工道路相连，防止地面水渗流至墙体后侧。为了加强整体性，减少变形，水泥土墙顶需设置钢筋混凝土面板，设置面板不但便于后期施工，同时可防止因雨水从墙顶渗入水泥土格栅。另外，在水泥土墙顶部需进行插筋，如图 7-11 所示，做法一适用于开挖深度小于 4m 的基坑，做法二适用于开挖深度 4～5m 的基坑，做法三适用于开挖深度大于 5m 的基坑。插筋选用详见表 7-2，钢管材料宜选用 Q235B，钢筋宜选用 HPB300。插入深度 D 应通过稳定性计算确定；墙体宽度 B 不宜小于 0.7～0.8 倍的开挖深度 H。

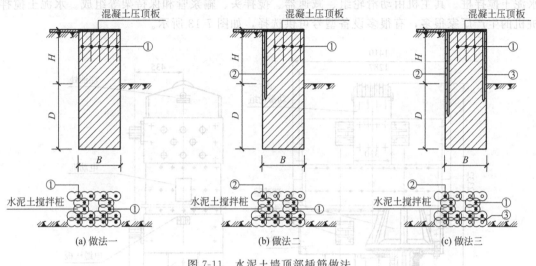

(a) 做法一　　　　　　(b) 做法二　　　　　　(c) 做法三

图 7-11　水泥土墙顶部插筋做法

表 7-2　顶部插筋

编号	材料	规格/mm	长度/m
①	钢筋	$\phi10\sim\phi20$	1.0～2.0
②	钢管	$\phi48\times(3.0\sim3.5)$	$H+2.0$
③	钢管	$\phi48\times3.5$	$H+1.0$

当需要增强墙体的抗拉性能时，可在水泥土桩内插入杆筋，杆筋可采用钢筋、钢管或毛竹，杆筋的插入深度宜大于基坑深度，杆筋应锚入面板内。另外，水泥土墙体的 28d 无侧限抗压强度不宜小于 0.8MPa，水泥土标准养护龄期为 90d，基坑工程一般不可能等到 90d 养护龄期后再开挖，故设计时以龄期 28d 无侧限抗压强度为标准。一些试验资料表明，一般情况下，水泥土强度随龄期的增长规律为：7d 的强度可达标准强度的 30%～50%，30d 的强度可达到标准强度的 60%～75%，90d 的强度为 180d 强度的 80% 左右，180d 以后水泥土强度仍在增长。水泥强度等级也影响水泥土强度，一般水泥强度等级每提高一级，水泥土的标准强度可提高 20%～30%。

7.3　重力式水泥土墙施工与检测

水泥土墙主要的组成构件是水泥土桩，它是水泥土搅拌桩的某种排列组合。水泥土桩有两种，分别是采用水泥土搅拌法（cement deep mixing）形成的搅拌桩和高压喷射注浆法（jet grouting）形成的旋喷桩。由于造价问题，搅拌桩应用较多，在其难以施工的地层使用旋喷桩。水泥土搅拌桩的施工方法分为喷浆和喷粉两种。目前常用的施工机械包括：单轴水泥土搅拌机、双轴水泥土搅拌机、三轴水泥土搅拌机。高压喷射注浆法是指将固化剂形成高压喷射流，借助高压喷射流的切削和混合，使固化剂和土体混合，达到加固土体的目的。高压喷射注浆有单管、双重管和三重管法等。

7.3.1　重力式水泥土墙施工机械

图 7-12 为 SJBF45 型双轴水泥土搅拌机。该机每施工一次可产生一幅双联"8"字形的水泥土搅拌桩。其主机由动滑轮组、减速器、搅拌头、输浆管和保持架等组成。水泥土搅拌桩机的生产厂家很多，有很多设备型号可供选择，如图 7-13 所示。

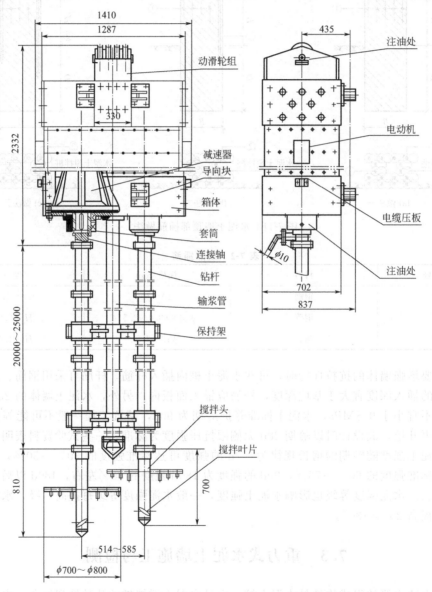

图 7-12　SJBF45 型双轴水泥土搅拌机

旋喷桩是利用钻机将旋喷注浆管及喷头钻置于桩底设计高程，将预先配制好的浆液通过高压发生装置使液流获得巨大能量后，从注浆管边的喷嘴中高速喷射出来，形成一股能量高

图 7-13　各种水泥土搅拌桩机

度集中的液流，直接破坏土体。喷射过程中，钻杆边旋转边提升，使浆液与土体充分搅拌混合，在土中形成一定直径的柱状固结体，从而使地基得到加固，如图 7-14 所示。施工中一般分为两个工作流程，即先钻后喷，再下钻喷射，然后提升搅拌，保证每米桩浆土比例和质量。如图 7-15 所示为高压旋喷桩机。

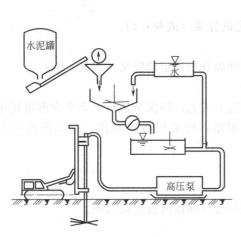

图 7-14　高压喷射示意图

图 7-15　高压旋喷桩机

7.3.2　重力式水泥土墙施工工艺

　　水泥土搅拌桩的施工工艺分为：浆液搅拌法，简称湿法，一般以水泥浆作为固化剂的主剂，通过搅拌头强制将软土和水泥浆拌合在一起；粉体搅拌法，简称干法。可采用单轴、双轴、多轴搅拌或连续成槽搅拌形成柱状、壁状、格栅状或块状水泥土加固体。由于施工须把搅拌桩搭接从而形成水泥土墙，所以在基坑水泥土墙施工中，多轴搅拌机用得较多。

正式施工搅拌桩前，应进行现场采集土样的室内水泥土配比试验，当场地存在成层土时应取得各层土样，如果条件不允许，至少应取得最软弱层土样。通过室内水泥配比试验，测定水泥土试块不同龄期、不同水泥掺入量、不同外加剂的抗压强度，为深层搅拌施工寻求满足设计要求的最佳水灰比、水泥掺入量以及外加剂品种、掺量。利用室内水泥土配比试验结果进行现场成桩试验，以确定满足设计要求的施工工艺和施工参数。增强体的水泥掺量不应小于12%，块状加固时水泥掺量不应小于加固天然土质量的7%；湿法的水泥浆水灰比可取0.5～0.6。

水泥土搅拌桩施工前，应根据设计进行工艺性试桩，数量不得少于3根，多轴搅拌施工不得少于3组。应对工艺试桩的质量进行检验，确定施工参数。水泥土搅拌桩现场施工前应予以平整，清除地上和地下的障碍物，深层搅拌法的施工工艺流程如图7-16所示。

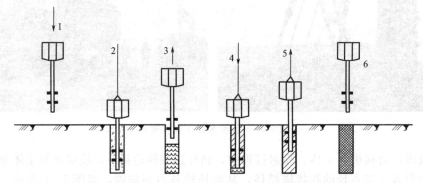

图 7-16　深层搅拌法的施工工艺流程图
1—定位下沉；2—喷浆搅拌；3—搅拌上升；4—重复搅拌下沉；5—重复搅拌上升；6—施工完成

第一步：搅拌机械就位、调平；

第二步：预搅下沉至设计加固深度；

第三步：边喷浆（或粉），边搅拌提升直至预定的停浆（或灰）面；

第四步：重复搅拌下沉至设计加固深度；

第五步：根据设计要求，喷浆（或粉）或仅搅拌提升至预定的停浆（或灰）面；

第六步：关闭搅拌机械、移位并重复上述步骤。

在预（复）搅下沉时，也可采用喷浆（粉）的施工工艺，确保全桩长上下至少再重复搅拌一次。对地基土进行干法咬合加固时，如复搅困难，可采用慢速搅拌，保证搅拌的均匀性。

7.3.3　重力式水泥土墙施工后检测

施工质量可通过施工记录、强度试验和轻便触探进行间接或直接的判断。

（1）成桩施工期的质量检查

包括原材料质量、力学性能、掺入比的检查等。成桩时逐根检查桩位、桩直径、桩底标高、桩顶标高、桩身垂直度、喷浆提升速度、外掺剂掺量、喷浆均匀程度、搭接长度及搭接施工的间歇时间等。

（2）施工记录

施工记录是现场隐蔽工程的实录，反映施工工艺执行情况和施工中发生的各种问题。施工记录应详尽、如实进行并由专人负责。与施工前预定的施工工艺进行对照，可以判断使用操作是否符合要求。对施工中发生的如停电、机械故障、断浆等问题通过分析记录，可判断事故处理是否得当。

（3）强度检验

在严格按照预定施工工艺的前提下，质量控制的关键是桩身的强度能否达到预期要求。因此，要求在施工后一周内进行开挖检查或采取钻孔取芯等手段检查成桩质量，若强度不符合要求，应及时对其参数进行调整。

水泥土墙的设计开挖龄期应采用钻孔取芯法检测墙身完整性，钻芯数量不宜少于总桩数量的 1%，且不应少于 6 根；根据设计要求取样进行单轴抗压强度试验，芯样直径不应小于 80mm。

（4）基坑开挖期的检测

观察桩体软硬、墙面平整度和桩体搭接及渗漏情况，如不符合设计要求，应采取必要的补救措施。应采用开挖方法检测水泥土搅拌桩的直径、搭接宽度、位置偏差。

7.3.4　注意事项

严格控制下沉及提升速度。一般预搅下沉的速度应控制在 0.8m/min，喷浆提升速度不宜大于 0.5m/min，重复搅拌升降可控制在 0.5～0.8m/min。严格控制喷浆速度与喷浆提升（或下沉）速度的关系，确保水泥浆沿全周长均匀分布，并保证在提升开始时同时注浆，在提升至桩顶时，该桩全部浆液喷注完毕。控制好喷浆速度与提升（下沉）速度的关系是十分重要的，喷浆和搅拌提升速度的误差不得大于 ±0.1m/min。对水泥掺入比较大，或桩顶加大掺量的水泥土搅拌桩施工，可采用"二次喷浆、三次搅拌"工艺。

7.3.4.1　湿法施工注意事项

施工前，应确定灰浆泵输浆量、灰浆经输浆管到达搅拌机喷浆口的时间和起吊设备提升速度等施工参数，并应根据设计要求，通过工艺性成桩试验确定施工工艺；施工中所使用的水泥应过筛，制备好的浆液不得离析，泵送浆应连续进行。拌制水泥浆液的罐数、水泥和外掺剂用量以及泵送浆液的时间应记录；喷浆量及搅拌深度应采用经国家计量部门认证的监测仪器进行自动记录；搅拌机喷浆提升的速度和次数应符合施工工艺要求，并设专人进行记录；当水泥浆液到达出浆口后，应喷浆搅拌 30s，在水泥浆与桩端土充分搅拌后，再开始提升搅拌头；搅拌机预搅下沉时，不宜冲水，当遇到硬土层下沉太慢时，可适量冲水；施工过程中，如因故停浆，应将搅拌头下沉至停浆点以下 0.5m 处，待恢复供浆时，再喷浆搅拌提升；若停机超过 3h，宜先拆卸输浆管路，并妥加清洗；壁状加固时，相邻桩的施工时间间隔不宜超过 12h。

7.3.4.2　干法施工注意事项

喷粉施工前，应检查搅拌机械、供粉泵、送气（粉）管路、接头和阀门的密封性、可靠性，送气（粉）管路的长度不宜大于 60m；搅拌头每旋转一周，提升高度不得超过 15mm；搅拌头的直径应定期复核检查，其磨耗量不得大于 10mm；当搅拌头到达设计桩底以上 1.5m 时，应开启喷粉机提前进行喷粉作业；当搅拌头提升至地面下 500mm 时，喷粉机应停止喷粉；成桩过程中，因故停止喷粉，应将搅拌头下沉至停灰面以下 1m 处，待恢复喷粉时，再喷粉搅拌提升。

思考题与习题

1. 重力式水泥土墙的破坏模式主要有哪几种？

2. 简述重力式水泥土墙的优点。

3. 水泥土墙平面布置要求有哪些？

4. 水泥土墙竖向布置形式有哪些？

5. 水泥土墙插筋的做法有几种？

6. 简述水泥土墙的施工工艺。

7. 水泥土墙需要检测哪些内容？

第8章　型钢水泥土搅拌墙

案例导读

　　某大厦由主楼、裙楼组成。主楼地上22层、地下2层，裙楼地上4层、地下2层，总面积34000m²，高81.0m，基础采用钢筋混凝土预制桩。地下室周长210.0m，地下室底板埋深为天然地面下6.7m，桩基独立承台埋深为天然地面下6.7m，即地下室基坑开挖深度为6.7m，局部为8.0～8.7m。基坑平面开挖图、地质情况见图8-1，土工参数如表8-1所示。

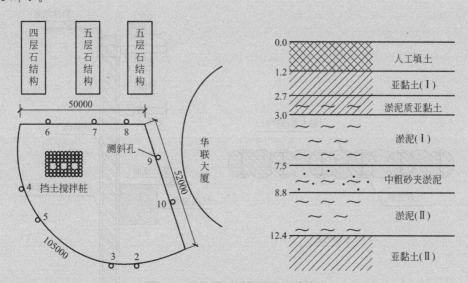

图 8-1　基坑平面开挖图及地质情况

表 8-1　土工参数

土层	含水量 /%	重度 /(kN/m³)	孔隙比	黏聚力 c /kPa	内摩擦角 φ/(°)	压缩模量 /MPa	抗剪强度 /kPa
人工填土							
亚黏土（Ⅰ）	31	19.5	0.768	31.3	21.2	4.53	140～160

续表

土层	含水量/%	重度/(kN/m³)	孔隙比	黏聚力 c/kPa	内摩擦角 φ/(°)	压缩模量/MPa	抗剪强度/kPa
淤泥质亚黏土		17.0		13.0	13.0		80～90
淤泥(Ⅰ)	62.28	15.0	1.866	12.6	12.6	0.902	60～65
中粗砂夹淤泥		18.5		30	30	5.0	120～140
淤泥(Ⅱ)	64.72	16.2	1.73	14.4	14.4	1.15	65～70
亚黏土(Ⅱ)	29.36	19.4	0.8	21.1	21.1	5.10	160～180

讨论

此基坑支护采用型钢水泥土搅拌墙是否合适？如可以采用此支护形式，如何进行型钢水泥土搅拌墙参数设计？如何确定施工方案？

型钢水泥土搅拌墙如图 8-2 所示，通常称为 SMW（soil mixed wall）工法，是一种在连续套接的三轴水泥土搅拌桩内插入型钢形成的复合挡土隔水结构。即利用三轴搅拌桩钻机在原地层中切削土体，同时钻机前端低压注入水泥浆液，与切碎土体充分搅拌形成隔水性较高的水泥土柱列式挡墙，在水泥土浆液尚未硬化前插入型钢的一种地下工程施工技术。

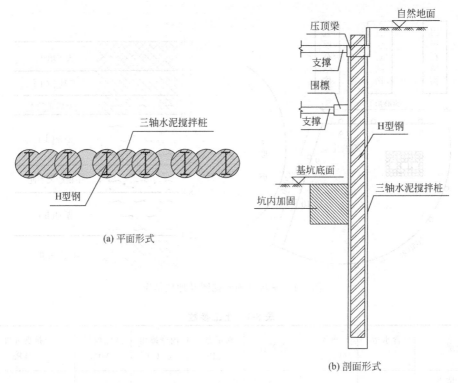

(a) 平面形式

(b) 剖面形式

图 8-2　型钢水泥土搅拌墙

8.1　型钢水泥土搅拌墙的特点及适用条件

8.1.1　型钢水泥土搅拌墙的特点

型钢水泥土搅拌墙是基于深层搅拌桩施工工艺发展起来的，充分发挥了水泥土混合体和型钢的力学特性，是一种由水泥土搅拌桩柱列式挡墙和型钢（一般采用 H 型钢）组成的复合围护结构，同时具有隔水和承担水土压力的功能。型钢水泥土搅拌墙与基坑围护设计中经常采用的钻孔灌注桩排桩相比，具有下面几方面的不同。

① 型钢水泥土搅拌墙的材料，一种是力学特性复杂的水泥土，另一种是近似线弹性材料的型钢，二者相互作用，工作机理非常复杂。

② 从经济角度考虑，H 型钢在支护结构施工完成后，部分基坑工程可以将 H 型钢从水泥土搅拌桩中拔出，回收利用是该工法的一个特色。从变形控制的角度看，H 型钢可以通过跳插、密插调整围护体刚度，是该工法的另一个特色。

③ 在地下水水位较高的软土地区钻孔灌注桩围护结构尚需在外侧施工一排隔水帷幕，而型钢水泥土搅拌墙可兼作隔水帷幕。当基坑开挖较深，搅拌桩入土深度较深时（一般超过18m），为保证隔水效果，常常采用三轴水泥土搅拌桩隔水。因此，造价一般相对于钻孔灌注桩要经济。

与其他围护形式相比，型钢水泥土搅拌墙还具有以下特点：

（1）对周围环境影响小

型钢水泥土搅拌墙施工采用三轴水泥土搅拌桩机就地切削土体，使土体与水泥浆液充分搅拌混合形成水泥土，并用低压持续注入的水泥浆液置换处于流动状态的水泥土，保持地下水泥土总量平衡。该工法无须开槽或钻孔，不存在槽（孔）壁坍塌现象，从而可以减少对邻近土体的扰动，降低对邻近地面、道路、建筑物、地下设施的危害。

（2）防渗性能好

由于搅拌桩采用套接-孔施工，实现相邻桩体完全无缝衔接。钻削与搅拌反复进行，使浆液与土体得以充分混合形成较为均匀的水泥土，与传统的围护形式相比具有更好的隔水性，水泥土渗透系数很小，一般可以达到 $10^{-8} \sim 10^{-7}\, \mathrm{cm/s}$。

（3）环保节能

三轴水泥土搅拌桩施工过程无须回收处理泥浆。少量水泥土浮浆可以存放至事先设置的基槽中，限制其溢流污染，待自然固结后运出场外。如果将其处理后还可以用于敷设场地道路，达到降低造价、消除建筑垃圾公害的目的。型钢在地下室施工完毕后可以回收利用，避免遗留在地下形成永久障碍物，是一种绿色工法。

（4）适用土层范围广

三轴水泥土搅拌桩施工时采用三轴螺旋钻机，适用土层范围较广，包括填土、淤泥质土、黏性土、粉土、砂性土、饱和黄土等。如果采用预钻孔工艺，还可以用于较硬质地层。

（5）工期短，投资省

型钢水泥土搅拌墙与地下连续墙、灌注排桩等围护形式相比，工艺简单、成桩速度快，实践证明，工期缩短近一半。造价方面，除特殊情况，如受到周边环境条件的限制，型钢在地下室施工完毕后不能拔除外，绝大多数情况内插型钢可以拔除，实现型钢的重复利用，降低工程造价。

8.1.2 型钢水泥土搅拌墙的适用条件

型钢水泥土搅拌墙以水泥土搅拌桩为基础，凡是能够施工三轴水泥土搅拌桩的场地都可以考虑使用该工法。从黏性土到砂性土，从软弱的淤泥和淤泥质土到较硬、较密实的砂性土，甚至在含有砂卵石的地层中经过适当的处理都能够进行施工，适用土质范围较广。表8-2为土层性质对型钢水泥土搅拌墙施工难易的影响。

表8-2　土层性质对型钢水泥土搅拌墙施工难易的影响

粒径/mm	0.001	0.005	0.074	0.42	2.0	5.0	20	75	300
土粒区分	淤泥质土	黏土	细砂	粗砂	砂砾	中粒	粗粒	大卵石	大阶石
			砂			砾			
施工性质	较易施工，搅拌均匀				较难施工			难施工	

在实际工程中，基坑围护设计方案选用型钢水泥土搅拌墙主要考虑基坑的开挖深度、基坑周边环境条件、场地土层条件、基坑规模等因素，还与基坑内支撑的设置密切相关。从基坑安全的角度看，型钢水泥土搅拌墙的选型主要是由基坑周边环境条件所确定的容许变形值控制的，即型钢水泥土搅拌墙的选型及参数设计首先要能够满足周边环境的保护要求。

型钢水泥土搅拌墙的选择受到基坑开挖深度的影响。根据上海及周边软土地区近些年的工程经验，在常规支撑设置下，搅拌桩直径为650mm的型钢水泥土搅拌墙，一般开挖深度不大于8.0m；搅拌桩直径为850mm的型钢水泥土搅拌墙，一般开挖深度不大于11.0m；搅拌桩直径为1000mm的型钢水泥土搅拌墙，一般开挖深度不大于13.0m。当然这不是意味着不同截面尺寸的型钢水泥土搅拌墙只能被限定应用于此类开挖深度的基坑，而是表明当用于超过此类开挖深度的基坑时，工程风险将增大，需要采取一定的技术措施，确保安全。

当施工场地狭小或距离用地红线、建筑物等较近时，采用"钻孔灌注桩+隔水帷幕"等围护方案常常不具备足够的施工空间，而型钢水泥土搅拌墙只需在三轴水泥土搅拌桩中内插型钢，所需施工空间仅为三轴水泥搅拌桩的厚度和施工机械必要的操作空间，具有较明显的优势。

与地下连续墙、灌注排桩相比，型钢水泥土搅拌墙的刚度较低，因此常常会产生相对较大的变形，在对周边环境保护要求较高的工程中，例如基坑紧邻运营中的地铁隧道、历史保护建筑、重要地下管线时，应慎重选用。

当基坑周边环境对地下水位变化较为敏感，搅拌桩桩身范围内大部分为砂（粉）性土等透水性较强的土层时，若型钢水泥土搅拌墙变形较大，搅拌桩桩身易产生裂缝、造成渗漏，后果较为严重。这种情况，如果围护设计采用型钢水泥土搅拌墙，围护结构的整体刚度应该适当加强，并控制内支撑水平及竖向间距，必要时应选用刚度更大的围护方案。

8.1.3 型钢水泥土搅拌墙在工程应用中存在的问题

型钢水泥土搅拌墙在工程应用过程中主要存在如下问题：

（1）型钢水泥土搅拌墙主要应用于沿海软土地区，并积累了一定的经验，在其他地区，特别是在内地硬土地区应用较少。作为一种有发展前景的绿色工法，在工程条件具备时，应提倡优先选用。

（2）由于对型钢水泥土搅拌墙研究重视不够，缺乏有效的科研投入，在一定程度上制约了其工程应用。

（3）型钢水泥土搅拌墙设计计算理论还有待进一步完善，特别是在搅拌桩和型钢协同工作方面，仍有许多问题需要进一步深入研究。

（4）对型钢水泥土搅拌墙的一些设计施工参数还没有统一的标准，如搅拌桩的水泥用量、水灰比等问题。因此，施工单位经常凭经验施工，施工质量难以保证。

（5）目前，工程中对搅拌桩强度的争议比较大，各种规范和手册的要求也不统一，而工程实践中通过钻孔取芯试验得到的搅拌桩强度值普遍较低，特别是比一般规范、手册中要求的强度值要低，如何合理地确定搅拌桩 28d 强度值，需要结合试验深入分析研究。

（6）在水泥土搅拌桩的强度检测中，多种方法都存在不同程度的缺陷，试块试验不能真实地反映桩身全断面在土中（水下）的强度值，钻孔取芯对芯样有一定破坏，检测出的无侧限抗压强度偏低，而原位测试的方法目前还缺乏大量的对比数据，无法建立强度与试验值之间的关系。因此，亟待对水泥土搅拌桩的强度检测方法进行系统研究，制订一种简单、可靠、可操作的搅拌桩强度检测方法。

（7）搅拌桩的施工工艺有待进一步完善，施工机械有待进一步改进，主要包括如何提高施工时水泥土搅拌桩的均匀性和垂直度，改进和研制超深搅拌桩的施工工艺和设备等问题。

8.2　型钢水泥土搅拌墙设计

8.2.1　设计参数的确定

型钢水泥土搅拌墙中型钢是主要的受力构件，承担着基坑外侧水土压力的作用。型钢的设计计算主要是型钢平面形式和型钢的入土深度的确定，平面形式包括型钢的布设方式、间距、型钢的截面尺寸等参数。水泥土搅拌桩的设计计算主要是通过抗渗流和抗管涌验算确定搅拌桩的入土深度。

8.2.1.1　型钢、水泥土搅拌桩入土深度的确定

（1）H 型钢入土深度的确定

型钢的入土深度 D_H 主要由基坑整体稳定性、抗隆起稳定性和抗滑移稳定性综合确定。据工程经验，基坑整体稳定性、抗隆起稳定性和抗滑移稳定性验算中，基坑抗隆起稳定性常成为控制条件。在进行围护墙内力和变形计算以及基坑上述各项稳定性分析时，围护墙的深度以内插型钢底端为准，不计型钢端部以下水泥土搅拌桩的作用。具体计算方法与灌注排桩相同，可参考灌注排桩。在确定 H 型钢的入土深度时，尚应考虑地下结构施工完成后型钢能否顺利拔出等因素。

（2）水泥土搅拌桩入土深度的确定

沿海软土地区或地下水位较高的地区，在基坑开挖过程中极易在地下水渗流的作用下产生土体渗透破坏。要防止这种现象的发生，要求水泥土搅拌桩隔水帷幕入土深度满足基坑抗渗流和抗管涌的要求，使渗流水力坡度不大于地基土的临界水力坡度。水泥土搅拌桩担负着基坑开挖过程中隔水帷幕的作用。水泥土搅拌桩的入土深度 D_C 主要由坑内降水不影响到基坑以外周边环境的水力条件决定，防止基坑内降水引发渗流、管涌，同时应满足 $D_C \geqslant D_H$。

8.2.1.2　型钢水泥土搅拌墙截面设计

型钢水泥土搅拌墙截面设计主要是确定型钢截面和型钢间距。

（1）型钢截面

型钢截面的选择由型钢的强度验算确定，即需要对型钢所受的应力进行验算，包括型钢的抗弯及抗剪强度。

抗弯验算：

型钢水泥土搅拌墙的弯矩全部由型钢承担，型钢的抗弯承载力应符合下式要求：

$$\frac{1.25\gamma_0 M_k}{W} \leq f \tag{8-1}$$

式中　γ_0——结构重要性系数，按照现行《建筑基坑支护技术规程》（JGJ 120）取值；

M_k——型钢水泥搅拌墙的弯矩标准值，N·mm；

W——型钢沿弯矩作用方向的截面模量，mm³；

f——钢材的抗弯强度设计值，N/mm²。

抗剪验算：

型钢水泥土搅拌墙的剪力全部由型钢承担，型钢的抗剪承载力应符合下式要求：

$$\frac{1.25\gamma_0 Q_k S}{I t_w} \leq f_v \tag{8-2}$$

式中　Q_k——型钢水泥土搅拌墙的剪力标准值，N；

S——计算剪应力处的面积矩，mm³；

I——型钢沿弯矩作用方向的截面惯性矩，mm⁴；

t_w——型钢腹板厚度，mm；

f_v——钢材的抗剪强度设计值，N/mm²。

实际工程中，内插型钢一般采用 H 型钢，型钢具体的型号、规格及有关要求按《热轧 H 型钢和部分 T 型钢》（GB/T 11263—2017）和《焊接 H 型钢》（YB/T 3301—2005）选用。

（2）型钢间距

型钢水泥土搅拌墙中的型钢往往是按一定的间距插入水泥土中，这样相邻型钢之间便形成了一个非加筋区，如图 8-3 所示。型钢的间距越大，加筋区和非加筋区交界面上所承受的剪力就越大。当型钢间距增大到一定程度，该交界面有可能在支挡结构达到竖向承载力之前发生破坏。因此，应该对型钢水泥土搅拌墙中型钢与水泥土搅拌桩的交界面进行局部承载力验算，确定合理的型钢间距。

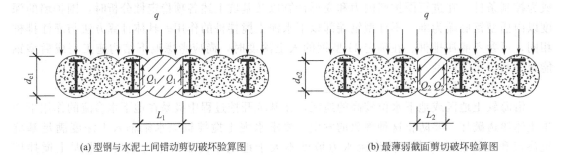

(a) 型钢与水泥土间错动剪切破坏验算图　　　　(b) 最薄弱截面剪切破坏验算图

图 8-3　搅拌桩局部抗剪计算示意图

型钢水泥土搅拌墙应该满足水泥土搅拌桩桩身局部抗剪承载力的要求。局部抗剪承载力验算包括型钢与水泥土之间的错动剪切和水泥土最薄弱截面处的局部剪切验算。

当型钢隔孔设置时，按下式验算型钢和水泥之间的错动剪切承载力：

$$\tau_1 = \frac{1.25\gamma_0 Q_1}{d_{e1}} \leq \tau \tag{8-3}$$

$$Q_1 = q_k L_1 / 2 \tag{8-4}$$

$$\tau = \tau_{ck} / 1.6 \tag{8-5}$$

式中　τ_1——型钢与水泥土之间的错动剪应力设计值，N/mm^2；

　　　Q_1——型钢与水泥土之间单位深度范围内的错动剪力标准值，N/mm；

　　　q_k——计算截面处作用的侧压力标准值，N/mm^2；

　　　L_1——型钢翼缘之间的净距，mm；

　　　d_{e1}——型钢翼缘处水泥土墙体的有效厚度，mm；

　　　τ——水泥土抗剪强度设计值，N/mm^2；

　　　τ_{ck}——水泥土抗剪强度标准值，可取搅拌桩 28d 龄期无侧限抗压强度的 1/3，N/mm^2。

当型钢隔孔设置时，按下式对水泥土搅拌桩进行最薄弱断面的局部抗剪验算：

$$\tau_2 = \frac{1.25\gamma_0 Q_2}{d_{e2}} \leq \tau$$

$$Q_2 = qL_2/2$$

式中　τ_2——水泥土最薄弱截面处的局部剪应力标准值，N/mm^2；

　　　Q_2——水泥土最薄弱截面处的单位深度范围内的剪力标准值，N/mm；

　　　L_2——水泥土最薄弱截面处的净距，mm；

　　　d_{e2}——水泥土最薄弱截面处墙体的有效厚度，mm。

实际工程中，型钢水泥土搅拌墙的墙体厚度、型钢截面和型钢的间距一般是由三轴水泥土搅拌桩的桩径决定。目前三轴水泥土搅拌桩的常用桩径分为 650mm、850mm、1000mm三种，型钢常规布置形式有：密插、插二跳一和插一跳一三种，如图 8-4 所示。分别插入ϕ650mm、ϕ850mm、ϕ1000mm 三轴水泥土搅拌桩内的 H 型钢间距为：密插间距 450mm、600mm、750mm；插二跳一间距 675mm、900mm、1125mm；插一跳一间距 900mm、1200mm、1500mm。

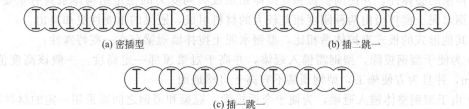

(a) 密插型　　　　　　　　　　　　　　　(b) 插二跳一

(c) 插一跳一

图 8-4　型钢布置形式

8.2.2　内插型钢拔出验算

（1）型钢拔出影响因素

型钢水泥土搅拌墙围护结构构造简单，在基坑临时围护结束以后，H 型钢可以回收再次利用，一方面减少了钢材的浪费，另一方面也降低了工程造价。据测算，H 型钢的费用一般要占整个基坑工程围护造价的 40%～50%，这是型钢水泥土搅拌墙经济指标具有优势的重要原因之一。因此，研究型钢水泥土搅拌墙中 H 型钢在拔出荷载作用下的工作机理与拔出力的影响因素具有重要意义。

影响型钢拔出的主要因素有两点：一是型钢与水泥土之间的摩擦阻力；二是由于基坑开挖造成的型钢水泥土搅拌墙变形致使型钢产生弯曲，从而在拔出时产生的变形阻力。为了使得型钢能够顺利拔出，对于前一点可通过在型钢表面涂抹减摩材料来降低型钢与水泥土之间的摩阻力，并且要求该减摩材料在工作期间具有较好的黏结力，提高型钢与水泥土的共同作用；对于后一点必须采取有效措施减小围护墙变形，做到精心设计、精心施工、严格管理等。

型钢能否拔出还与工程的周边环境条件和场地条件有关，因为当基坑工程施工完毕基坑回填后，虽然具备型钢拔出的必要条件，但型钢拔出常常不可避免要对周边环境产生影响，特别是当周边环境对变形控制要求较严格时，为了保护周边建筑物、重要的地下管线、运营中的地铁等设施，型钢往往不能拔除。此外，当施工场地狭小，型钢拔除机械不能进入施工场地时，也会导致型钢在基坑工程施工完毕后不能拔除的情况。

（2）型钢拔出作用机理

对于型钢水泥土搅拌墙复合结构，水泥土本身的力学性质比较复杂，再加上减摩剂的作用，使得水泥土-型钢的黏结滑移更加复杂。一般认为，若不考虑减摩剂的影响，型钢与水泥土之间的界面黏结作用由三部分组成：水泥土中水泥胶体与型钢表面的化学胶结力，型钢与水泥土接触面上的摩擦阻力，型钢表面粗糙不平的机械咬合力。

当荷载作用于型钢端部，型钢和水泥土之间发生黏结破坏。这种破坏由端部逐渐向底部扩展，两种材料接触界面产生微量滑移，减摩材料剪切破坏，拔出阻力主要表现为静摩擦力。在拔出荷载达到总静摩擦力前，拔出位移很小。当荷载达到起拔力时，型钢拔出位移加快，拔出荷载迅速下降，这时摩擦阻力由静摩擦力转化为滑动摩擦力和滚动摩擦力。H型钢与水泥土接触界面上部破碎，破碎小颗粒填充于破裂面中，有利于减小后期的摩擦阻力。当拔出荷载降至一定程度，摩擦阻力主要表现为滚动摩擦力。

8.2.3 型钢水泥土搅拌墙构造设计

（1）型钢与冠梁的连接节点

型钢水泥土搅拌墙的顶部，应设置封闭的钢筋混凝土冠梁。冠梁在板式支护体系中对提高围护体系的整体性，并使围护桩和支撑体系形成共同受力的稳定结构体系具有重要作用。由于型钢水泥土搅拌墙由两种刚度相差较大的材料组成，冠梁的重要性更加突出。

与其他形式的板式支护体系相比，型钢水泥土搅拌墙冠梁存在一些特殊性：

① 为便于型钢拔除，型钢需锚入冠梁，并高于冠梁顶部一定高度。一般该高度值宜大于50cm，并且为方便施工，型钢顶端不宜高于自然地面。

② 由于型钢整体锚入冠梁，为便于今后拔除，冠梁和型钢之间需采用一定的材料隔离。

③ 型钢和隔离材料的存在对冠梁的刚度具有一定的削弱作用，因此围护设计中需要考虑这种不利影响，对冠梁截面进行适当的加强。

基坑围护设计时，一般对于冠梁及冠梁与型钢连接节点的构造要求如下：

冠梁截面高度不小于600mm。当搅拌桩直径为650mm时，冠梁的截面宽度不应小于1000mm；当搅拌桩直径为850mm时，冠梁的截面宽度不应小于1200mm；当搅拌桩直径为1000mm时，冠梁的截面宽度不应小于1300mm。

冠梁的主筋应避开型钢设置。为便于型钢拔除，型钢顶部要高出冠梁顶面一定高度，一般不宜小于500mm，型钢与围檩间的隔离材料应采用不易压缩的硬质材料。

冠梁的箍筋宜采用四肢箍筋，直径不应小于$\phi 8mm$，间距不应大于200mm。在支撑节点位置，箍筋宜适当加密，由于内插型钢而未能设置的箍筋应在相邻区域内补足面积，如图8-5所示。

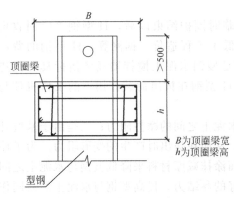

图 8-5　型钢与冠梁节点图

（2）型钢与腰梁及支撑的连接节点

　　在型钢水泥土搅拌墙基坑支护体系中，支撑与腰梁的连接、腰梁与型钢的连接以及钢腰梁的拼接，特别是腰梁与型钢的连接和钢腰梁的拼接对于整个腰梁支撑体系的整体性非常重要。型钢水泥土搅拌墙围护体系中，腰梁可以采用钢筋混凝土腰梁，也可以采用钢腰梁，腰梁与型钢的连接构造如图 8-6 和图 8-7 所示。钢腰梁和钢支撑杆件的拼接一般应满足等强度的要求，但在实际工程中受到拼接现场施工条件的限制，很难达到要求，应在构造上对拼接方式予以加强，如附加缀板、设置加劲肋板等。同时应尽量减少钢腰梁的接头数量，拼接位置也尽量放在腰梁受力较小的部位。

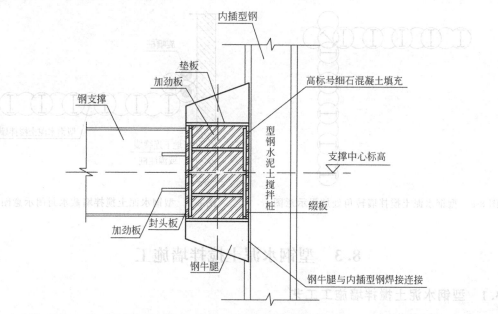

图 8-6　型钢与钢腰梁及支撑连接示意图

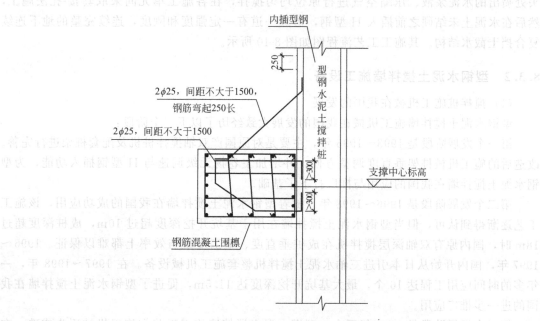

图 8-7　型钢与混凝土腰梁连接示意图

（3）型钢水泥土搅拌墙转角加强措施

为保证转角处型钢水泥土搅拌墙的成桩质量和截水效果，在转角处宜采用"十"字接头的形式，即在接头处两边都多打半幅桩。为保证型钢水泥土搅拌墙转角处的刚度，宜在转角处增设一根斜插型钢，如图 8-8 所示。

（4）型钢水泥土搅拌墙截水封闭措施

当型钢水泥土搅拌墙遇地下连续墙或灌注排桩等围护结构需断开时，或者在型钢水泥土搅拌墙的施工过程中出现冷缝时，一般可以采用旋喷桩封闭，以保证围护结构整体的截水效果，如图 8-9 所示。

图 8-8　型钢水泥土搅拌墙转角处加强示意图　　图 8-9　型钢水泥土搅拌墙截水封闭示意图

8.3　型钢水泥土搅拌墙施工

8.3.1　型钢水泥土搅拌墙施工工艺

型钢水泥土搅拌墙的施工工艺是由三轴钻孔搅拌机，将一定深度范围内的地基土和由钻头处喷出的水泥浆液、压缩空气进行原位均匀搅拌，在各施工单元间采取套接-孔法施工，然后在水泥土未结硬之前插入 H 型钢，形成一道有一定强度和刚度，连续完整的地下连续复合挡土截水结构。其施工工艺流程图如图 8-10 所示。

8.3.2　型钢水泥土搅拌墙施工设备

（1）搅拌桩施工机械在我国的发展

型钢水泥土搅拌墙施工机械在我国的发展大致经历了以下三个阶段：

第一个发展阶段是 1993～1996 年，主要是对原国产双轴搅拌桩机及配套桩架进行完善。改造后的施工机械桩架垂直度调整方便，并增加主卷扬无级调速与 H 型钢插入功能，为型钢水泥土搅拌墙在我国的应用与推广打下了基础。

第二个发展阶段是 1996～1998 年。随着型钢水泥土搅拌墙在我国的成功应用，该施工工艺逐渐得到认可，但当型钢水泥土搅拌墙在用于基坑开挖深度超过 10m，成桩深度超过 18m 时，国内原有双轴深层搅拌机在成桩垂直度、施工质量与效率上都难以保证。1996～1997 年，国内开始从日本引进三轴水泥土搅拌机整套施工机械设备。在 1997～1998 年，一年多的时间应用工程达 16 个，最大基坑开挖深度达 11.5m，促进了型钢水泥土搅拌墙在我国的进一步推广应用。

第三个发展阶段是 1998 年至今，型钢水泥土搅拌墙施工工艺和施工机械逐步成熟，在

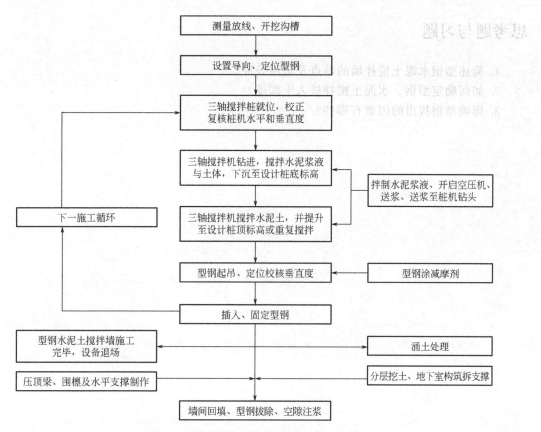

图 8-10 型钢水泥土搅拌墙施工工艺流程图

我国沿海软土地区积累了比较丰富的经验。新的施工工艺和施工机械也开始出现，如今为扩大型钢水泥土搅拌墙的应用深度，开发加接钻杆施工工艺；为加强三轴水泥土搅拌桩的均匀性和截水效果，水泥加固土地下连续墙浇筑施工法（TRD）工法等更为先进的施工机械和工艺也开始出现。

（2）三轴水泥土搅拌桩施工机械

型钢水泥土搅拌墙施工应根据地质条件、作业环境与成桩深度选用不同形式或不同功率的三轴搅拌机，配套桩架的性能参数必须与三轴搅拌机的成桩深度和提升能力相匹配。型钢水泥土搅拌墙标准施工配置详见表 8-3。

表 8-3　型钢水泥土搅拌墙标准施工配置表

序号	项目	序号	项目
1	散装水泥运输车	7	50t 履带吊
2	30t 水泥筒仓	8	DH 系列全液压履带式(步履式)桩架
3	高压洗净机	9	三轴水泥土搅拌机
4	$2m^3$ 电脑计量拌浆系统	10	铺钢板
5	$6\sim12m^3$ 空压机	11	$0.5m^3$ 挖掘机
6	型钢堆场	12	涌土堆场

思考题与习题

1. 简述型钢水泥土搅拌墙的特点及适用条件。
2. 如何确定型钢、水泥土搅拌桩入土深度？
3. 影响型钢拔出的因素有哪些？

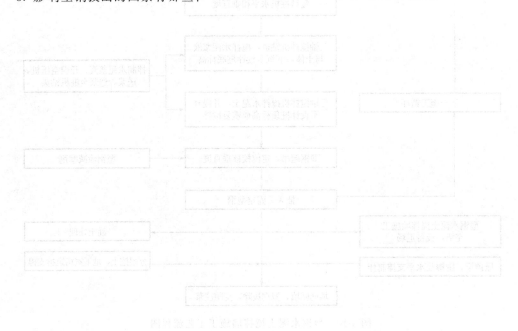

第9章 基坑工程稳定性分析

案例导读

  2005 年 7 月 21 日 12 时左右，在广州海珠区江南大道南海珠城广场深基坑发生滑坡，导致 3 人死亡，4 人受伤，事故造成海员宾馆北楼部分坍塌；坡体处于不稳定状态，东边约 20m 深的支护桩吊脚临空对地铁隧道安全产生威胁，地铁二号线停运近一天；南侧距 7 层隔山 1 号楼约 16m 基础桩外露并部分滑落、部分断裂；多家商铺失火被焚，一栋七层居民楼受损，三栋居民被迫转移。事故现场见图 9-1。

图 9-1 事故现场

　　事故调查结果和处理结果于 2005 年 9 月 20 日在《广州日报》A5 版公布：对 7 个建设责任主体及其 20 名责任人给予行政处罚或处分，其中 7 名主要责任人因涉嫌触犯《刑法》被司法机关依法逮捕；对事故发生负有监管责任的 14 名行政人员给予降级或降级以下的行政处分和责令作出深刻检讨，并责成相关单位对市政府作出书面检查。

讨论

事故发生的原因是什么？

　　① 基坑原设计深度只有 16.2m，而实际开挖深度为 20.3m，超深 4.1m，造成原支护桩成为吊脚桩，尽管后来设计有所变更，但对已施工的支护桩和锚索等构件已无法调整，成为隐患。

　　② 从地质勘察资料反映和实际开挖揭露，南边地层向坑里倾斜，并存在软弱透水夹层，随着开挖深度增大，导致深部滑动。

　　③ 基坑施工时间长达两年 9 个月，基坑暴露时间大大超过临时支护为一年的时间，导致开挖地层的软化渗透水和已施工构件的锈蚀及锚索预应力损失，强度降低，甚至失效。

　　④ 事故发生前在南边坑顶因施工而造成东段严重超载，成为了基坑滑坡的"导火线"。

　　⑤ 从施工纪要和现场监测结果分析，在基坑滑坡前已有明显预兆，但没有引起应有的重视，更没有采用针对性的处理措施，也是导致事故的原因之一。

9.1　基坑稳定性问题分类

　　对于设置支护结构的基坑而言，其稳定性的影响因素很多，主要包括场地的水文及地质条件、基坑的几何参数和支护结构体系等；按其失稳的形式和原因主要可分为两类：一类是因基坑土体强度不足，地下水渗流或者承载水压力作用而造成的基坑失稳；另一类是因支护结构自身的强度、刚度及稳定性不足引起的支护系统的破坏而导致的基坑失稳。在本章中，主要针对第一类稳定性问题进行介绍。

　　对于悬臂式支护体系，一般较容易发生转动倾覆破坏，其坑底以下桩墙的嵌固深度主要是由倾覆破坏控制，倾覆破坏发生时在桩墙两侧主动区和被动区会形成一个滑动的楔形体，如图 9-2(a) 所示。

　　对于单支撑和多支撑支护体系，支护结构在水平荷载作用下，如果坑底土体抗剪强度较低，则坑底土体有可能随支护结构踢脚破坏而产生失稳破坏。对于单支撑结构，踢脚破坏时以支点处为转动点的失稳；对于多支撑支护结构，踢脚破坏则有可能由绕最下层支点转动而产生。相对来讲，在支撑和桩墙的强度和刚度都很大时，单支撑支护体系更容易发生踢脚稳定破坏，如图 9-2(b) 所示。

　　当基坑的支撑强度和刚度足够时，基坑的水平方向位移被支护结构有效地限制了，这时最容易发生的就是坑底隆起稳定破坏。基坑土体开挖的过程中，实际上是对基坑底部土体的一个卸荷过程，基坑外的土体因基坑内的土体上部卸载而向坑内挤压，从而发生坑底隆起稳定破坏，这种现象在基坑底部为软土时尤其容易发生，如图 9-2(c) 所示。另外，在桩墙式支护体系中，基坑的整体稳定也是很重要的一方面，如图 9-2(d) 所示。

　　由地下水造成的基坑稳定性问题主要包括基坑渗流失稳破坏和基坑突涌失稳破坏。当基

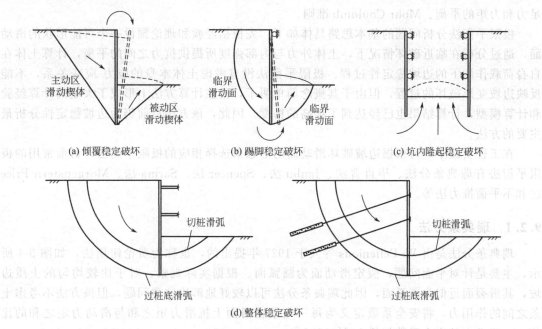

(a) 倾覆稳定破坏   (b) 踢脚稳定破坏   (c) 坑内隆起稳定破坏

(d) 整体稳定破坏

图 9-2 桩墙式支护体系失稳破坏形式

坑外侧地下水位很高，基坑内外存在水位差时，地下水从高水位向低水位渗流，产生渗流力。在基坑底部以下渗流自下而上运动时，将减小土颗粒间的有效应力，如果渗流力大于土体的浮重度，那么基坑底部的土体将处于悬浮状态，这样基坑被动区的土压力将极大减小，由此导致基坑失稳，如图 9-3（a）所示。如果在基底下的不透水层较薄，而且在不透水层下面具有较大水压的承压水层时，若上覆土重不足以抵挡下部的水压，基坑底部就会被水头压力冲破，造成突涌现象，如图 9-3（b）所示。

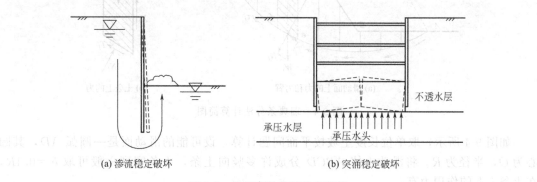

(a) 渗流稳定破坏   (b) 突涌稳定破坏

图 9-3 地下水引起的稳定破坏

9.2 整体稳定验算

基坑整体稳定性分析主要沿用边坡整体稳定的分析方法，包括极限平衡法、极限分析法、有限差分法及可靠度分析法等。其中，极限平衡法是边坡整体稳定分析中最经典最常用的方法，现行基坑规范中整体稳定计算亦推荐极限平衡法，该方法是边坡稳定分析的传统方法，通过安全系数定量评价边坡的稳定性，由于安全系数的直观性，被工程界广泛应用。该方法基于刚塑性理论，只注重土体破坏瞬间的变形机制，而不关心土体变形过程，只要求满足力和力矩的平衡、Mohr-Coulomb 准则。

极限平衡法分析问题的基本思路具体如下：先根据经验和理论预设一个可能形状的滑动面，通过分析在临近破坏情况下，土体外力与内部强度所提供抗力之间的平衡，计算土体在自身荷载作用下的边坡稳定性过程。极限平衡法没有考虑土体本身的应力-应变关系，不能反映边坡变形破坏的过程，但由于其概念简单明了，且在计算方法上形成了大量的计算经验和计算模型，计算结果也已经达到了很高的精度。因此，该方法目前仍为边坡稳定性分析最主要的方法。

在工程实践中，可根据边坡破坏滑动面的形态来选择相应的极限平衡法。目前常用的极限平衡法有瑞典条分法、毕肖普法、Janbu 法、Spencer 法、Sarma 法、Morgenstern Price 法和不平衡推力法等。

9.2.1　瑞典条分法

瑞典条分法是由 W. Fellenious 等人于 1927 年提出的，也称为费伦纽斯法，如图 9-4 所示，主要是针对平面问题，假定滑动面为圆弧面。根据实际观察，对于比较均匀的土质边坡，其滑裂面近似为圆弧面，因此瑞典条分法可以较好地解决这类问题，但该方法不考虑土条之间的作用力，将安全系数定义为每一土条在滑面上抗滑力矩之和与滑动力矩之和的比值，一般求出的安全系数偏低 10%～20%。

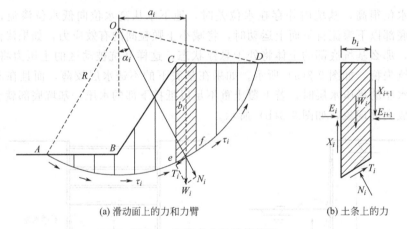

(a) 滑动面上的力和力臂　　　　　(b) 土条上的力

图 9-4　瑞典条分法计算简图

如图 9-4 所示，取单位长度土坡按平面问题计算，设可能的滑动面是一圆弧 AD，其圆心为 O，半径为 R。将滑动土体 $ABCD$ 分成许多竖向土条，土条宽度一般可取 $b=0.1R$，在土条 i 上的作用力有：

① 土条的自重 W_i，其大小、作用点位置及方向均已知。

② 滑动面 ef 上的法向应力 N_i 及切向反力 T_i，假定 N_i、T_i 作用在滑动面 ef 的中点，它们的大小均未知。

③ 土条两侧的方向力 E_i、E_{i+1} 及竖向剪切力 X_i、X_{i+1}，其中 E_i 和 X_i 可由前一个土条的平衡条件求得，而 E_{i+1} 和 X_{i+1} 的大小未知，E_i 的作用点也未知。

可以看出，土条 i 的作用力中有 5 个未知数，但只能建立 3 个平衡条件方程，故为静不定问题。为了求得 N_i 和 T_i 的值，必须对土条两侧作用力的大小和位置作出适当假设。瑞典条分法是不考虑土条两侧的作用力，即假设 E_i 和 X_i 的合力等于 E_{i+1} 和 X_{i+1} 的合力，同时它们的作用线重合，因此土条两侧的作用力互相抵消。这时土条 i 仅有作用力 W_i、N_i 和

T_i，根据平衡条件可得：

$$N_i = W_i \cos\alpha_i \tag{9-1}$$
$$T_i = W_i \sin\alpha_i \tag{9-2}$$

滑动面 ef 上土的抗剪强度为：

$$\tau_i = \sigma_i \tan\varphi_i + c_i = \frac{1}{l_i}(N_i \tan\varphi_i + c_i) = \frac{1}{l_i}(W_i \tan\varphi_i + c_i) \tag{9-3}$$

式中　α_i——土条 i 滑动面的法线（亦即圆弧半径）与竖直线的夹角，(°)；

　　　l_i——土条 i 滑动面 ef 的弧长，m；

　　　c_i——滑动面上土的黏聚力，kPa；

　　　φ_i——滑动面上土的内摩擦角，(°)。

土条 i 上的作用力对圆心 O 产生的滑动力矩 M_s 及稳定力矩 M_r 分别为：

$$M_s = T_{iR} = W_{iR} \sin\alpha_i \tag{9-4}$$
$$M_r = (W_i \cos\alpha_i + c_i l_i)R$$

整个土坡相应于滑动面 AD 的稳定性系数为：

$$F_s = \frac{M_r}{M_s} = \frac{\sum_{i=1}^{n}(W_i \cos\alpha_i + c_i l_i)}{\sum_{i=1}^{n} W_i \sin\alpha_i} \tag{9-5}$$

9.2.2　毕肖普法

毕肖普（A. W. Bishop）提出了安全系数的普遍定义，将土坡稳定安全系数 F_s 定义为各分条滑动面抗剪强度之和 τ_f 与实际产生的剪应力之和 τ 的比值，即

$$F_s = \frac{\tau_f}{\tau} \tag{9-6}$$

这不仅使安全系数的物理意义更加明确，而且适用范围更加广泛，为以后非圆弧滑动分析及土条分界面上条间力的各种假设提供了有利条件。

毕肖普法假设各土条底部滑动面上的抗滑安全系数均相同，即等于整个滑动面的平均安全系数，取单位长度边坡按平面问题计算，如图 9-5 所示，设可能的滑动圆弧为 AC，圆心为 O，半径为 R，将滑动土体分成若干土条，取其中的任一条（第 i 条）分析其受力情况，土条圆弧弧长为 l_i。土条上的作用力如瑞典条分法，其中孔隙水压力为 $u_i l_i$。

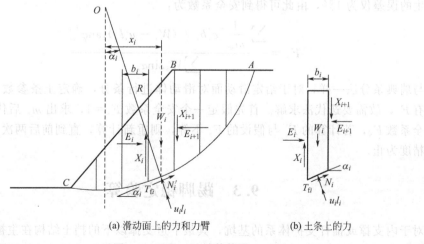

(a) 滑动面上的力和力臂　　　(b) 土条上的力

图 9-5 Bishop 法计算简图

对 i 土条竖向取力的平衡得：

$$W_i + \Delta X_i - T_{fi}\sin\alpha_i - (N_i' + u_i l_i)\cos\alpha_i = 0 \tag{9-7}$$

式中　W_i——土条的自重，kN；

　　　ΔX_i——作用土条两侧的切向力差值，kN；

　　　T_{fi}——土条 i 底面的抗剪力，kN；

　　　N_i'——土条 i 底面的有效法向反力，kN；

　　　u_i——土条 i 滑弧面上的水压力，kPa；

　　　l_i——土条 i 滑弧长度，m；

　　　α_i——土条 i 底面倾角，(°)。

当土体尚未破坏时，土条滑动面上的抗剪强度只发挥了一部分，若以有效应力表示，由摩尔库伦准则，得到土条滑动面上的抗剪力为：

$$T_{fi} = \frac{\tau_{fi} l_i}{F_s} = \frac{c_i' l_i}{F_s} + N_i' \frac{\tan\varphi_i'}{F_s} \tag{9-8}$$

式中　c_i'——土条 i 有效黏聚力，kPa；

　　　φ_i'——土条 i 有效内摩擦角，(°)。

将式（9-8）带入式（9-7）中，可解得 N_i' 为

$$N_i' = \frac{1}{m_{ai}}\left(W_i + \Delta X_i - u_i l_i - \frac{c_i' l_i}{F_s}\sin\alpha_i\right) \tag{9-9}$$

式中　$m_{ai} = \cos\alpha_i\left(1 + \dfrac{\tan\varphi_i'\tan\alpha_i}{F_s}\right)$

然后就整个滑动土体对圆心 O 求力矩平衡，此时相邻土条之间侧壁作用的力矩将相互抵消，而各土条的 N_i' 及 $u_i l_i$ 的作用线均通过圆心，故有：

$$\sum W_i x_i - \sum T_{fi} R = 0 \tag{9-10}$$

由以上各式可得：

$$F_s = \frac{\displaystyle\sum \frac{1}{m_{ai}}\left[c_i' b_i + (W_i - u_i l_i + \Delta X_i)\tan\varphi'\right]}{\displaystyle\sum W_i \sin\alpha_i} \tag{9-11}$$

此为 Bishop 条分法计算边坡稳定性安全系数的普遍公式，若忽略土条两侧的剪切力，所产生的误差仅为 1%，由此可得到安全系数为：

$$F_s = \frac{\displaystyle\sum \frac{1}{m_{ai}}\left[c_i' b_i + (W_i - u_i l_i)\tan\varphi'\right]}{\displaystyle\sum W_i \sin\alpha_i} \tag{9-12}$$

与瑞典条分法一样，对于给定滑动面对滑动体进行条分，确定土条参数。由于式中 m_a 也含有 F_s，故需要迭代法求解。首先假定一个安全系数 $F_s = 1$，求出 m_a 后代入计算公式得出安全系数 F_s，若计算的 F_s 与假设的 F_s 不等，则重新计算，直到前后两次 F_s 值满足所要求的精度为止。

9.3　踢脚稳定验算

对于内支撑或锚杆支护体系的基坑，其最下道支撑以下的挡土结构在主被动区水土压力的作用下有可能产生以最下道支点为圆心的转动破坏，即踢脚破坏。验算踢脚稳定性，主要

是验算最下道支撑以下主、被动区绕最下道支点的转动力矩是否平衡。计算简图如图 9-6 所示。踢脚安全系数验算公式如下：

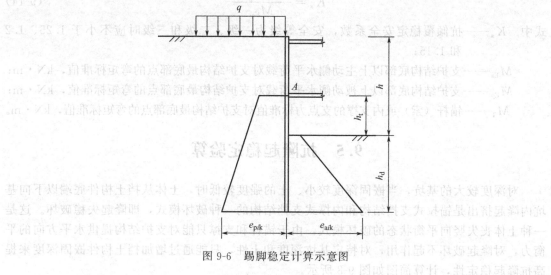

图 9-6　踢脚稳定计算示意图

$$F_s = \frac{M_p}{M_a} \tag{9-13}$$

式中　M_p——基坑内侧被动土压力对 A 点的力矩；

　　　M_a——基坑外侧主动土压力对 A 点的力矩。

9.4　抗倾覆稳定验算

对于支挡式结构，抗倾覆验算主要是为保证其嵌固深度，以免影响围护桩的倾覆稳定，受力简图如图 9-7 所示。

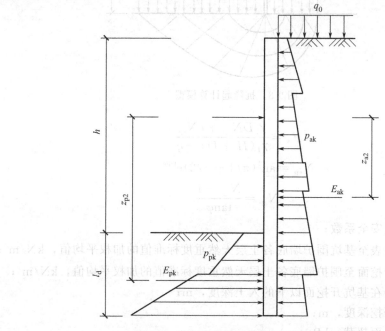

图 9-7　嵌固稳定性计算简图（单支点）

抗倾覆计算公式如下：

$$K_s = \frac{M_{Ep} + M_T}{M_{Ea}}$$

(9-14)

式中 K_s——抗倾覆稳定安全系数，安全等级为一级、二级和三级时应不小于1.25、1.2和1.15；

M_{Ea}——支护结构底部以上主动侧水平荷载对支护结构最底部点的弯矩标准值，kN·m；

M_{Ep}——支护结构底部以上被动侧水平荷载对支护结构最底部点的弯矩标准值，kN·m；

M_T——锚杆（索）或内支撑的支点力标准值对支护结构最底部点的弯矩标准值，kN·m。

9.5 抗隆起稳定验算

对深度较大的基坑，当嵌固深度较小、土的强度较低时，土体从挡土构件底端以下向基坑内隆起挤出是锚拉式支挡结构和内撑式支挡结构的一种破坏模式，即隆起失稳破坏。这是一种土体丧失竖向平衡状态的破坏模式，由于锚杆和支撑只能对支护结构提供水平方向的平衡力，对隆起破坏不起作用，对特定基坑深度和土性，只能通过增加挡土构件嵌固深度来提高抗隆起稳定性，计算简图如图9-8所示。

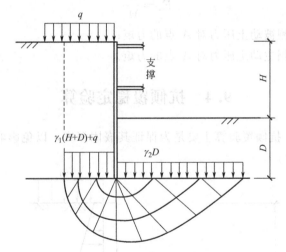

图9-8 抗隆起计算模型

$$F_s = \frac{\gamma_2 D N_{qp} + c N_{cp}}{\gamma_1(H+D) + q}$$

$$N_{qp} = \tan^2(\pi/4 + \varphi/2) e^{\tan\varphi}$$

$$N_{cp} = \frac{N_{qp} - 1}{\tan\varphi}$$

式中 F_s——抗隆起安全系数；

γ_1——坑外地表至基坑围护墙底各土层天然重度标准值的加权平均值，kN/m³；

γ_2——坑内开挖面至围护墙底各土层天然重度标准值的加权平均值，kN/m³；

D——围护墙在基坑开挖面以下的入土深度，m；

H——基坑开挖深度，m；

q——坑外地面超载，kPa；

c、φ——分别为围护墙底地基土黏聚力，kPa 和内摩擦角，（°）；

N_{qp}、N_{cp}——Prandtl 解地基土的承载力系数，根据围护墙底的地基土特性计算。

思考题与习题

1. 基坑稳定性问题按其失稳形式和原因划分为哪两类？
2. 悬臂式支护容易发生哪种稳定性破坏？

第10章 基坑工程地下水控制

■ **案例导读** ────────

郑州市某轨道交通车站为岛式车站，车站主体为双层三跨钢筋混凝土箱型框架结构，车站长度180m，宽度21m，底板埋深20m。车站基坑开挖深度20m，主体结构采用明挖施工、桩锚联合支护，围护桩桩径1.0m，间距1.2m，桩长大于33m。地下水类型为潜水，潜水含水层岩性主要为粉土和粉砂，施工期间地下水位埋深11.6m，水位降深为9.4m。采用管井降水，基坑设计涌水量为2013m³/d，共打设降水井18口，井间距22.5m。

讨论

地下水对基坑工程有什么影响？基坑地下水控制有哪些方法？这些控制方法如何设计与施工？

在影响基坑稳定性的诸多因素中，地下水的作用占有突出位置。历数各地曾发生的基坑工程事故，多数都和地下水的作用有关。因此，妥善解决基坑工程的地下水控制问题就成为基坑工程勘察、设计、施工、监测的重大课题。地下水对基坑工程的危害，除了水土压力中水压力对支护结构的作用之外，更重要的是基坑涌水、渗流破坏（流砂、管涌、坑底突涌）引起地面沉陷和抽（排）水引起地层不均匀固结沉降。基坑工程地下水控制的目的，就是要根据场地的工程地质、水文地质及岩土工程特点，采取可靠措施防止因地下水的不良作用引起基坑失稳及其对周边环境的影响。基坑工程地下水控制的方法分为降（排）水和止水隔渗（帷幕）两大类，这两种方法各自又包括多种形式。在基坑工程降水施工中，根据地质条件、周边环境、开挖深度和支护形式等因素，可分别采用不同方法或几种方法的合理组合，以达到有效控制地下水的目的。

10.1 基坑工程止水

当基坑底面深度大于地下水位埋深时，如果采用没有止水防渗功能的支护结构，则需要考虑设置止水帷幕。设置竖向止水帷幕，防止地下水通过渗水层向坑内渗流。当坑内降水时，由于止水帷幕的隔水作用，坑外的地下水位在短时间内不致受过大的影响，从而防止因降水而引起的基坑周围地面的沉降。

根据基坑开挖深度、周边环境条件及场地水文地质条件，合理选择止水帷幕类型及深度，预估止水帷幕内外的水压力差和坑底浮托力，以此作为止水帷幕厚度及隔渗体强度的验算依据。一般而言，止水帷幕要求插入坑底以下渗透性相对较低的土层中，真正起到隔水封闭作用，满足坑内降水后的渗流稳定，并防止坑外地下水位出现有害性下降；当含水层厚度较厚，完全阻断渗流路径的封闭式止水帷幕施工难度和工程造价很大时，可采用悬挂式止水帷幕，但需要进行渗流稳定性验算。当坑底下土体中存在承压水时，竖向止水帷幕应切断承压水层，也可在坑底设置水平向的止水帷幕，既可阻止地下水绕墙底向坑内渗流，又防止承压水向上作用的水压力使基坑底面以下的土层发生突涌破坏。但一般可在承压水层中设置减压井以降低承压水头。当承压水水头高、水量大时，也可以设置水平向止水帷幕，并配合设置一定量的减压井，如此比较经济。

目前，国内常规单轴和双轴搅拌机施工的水泥土搅拌桩止水帷幕的深度大致可达 15～20m，三轴搅拌机施工止水帷幕深度可达 35m 左右，而如 TRD 工法等则可达到 60m 左右。

10.1.1　止水方法

常用的止水帷幕的形成方法有地下连续墙、SMW 工法支护结构、水泥土搅拌法帷幕和高压喷射注浆法帷幕等。

（1）地下连续墙

地下连续墙可将隔渗和基坑支护功能合为一体，整体性和止水效果好，适用面广，但工程造价高。

（2）SMW 工法支护结构

SMW 工法亦称新型水泥土搅拌桩墙，将承受荷载与防渗挡水结合起来，使之成为同时具有受力与抗渗两种功能的支护结构的围护墙。SMW 工法施工工期短，对环境影响小，隔渗效果好，造价相对较低。

（3）水泥土搅拌法帷幕

水泥土搅拌桩（或称深层搅拌水泥桩）是采用水泥作固化剂，通过深层搅拌桩机在地基土中就地将原状土和水泥强制拌合，形成具有一定强度和整体结构的深层搅拌水泥土挡墙。

水泥土搅拌法既可以构成具有基坑止水和支护两种功能的水泥土挡墙，也可以构成以隔渗功能为主的独立止水帷幕，还可以与支护桩或土钉墙结合，共同发挥隔渗和支挡功能。它将原状土与水泥混合，形成渗透系数远比天然原状土小的水泥土。该方法包括干法和湿法两种施工工艺，施工工期短，对施工条件要求低。

（4）高压喷射注浆法帷幕

高压喷射注浆是利用钻机将旋喷注浆管及喷头钻置于桩底设计高程，将预先配制好的浆液通过高压发生装置使液流获得巨大能量后，从注浆管边的喷嘴中高速喷射出来，形成一股能量高度集中的液流，直接破坏土体，喷射过程中，钻杆边旋转边提升，使浆液与土体充分搅拌混合，在土中形成一定直径的柱状固结体，从而使地基得到加固。施工中一般分为两个工作流程，即先钻后喷，再下钻喷射，然后提升搅拌，保证每米桩浆土比例和质量。根据高压喷射喷头的运动形式，分为旋喷、摆喷和定喷。旋喷形成的结石体是柱状，摆喷和定喷形成的结石体为壁状。

与水泥土搅拌法类似，高压喷射注浆法既可以形成水泥土挡墙，也可以构成以止水功能为主的隔渗帷幕，还可以与支护排桩或土钉墙结合，共同发挥隔渗和支挡功能。其通过喷嘴喷出的水泥浆切割土体，使原状土与浆液搅拌混合。水泥凝结后，水泥土结石体渗透系数大为降低，形成隔水帷幕。该方法施工方便、工期短、施工设备简单；缺点是如果深度过大，施工质量难保障。对碎石土、杂填土、泥炭质土或地下水流速较大时，宜通过试验确定高压喷射注浆帷幕的适用性。

　　以上常见的止水帷幕形式在基坑工程中既可以用作支护结构挡土，也可以用作隔水帷幕止水。当基坑采用排桩等本身不具有止水功能的支护结构时，往往采用水泥土搅拌法和高压喷射注浆法与之组合，作为基坑施工期间的止水帷幕，见图 10-1。当基坑场地比较充裕时，止水帷幕应设置在排桩围护体背后，如图 10-1（a）所示。当因场地狭窄等原因，无法同时设置排桩和止水帷幕时，除可采用咬合式排桩围护体外，也可采用图 10-1（b）所示的方式，在两根桩体之间设置旋喷桩，将两桩间土体加固，形成止水的加固体。但该方法常因桩距大小不一致和旋喷桩沿深度方向土层特性的变化导致的旋喷桩体直径不一而导致渗漏水。此时，也可采用图 10-1（c）、（d）所示的咬合型止水形式。图 10-1（c）中，先施工水泥土搅拌桩，在其硬结之前，在每两组搅拌桩之间施工钻孔灌注桩，因灌注桩直径大于相邻两组搅拌桩之间净距，因此可实现灌注桩与搅拌桩之间的咬合，达到止水的效果。而在图 10-1（d）中，则是利用先后施工的灌注桩的混凝土咬合，达到止水的目的。当采用双排桩时，视场地条件，可在双排桩之间或之后设置水泥搅拌桩止水帷幕，分别如图 10-1（e）、（f）所示。

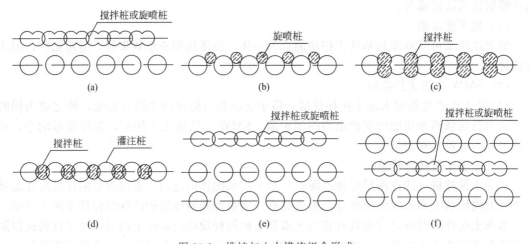

图 10-1　排桩与止水措施组合形式

10.1.2　止水设计

　　按止水隔渗体所在的位置不同，分成竖向隔渗帷幕和水平隔渗封底两种。前者沿基坑周边竖直形成连续封闭帷幕体，阻止地下水沿基坑坑壁或坑底附近渗入坑内，是广泛采用的一种方式；后者是当基坑坑底存在突涌、管涌破坏可能性时，采用水泥土搅拌法等在坑底或离坑底一定距离的土体深度范围内形成一定厚度的水平隔渗封底，防止发生渗透破坏。由于施工质量难以保障，其防突涌的效果也不明显，往往需要加设管井降水减压。与竖向隔渗帷幕相比，水平封底隔渗应用较少。

　　（1）竖向隔渗帷幕设计

　　将隔渗和支护挡土两种功能合二为一的帷幕体的设计方案首先应满足基坑变形、支护结构强度、稳定等要求，然后验算其抗渗性，在综合考虑这两方面因素的基础上确定帷幕体深度、宽度等几何尺寸。

对以发挥隔渗功能为主的止水帷幕，土压力由支护结构承担，帷幕体假设不承受外部荷载，其布设、厚度等只需满足止水隔渗要求。

落底式帷幕将止水帷幕直接嵌入相对不透水土（岩）层，切断了基坑内外的地下水的水力联系。当坑底以下存在连续分布、埋深较浅的隔水层时，应采用落底式帷幕。落底式帷幕进入下卧隔水层的深度应满足下式要求，且不宜小于 1.5m：

$$l \geqslant 0.2\Delta h_w - 0.5b \tag{10-1}$$

式中　l——帷幕进入隔水层的深度，m；

　　　Δh_w——基坑内外的水头差值，m；

　　　b——帷幕的厚度，m。

当相对不透水层位置较深时，采用落底式帷幕投资过大时，可采用悬挂式帷幕，通过延长地下水渗流路径降低水力坡降的方法控制地下水。悬挂式帷幕体进入基坑坑底以下的深度 D（图 10-2）由基坑底部不发生渗透破坏的条件确定，即 $i \leqslant i_{允}$。其中，坑底处水力坡降 i 根据流网分析获得，允许临界渗透坡度 $i_{允}$ 可根据理论分析和工程经验确定。

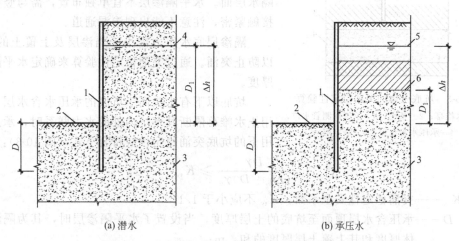

(a) 潜水　　　　　　　　　　　　　(b) 承压水

图 10-2　采用悬挂式帷幕截水时的流土稳定性验算

1—止水帷幕；2—基坑底面；3—含水层；4—潜水水位；5—承压水测管水位；6—承压含水层顶面

根据规范，悬挂式帷幕底端位于碎石土、砂土或粉土含水层时，对均质含水层，地下水渗流的流土稳定性应符合下式规定（图 10-2）：

$$\frac{(2D + 0.8D_1)\gamma'}{\Delta h \gamma_w} \geqslant K_{se} \tag{10-2}$$

式中　K_{se}——流土稳定性安全系数，安全等级为一、二、三级的支护结构，K_{se} 分别不应小于 1.6、1.5、1.4；

　　　D——帷幕底面至坑底的土层厚度，m；

　　　D_1——潜水水面或承压水含水层顶面至基坑底面的土层厚度，m；

　　　γ'——土的浮重度，kN/m^3；

　　　Δh——基坑内外的水头差，m；

　　　γ_w——水的重度，kN/m^3。

对渗透系数不同的非均质含水层，宜采用数值方法进行渗流稳定性分析。

由水泥土搅拌法等方法形成的隔渗帷幕，其厚度由施工机械、成桩直径和桩排列方式决定，多为 0.45～0.8m，也可大于 0.8m。水泥土混合物固化后，强度要求大于 1MPa，渗透系数 $k < 10^{-6}$cm/s。施工过程中，成桩垂直偏差要求不超过 1%，桩位偏差不得大于 50mm。当帷幕体深度超过 10m 时，相邻桩底端部错位可能大于 10cm，从而形成水泥无法与土层混合的盲区，容易产生渗漏通道。对这些部位可采用高压灌浆方法填补泄漏点。设计中，对于单排搅拌桩，当搅拌深度不大于 10m 时，搅拌桩的搭接宽度不应小于 150mm；当搅拌深度为 10～15m 时，不应小于 200mm；当搅拌深度大于 15m 时，不应小于 250mm。搅拌深度加大，搭接宽度也加大。对地下水位较高、渗透性较强的地层，宜采用双排搅拌桩止水帷幕。

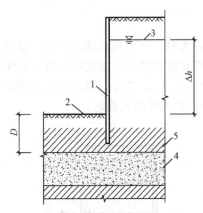

图 10-3　坑底土体的突涌稳定性验算
1—止水帷幕；2—基底；3—承压水测管水位；
4—承压水含水层；5—隔水层

（2）水平隔渗层

水平隔渗层是在基坑开挖前，通过水泥土搅拌法等方法在坑底或距坑底某一深度形成的一定厚度的水泥土混合体，水泥凝固后因其渗透系数远比原状土小，因此可以获得隔渗的效果。水平隔渗层宜沿整个基坑开挖范围内布置，并与竖向帷幕结合，形成五面隔水层面。水平隔渗层不宜单独布置，需与竖向帷幕接触紧密，注意不能出现渗漏通道。

隔渗层底水压力需小于隔渗层及上覆土的重量，以防止突涌。通过突涌稳定性验算来确定水平隔渗层厚度。

坑底以下有水头高于坑底的承压水含水层，且未用止水帷幕隔断其基坑内外的水力联系时，承压水作用下的坑底突涌稳定性应符合下式（图 10-3）：

$$\frac{D\gamma}{(\Delta h + D)\gamma_{\mathrm{w}}} \geq K_{\mathrm{ty}} \tag{10-3}$$

式中　K_{ty}——突涌稳定性安全系数，K_{ty} 不应小于 1.1；

　　D——承压含水层顶面至坑底的土层厚度，当设置了水平隔渗层时，其为隔渗帷幕体厚度和其上覆土层厚度的和，m；

　　γ——承压含水层顶面至坑底土层的天然重度，对成层土，取按土层厚度加权的平均天然重度，设置了水平隔渗层时，其为隔渗帷幕体和其上覆土层的加权平均值，kN/m³；

　　Δh——基坑内外的水头差，m；

　　γ_{w}——水的重度，kN/m³。

设计方案中可适当增加隔渗层在支护结构、工程桩等处的厚度，增强结合能力。水平隔渗层能否奏效，关键在于它是否连续和封闭、不出现渗漏。另外，在坑内可均匀布设减压孔（井），隔渗与降水减压相结合，减小上浮力。

10.2　基坑工程降水

基坑工程降水工作一般可分为六个基本阶段，即准备阶段、工程勘察阶段、工程降水设计阶段、工程降水施工阶段、工程降水监测与维护阶段和技术成果资料整理阶段。本节内容主要介绍基坑工程降水的设计与施工。

10.2.1　降水方法

基坑施工中，为避免产生渗透破坏和坑壁土体的坍塌，保证施工安全和减少基坑开挖对周围环境的影响，当基坑开挖深度内存在饱和软土层和含水层及坑底以下存在承压含水层时，需要选择合适的方法进行地下水控制。

10.2.1.1　降水方法简述

（1）集水明排

集水明排是用排水沟、集水井、泄水管、输水管等组成的排水系统将地表水、渗漏水排泄至基坑外的方法。通常在基坑或沟槽开挖时，在坑底设置集水井，并沿坑底的周围或中央开挖排水沟，也可布置在分级斜坡的平台上，使水自流进入集水井（坑）内，然后用水泵抽出坑外，如图 10-4 所示。

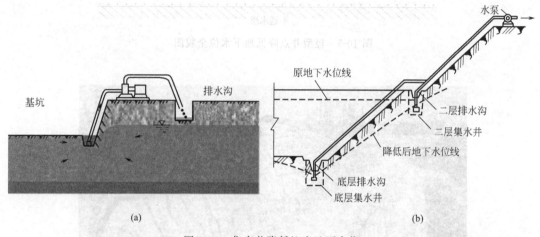

图 10-4　集水井降低坑内地下水位

基坑坑底四周的排水沟及集水井一般应设置在基础范围以外地下水流的上游。基坑面积较大时，可在基坑范围内设置盲沟排水。根据地下水量、基坑平面形状及水泵能力，集水井每隔 20～40m 设置 1 个。在基坑四周一定距离以外的地面上也应设置排水沟，将抽出的地下水排走，这些排水沟应做好防渗，以免水再回渗基坑中。

（2）轻型井点

轻型井点系在基坑的四周或一侧埋设井点管深入含水层内，井点管的上端通过连接弯管与集水管连接，集水总管再与真空泵和离心水泵相连，启动抽水设备，地下水便在真空泵吸力的作用下，经滤水管进入井点管和集水总管，排除空气后，由离心水泵的排水管排出，使地下水位降到基坑底以下。该方法具有机具简单，使用灵活，装拆方便，降水效果好，可防止流砂现象发生，提高边坡稳定，费用较低等优点；但需配置一套井点设备。轻型井点降水方法适于渗透系数为 0.1～50m/d 的土以及土层中含有大量的细砂和粉砂的土或明沟排水易引起流砂、坍方等情况使用。该方法降低水位深度一般在 3～6m 之间。轻型井点设备主要由井点管（包括过滤器）、集水总管、抽水泵、真空泵等组成。轻型井点系统降低地下水位的布置如图 10-5、图 10-6 所示。

（3）喷射井点

喷射井点降水也是真空降水，是在井点管内部装设特制的喷射器，用高压水泵或空气压缩机通过井点管中的内管向喷射器输入高压水（喷水井点）或压缩空气（喷气井点）形成水

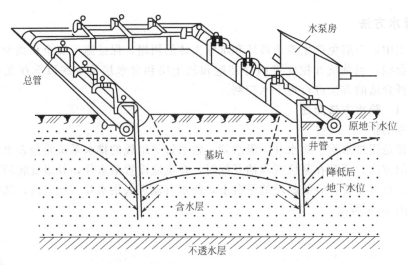

图 10-5　轻型井点降低地下水位全貌图

图 10-6　轻型井点施工现场

汽射流,将地下水经井点外管与内管之间的缝隙抽出排走的降水方法,见图 10-7。喷射井点的抽水系统和喷射井管件比较复杂,运行时故障率相对较高,能量损耗很大,相对于其他井点法降水而言具有降水深度大、运行费用高的特点。喷射井点系统能在井点底部产生 250mmHg(1mmHg=133.322Pa)的真空度,其降低水位深度一般在 8~20m 之间。它适用的土层渗透系数与轻型井点一样,一般为 0.1~50m/d。

(4) 管井(深井)井点

管井井点就是沿基坑每隔一定间距设置一个抽水井,每个管井单独用一台水泵(潜水泵、离心泵)不断抽水来降低地下水位,如图 10-8 所示。

管井井点适用于渗透系数大的砂砾层,地下水丰富的地层,以及轻型井点不易解决的工程。它具有施工简单、出水量大等特点,每口管井出水流量可达到 50~100m³/h,可降低地下水位深度约 6~10m。这种方法一般用于潜水层降水,通常土的渗透系数在 20~200m/d 范围内时效果最好。

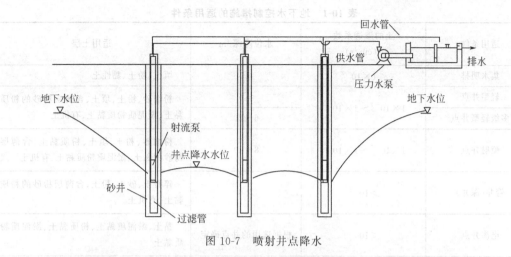

图 10-7 喷射井点降水

图 10-8 管井施工现场实物图

管井降水系统一般由管井、抽水泵（一般采用潜水泵、深井泵、深井潜水泵或真空深井泵等）、泵管、排水总管、排水设施等组成。管井由井孔、井管、过滤管、沉淀管、填砾层、止水封闭层等组成，如图 10-9 所示。

当降水深度超过 15m 时，可在管井井点中采用深井泵。这种采用深井泵的井点称为深井井点。深井井点一般可降低水位 30～40m。深井井点是基坑支护中应用较多的降水方法，它的优点是排水量大、降水深度大、降水范围大。

10.2.1.2 降水方法选择及适用条件

降水方法应根据场地地质条件、降水目的、降水技术要求、降水工程可能涉及的工程环境保护等因素按照表 10-1 的适用条件选用，并符合下列规定：

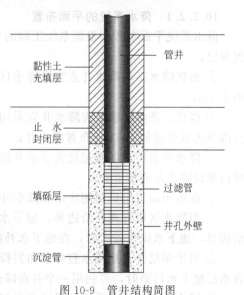

图 10-9 管井结构简图

黏性土充填层

管井

止水封闭层

过滤管

填砾层

井孔外壁

沉淀管

165

表 10-1　地下水控制措施的适用条件

适用条件	土的渗透系数 /(cm/s)	水位降深/m	适用土层
集水明排	$<1\times10^{-2}$	$\leqslant5$	填土、粉土、黏性土
轻型井点	$1\times10^{-7}\sim1\times10^{-4}$	$\leqslant6$	粉细砂、粉土、填土、含薄层粉砂的粉质黏土、淤泥质粉质黏土、有机土
多级轻型井点		$6\sim20$	
喷射井点	$1\times10^{-7}\sim1\times10^{-4}$	$8\sim20$	粉细砂、粉土、填土、粉质黏土、含薄层粉砂的黏土、淤泥质粉质黏土、有机土
管井(深井)	$>10^{-5}$	>6	碎石土、砂土、粉土、含薄层粉砂的粉质黏土、有机土
电渗井点	$<10^{-7}$	根据选用的井点确定	黏土、淤泥质黏土、粉质黏土、淤泥质粉质黏土
砂砾渗井	$>5\times10^{-7}$	取决于下伏的导水层埋深及性质	黏质粉土、粉土、粉细砂、含薄层粉砂的粉质黏土、有机土
回灌	$1\times10^{-3}\sim1\times10^{-1}$	—	填土、粉土、砂土、碎石土
截水	不限	不限	黏性土、粉土、砂土、碎石土、岩溶岩

① 地下水控制水位应满足基础施工要求，基坑范围内地下水水位应降至基础垫层以下不小于 0.5m，对基底以下承压水应降至不产生坑底突涌的水位以下，对局部加深部位（电梯井、集水坑、泵房等）宜采取局部控制措施；

② 降水过程中应采取防止土的细小颗粒流失的措施；

③ 应减少对地下水资源的影响；

④ 对工程环境的影响应在可控范围之内；

⑤ 应能充分利用抽排的地下水资源。

10.2.2　降水设计布置及要点

10.2.2.1　降水系统的平面布置

降水系统平面布置应根据基坑工程的平面形状、场地条件及建筑条件确定，并应符合下列规定：

① 面状降水工程降水井点宜沿降水区域周边呈封闭状均匀布置，距开挖上口边线不宜小于 1m；

② 线状、条状降水工程降水井宜采用单排或双排布置，两端应外延条状或线状降水井点围合区域宽度的 1～2 倍布置降水井；

③ 降水井点围合区域宽度大于单井降水影响半径或采用隔水帷幕的工程，应在围合区域内增设降水井或疏干井；

④ 在运土通道出口两侧应增设降水井；

⑤ 当降水区域远离补给边界，地下水流速较小时，降水井点宜等间距布置，当临近补给边界，地下水流速较大时，在地下水补给方向降水井点间距可适当减小；

⑥ 对于多层含水层降水宜分层布置降水井点，当确定上层含水层地下水不会造成下层含水层地下水污染时，可利用一个井点降低多层地下水水位；

⑦ 降水井点、排水系统布设应考虑与场地工程施工的相互影响。

10.2.2.2　降水观测孔布置

地下水水位观测孔布置应符合下列规定：

① 地下水控制区域外侧应布设水位观测孔，单项工程水位观测孔总数不宜少于 3 个，观测孔间距宜为 20～50m。降水工程水位观测孔宜沿降水井点外轮廓线、被保护对象周边或降水井点与被保护对象之间布置，相邻建筑、重要的管线或管线密集区应布置水位观测点；隔水帷幕水位观测孔宜布置在隔水帷幕的外侧约 2m 处；回灌工程水位观测孔宜布置在回灌井点与被保护对象之间。

② 地下水控制区域内可设置水位观测孔；当采用管井、渗井降水时，水位观测孔应布置在控制区域中央和两相邻降水井点中间部位；当采用真空井点、喷射井点降水时，水位观测孔应布置在控制区域中央和周边拐角处。

③ 有地表水补给的一侧，可适当减小观测孔间距。

④ 分层降水时应分层布置观测孔。

10.2.2.3　主要降排水方法的设计要点

（1）集水明排

集水明排应符合下列规定：

① 对地表汇水、降水井抽出的地下水可采用明沟或管道排水；

② 对坑底汇水可采用明沟或盲沟排水；

③ 对坡面渗水宜采用在渗水部位插打导水管引至排水沟的方式排水；

④ 必要时可设置临时明沟和集水井，临时明沟和集水井随土方开挖过程适时调整。

排水沟、集水井的截面应根据设计流量确定，设计排水流量应符合下式规定：

$$Q \leqslant V/1.5 \tag{10-4}$$

式中　Q——基坑涌水量，m^3/d；

V——排水沟、集水井的排水量，m^3/d。

沿排水沟宜每隔 30～50m 设置一口集水井。集水井、排水沟不应影响地下工程施工。

排水沟深度和宽度应根据基坑排水量确定，坡度宜为 0.1%～0.5%；集水井尺寸和数量应根据汇水量确定，深度应大于排水沟深度 1.0m；排水管道的直径应根据排水量确定，排水管的坡度不宜小于 0.5%。

（2）轻型井点

轻型井点布设除应符合降水系统平面布置的原则外，尚应符合下列规定：

① 当轻型井点孔口至设计降水水位的深度不超过 6.0m 时，宜采用单级轻型井点；当大于 6.0m 且场地条件允许时，可采用多级轻型井点降水，多级井点上下级高差宜取 4.0～5.0m。

② 井点系统的平面布置应根据降水区域平面形状、降水深度、地下水的流向以及土的性质确定，可布置成环形、U 形和线形（单排、双排）。

③ 井点间距宜为 0.8～2.0m，距开挖上口边线的距离不应小于 1.0m；集水总管宜沿抽水水流方向布设，坡度宜为 0.25%～0.5%。

④ 降水区域四角位置井点宜加密。

⑤ 降水区域场地狭小或在涵洞、地下暗挖工程、水下降水工程，可布设水平、倾斜井点。

轻型井点的构造应符合下列规定：

① 井点管宜采用金属管或 U-PVC 管，直径应根据单井设计出水量确定，宜为 38～110mm。

② 过滤器管径应与井点管直径一致，滤水段管长度应大于 1.0m；管壁上应布置渗水孔，直径宜为 12～18mm；渗水孔宜呈梅花形布置，孔隙率应大于 15%；滤水段之下应设置沉淀管，沉淀管长度不宜小于 0.5m。

③ 管壁外应根据地层土粒径设置滤水网；滤水网宜设置两层，内层滤网宜采用 60～80 目尼龙网或金属网，外层滤网宜采用 3～10 目尼龙网或金属网，管壁与滤网间应采用金属丝绕成螺旋形隔开，滤网外应再绕一层粗金属丝。

④ 孔壁与井管之间的滤料宜采用中粗砂，滤料上方应用黏土封堵，封堵至地面的厚度应大于 1.0m。

⑤ 集水总管宜采用 φ89～127mm 的钢管，每节长度宜为 4m，其上应安装与井管相连接的接头。

⑥ 井点泵应用密封胶管或金属管连接各井，每个泵可带动 30～50 个轻型井点。

（3）喷射井点

喷射井点布设除应符合降水系统平面布置的原则外，尚应符合下列规定：

① 当降水区域宽度小于 10m 时宜单排布置，当降水区域宽度大于 10m 时宜双排布置，面状降水工程宜环形布置；

② 喷射井点间距宜为 1.5～3.0m，井点深度应比设计开挖深度大 0.3～0.5m；

③ 每组喷射井点系统的井点数不宜超过 30 个，总管直径不宜小于 150mm，总长不宜超过 60m，每组井点应自成系统。

喷射井点的构造应符合下列规定：

① 井点的外管直径宜为 73～108mm，内管直径宜为 50～73mm。

② 过滤器管径应与井点管径一致，滤水段管长度应大于 1.0m；管壁上应布置渗水孔，直径宜为 12～18mm；渗水孔宜呈梅花形布置，孔隙率应大于 15%；滤水段之下应设置沉淀管，沉淀管长度不宜小于 0.5m。

③ 管壁外应根据地层土粒径设置滤水网；滤水网宜设置两层，内层滤网宜采用 60～80 目尼龙网或金属网，外层滤网宜采用 3～10 目尼龙网或金属网，管壁与滤网间应采用金属丝绕成螺旋形隔开，滤网外应再绕一层粗金属丝。

④ 井孔成孔直径不宜大于 600mm，成孔深度应比滤管底深 1m 以上。

⑤ 喷射井点的喷射器应由喷嘴、联管、混合室、负压室组成，喷射器应连接在井管的下端；喷射器混合室直径宜为 14mm，喷嘴直径宜为 6.5mm，工作水箱不应小于 10m^3。

⑥ 工作水泵可采用多级泵，水泵压力应大于 2MPa。

（4）管井（深井）井点

管井的布设除应符合降水系统平面布置的原则外，尚应符合下列规定：

① 管井位置应避开支护结构、工程桩、立柱、加固区及坑内布设的监测点；

② 临时设置的降水管井和观测孔孔口高度可随工程开挖进行调整；

③ 工程采用逆作法施工时应考虑各层楼板预留管井洞口；

④ 当管井间地下分水岭的水位未达到设计降水深度时，应根据抽水试验的浸润曲线反算管井间距和数量并进行调整。

管井的构造和设备应符合下列规定：

① 管井井管直径应根据含水层的富水性及水泵性能选取，井管外径不宜小于 200mm，井管内径应大于水泵外径 50mm；

② 管井成孔直径宜为 400～800mm；

③ 沉砂管长度宜为 1.0～3.0m；

④ 抽水设备出水量应大于单井设计出水量的 30％。

管井过滤器有缠丝过滤器、包网过滤器和填砾过滤器等种类，抽水孔过滤器骨架管有钢筋混凝土穿孔管［图 10-10(a)］、无砂混凝土管［图 10-10(b)］、金属管、钢筋骨架塑料管等，抽水孔过滤器骨架管的孔隙率不宜小于 15％。非填砾过滤器缠丝缝隙、包网网眼尺寸，按照表 10-2 确定。

(a)　　　　　　　　　　　　　　(b)

图 10-10　抽水孔过滤器骨架管

表 10-2　非填砾过滤器进水缝隙尺寸

过滤器种类	缝隙、网眼尺寸/mm	
	含水层不均匀系数≤2	含水层不均匀系数>2
缠丝过滤器	$(1.25\sim1.5)\,d_{50}$	$(1.5\sim2.0)\,d_{50}$
包网过滤器	$(1.5\sim2.0)\,d_{50}$	$(2.0\sim2.5)\,d_{50}$

注：1. 细砂取较小值，粗砂取较大值。

2. d_{50} 为含水层筛分颗粒组成中，过筛质量累计为 50％ 的最大颗粒粒径。

填砾过滤器的滤料规格和缠丝间隙，可按下列规定确定：

① 当砂土类含水层的不均匀系数小于 10 时，填砾过滤器的滤料规格采用下式计算：

$$D_{50} = (6 \sim 8)d_{50} \tag{10-5}$$

式中　D_{50}——滤料试样筛分中能通过网眼的颗粒，其累计质量占试样总质量为 50％ 时的最大颗粒直径。

② 当碎石土类含水层的 d_{50} 小于 2mm 时，填砾过滤器的滤料规格采用下式计算：

$$D_{50} = (6 \sim 8)d_{20} \tag{10-6}$$

式中　d_{20}——含水层筛分颗粒组成中，过筛累计为 20％ 的最大颗粒粒径。

③ 当碎石土类含水层的 d_{20} 大于或等于 2mm 时，应充填粒径 10～20mm 的滤料。

④ 填砾过滤器滤料的不均匀系数值应小于或等于 2。

⑤ 填砾过滤器的缠丝间隙和非缠丝过滤器的孔隙尺寸，可采用 D_{10}（D_{10} 为滤料试样筛分中能通过网眼的颗粒其累计质量占试样总质量为 10％ 的最大颗粒直径）。

⑥ 填砾过滤器的滤料厚度，粗砂以上含水层应为 75mm，中砂、细砂和粉砂含水层应为 100mm。

10.2.3 降水设计计算

降水设计计算的主要内容有：基坑涌水量计算、单井出水量设计、降水井的数量与深度、滤水管长度和形式、承压水降水基坑开挖底板稳定性计算、降水区内地下水位的预测计算、降水引起的周边地面沉降计算等。

深基坑工程中降水设计与布置尚需满足以下要求：

① 按地下水位降深确定降水井间距和井水位降深时，地下水位降深应满足相关规范。一般而言，基坑内的设计降水水位应低于基坑开挖底面 0.5m。

② 当主体结构的电梯井、集水井等部位使基坑局部加深时，应按其深度考虑设计降水水位或对其另行采取局部地下水控制措施。

③ 基坑采用截水结合坑外减压降水的地下水控制方法时，尚应规定降水井水位的最大降深值。

④ 各降水井井位宜沿基坑周边以一定间距形成闭合状。当地下水流速较小时，降水井宜等间距布置；当地下水流速较大时，在地下水补给方向宜适当减小降水井间距。对宽度较小的狭长形基坑，降水井也可在基坑一侧布置。

⑤ 当基坑降水影响范围内存在隔水边界、地表水体或水文地质条件变化较大时，可根据具体情况，对按计算的单井流量和地下水位降深进行适当修正或采用非稳定流方法、数值法计算。

10.2.3.1 基坑涌水量估算

对于矩形基坑，布置于基坑周边的降水井点同时抽水，在影响半径范围内相互干扰，形成大致以基坑中心为降落漏斗中心的大降落漏斗，等效为一口井壁由各个降水井进水组成、井半径为 r_0、井内水位降深为 S 的大直径井抽水。

（1）大井法估算公式

大井法估算基坑涌水量时形式上与单井涌水量计算公式相同。根据《建筑基坑支护技术规程》（JGJ 120—2012）中的基坑涌水量公式计算。

① 群井按大井简化的均质含水层潜水完整井的基坑降水总涌水量可按下列公式计算（图 10-11）：

$$Q = \pi k \frac{(2H_0 - s_0)s_0}{\ln\left(1 + \dfrac{R}{r_0}\right)} \tag{10-7}$$

式中　Q——基坑降水的总涌水量，m^3/d；

　　　k——渗透系数，m/d；

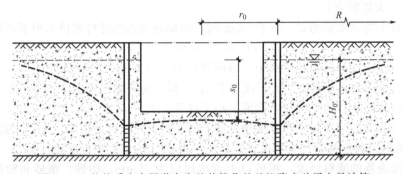

图 10-11　按均质含水层潜水完整井简化的基坑降水总涌水量计算

H_0——潜水含水层厚度，m；

s_0——基坑水位降深，m；

R——降水影响半径，m；

r_0——沿基坑周边均匀布置的降水井群所围面积等效圆的半径，m，可按 $r_0 = \sqrt{A/\pi}$ 计算，此处，A 为降水井群连线所围的面积。

② 群井按大井简化的均质含水层潜水非完整井的基坑降水总涌水量可按下列公式计算（图 10-12）：

$$Q = \pi k \frac{H_0^2 - h_m^2}{\ln\left(1 + \dfrac{R}{r_0}\right) + \dfrac{h_m - l}{l}\ln\left(1 + 0.2\dfrac{h_m}{r_0}\right)} \qquad (10\text{-}8)$$

$$h_m = \frac{H_0 + h}{2} \qquad (10\text{-}9)$$

式中　h——基坑动水位至含水层底面的深度，m；

　　　l——滤管有效工作部分的长度，m。

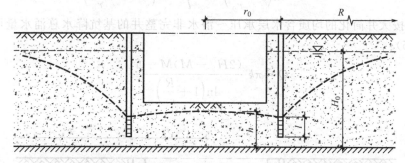

图 10-12　按均质含水层潜水非完整井简化的基坑降水总涌水量计算

③ 群井按大井简化的均质含水层承压水完整井的基坑降水总涌水量可按下列公式计算（图 10-13）：

$$Q = 2\pi k \frac{M s_0}{\ln\left(1 + \dfrac{R}{r_0}\right)} \qquad (10\text{-}10)$$

式中　M——承压含水层厚度，m。

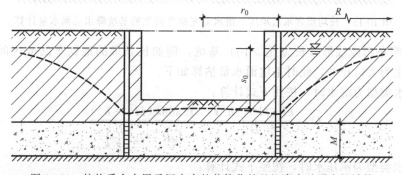

图 10-13　按均质含水层承压水完整井简化的基坑降水总涌水量计算

④ 群井按大井简化的均质含水层承压水非完整井的基坑降水总涌水量可按下式计算（图 10-14）：

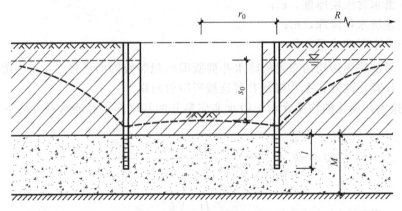

图 10-14　按均质含水层承压水非完整井简化的基坑降水总涌水量计算

$$Q = 2\pi k \frac{M s_0}{\ln\left(1 + \dfrac{R}{r_0}\right) + \dfrac{M - l}{l}\ln\left(1 + 0.2\dfrac{M}{r_0}\right)} \tag{10-11}$$

⑤ 群井按大井简化的均质含水层承压～潜水非完整井的基坑降水总涌水量可按下式计算（图 10-15）：

$$Q = \pi k \frac{(2H_0 - M)M - h^2}{\ln\left(1 + \dfrac{R}{r_0}\right)} \tag{10-12}$$

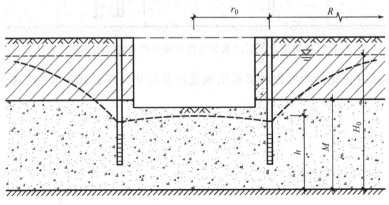

图 10-15　按均质含水层承压～潜水非完整井简化的基坑降水总涌水量计算

⑥ 对于窄条形或线形（长宽比＞10）基坑，例如长条形的地铁车站或区间隧道基坑，不宜强行概化为大口径井，此时基坑涌水量估算如下。

当地下水类型为潜水时，按照下式计算：

$$Q = \frac{kL(H^2 - h^2)}{R} + \frac{1.366k(H^2 - h^2)}{\lg R - \lg\left(\dfrac{B}{2}\right)} \tag{10-13}$$

当地下水类型为承压水时，按照下式计算：

$$Q = \frac{2kLMS}{R} + \frac{2.73kMS}{\lg R - \lg\left(\dfrac{B}{2}\right)} \tag{10-14}$$

式中　Q——基坑涌水量，m^3/d；

　　　L——基坑长度，m；

　　　k——含水层渗透系数，m/d；

　　　B——基坑宽度，m；

　　　h——动水位至含水层底板深度，m；

　　　S——基坑地下水降深，m；

　　　H——潜水含水层厚度，m；

　　　M——承压含水层厚度，m。

（2）含水层影响半径

含水层的影响半径宜通过试验确定。缺少试验时，可按下列公式计算并结合当地经验取值：

① 潜水含水层：

$$R = 2S_w\sqrt{kH} \tag{10-15}$$

② 承压水含水层：

$$R = 10S_w\sqrt{k} \tag{10-16}$$

式中　R——影响半径，m；

　　　S_w——井水位降深，m，当井水位降深小于 10m 时，取 $S_w = 10m$；

　　　k——含水层的渗透系数，m/d；

　　　H——潜水含水层厚度，m。

10.2.3.2　单井出水量

单井出水量又名单井流量，它指一口地下水井在某一降深条件下的流量。各类井的单井出水能力可按下列规定取值，当单井出水能力小于设计单井流量时应增加井的数量、井的直径或深度。

① 轻型井点出水能力可取 $36\sim60m^3/d$。

② 喷射井点出水能力可按表 10-3 取值。

表 10-3　喷射井点的出水能力

外管直径 /mm	喷射管		工作水压力 /MPa	工作水流量 /(m^3/d)	设计单井出水流量 /(m^3/d)	适用含水层渗透系数 /(m/d)
	喷嘴直径 /mm	混合室直径 /mm				
38	7	14	$0.6\sim0.8$	$112.8\sim163.2$	$100.8\sim138.2$	$0.1\sim5.0$
68	7	14	$0.6\sim0.8$	$110.4\sim148.8$	$103.2\sim138.2$	$0.1\sim5.0$
100	10	20	$0.6\sim0.8$	230.4	$259.2\sim388.8$	$5.0\sim10.0$
162	19	40	$0.6\sim0.8$	720	$600\sim720$	$10.0\sim20.0$

管井的单井出水能力可按下式计算：

$$q_0 = 120\pi r_s l\sqrt[3]{k} \tag{10-17}$$

式中　q_0——单井出水能力，m^3/d；

　　　r_s——过滤器半径，m；

　　　l——过滤器进水部分长度，m；

　　　k——含水层渗透系数，m/d。

③ 大井法估算时等效半径 r_0 可根据基坑形状计算。

当基坑为圆形或近似圆形时：

$$r_0 = \sqrt{\frac{A}{\pi}} \tag{10-18}$$

当基坑为矩形时：

$$r_0 = \zeta(l + b)/4 \tag{10-19}$$

当基坑为不规则的多边形时：

$$r_0 = \sqrt[n]{r_1 r_2 r_3 \cdots r_n} \tag{10-20}$$

式中　　　　　　　A——基坑面积，m^2；

l——基坑长度，m；

b——基坑宽度，m；

ζ——基坑形状修正系数，$b/l \leqslant 0.3$ 时，$\zeta = 1.14$，$b/l > 0.3$ 时，$\zeta = 1.16$；

r_1、r_2、r_3、$\cdots$、r_n——多边形基坑各顶点到多边形中心的距离，m。

10.2.3.3　降水井深度

降水井的深度可根据基底深度、降水深度、含水层的埋藏分布、地下水类型、降水井的设备条件以及降水期间的地下水位动态等因素按下式确定：

$$H_w = H_{w1} + H_{w2} + H_{w3} + H_{w4} + H_{w5} + H_{w6} \tag{10-21}$$

式中　H_w——降水井点深度，m；

H_{w1}——基底深度，m；

H_{w2}——降水水位距离基坑底要求的深度，m；

H_{w3}——可按 $i \cdot r_0$ 计算，i 为水力坡度，在降水井分布范围内宜为 $1/15 \sim 1/10$，r_0 为降水井分布范围的等效半径或降水井排间距的 $1/2$，m；

H_{w4}——降水期间的地下水位变幅，m；

H_{w5}——降水井过滤器工作长度，m；

H_{w6}——沉砂管长度，m，宜为 $1 \sim 3m$。

10.2.3.4　过滤器（管）的长度

过滤器（管）长度应符合下列规定：

① 对轻型井点和喷射井点，过滤器的长度不宜小于含水层厚度的 $1/3$。

② 管井过滤器长度宜与含水层厚度一致。当含水层较厚时，过滤器的长度可按下式计算确定：

$$l = \frac{q}{\pi \cdot d \cdot n_e \cdot v} \tag{10-22}$$

式中　q——单井出水量，m^3/s；

n_e——滤水管的有效孔隙率，宜为滤水管进水表面孔隙率的 50%；

d——滤水管的外径，m；

v——滤水管进水流速，m/s，可由经验公式 $v = \sqrt{k}/15$ 求得，k 为土的渗透系数。

10.2.3.5　降水井数量和间距

降水井的数量可根据基坑涌水量和设计单井出水量按下式计算：

$$n = \lambda Q/q \tag{10-23}$$

式中　n——降水井数量；

　　Q——基坑涌水量，m^3/d；

　　q——单井出水量，m^3/d；

　　λ——调整系数，一级安全等级取 1.2，二级安全等级取 1.1，三级安全等级取 1.0。

承压水降水应设置备用井，备用井数量应为计算降水井数量的 20%。

根据降水井围合区域周长即可计算降水井的间距，即

$$s = c/n \tag{10-24}$$

式中　s——降水井间距，m；

　　　c——降水井轴线围合区域周长，m。

按照计算的间距布设降水井，在基坑的拐角部位或来水方向上可适当加密布设。

10.2.4　降水施工

10.2.4.1　集水明排施工

① 排水管沟与明排可随基坑（槽）的开挖水平和涵洞施工长度同步进行。

② 采用明沟排水时，沟底应采取防渗措施；采用盲沟排水时，盲沟内宜采用级配碎石充填，并应满足主体结构对地基的要求。

③ 集水井（坑）壁应有防护结构，并应采用碎石滤水层、泵头包纱网等措施。

④ 当基坑侧壁出现渗水时，应针对性地设置导水管，将水引入排水沟。

⑤ 水泵可根据排水量大小及基坑深度确定。

⑥ 排水管道上宜设置清淤孔，清淤孔的间距不宜大于 10m。

⑦ 明沟、集水井、排水管、沉淀池使用时应随时清理淤积物，保持排水通畅。

10.2.4.2　轻型井点施工

轻型井点的工作原理是在真空泵和离心泵的作用下，地下水经滤管进入管井，然后经集水总管排出，从而降低地下水位。轻型井点施工的工艺主要包括井点成孔施工和井点管埋设。

① 井点成孔施工方法有水冲法成孔和钻孔法成孔，具体要求如下：

a. 水冲法成孔施工。利用高压水流冲开土层，冲孔管依靠自重下沉。砂性土中冲孔所需水流压力为 0.4～0.5MPa，黏性土中冲孔所需水流压力为 0.6～0.7MPa。

b. 钻孔法成孔施工。适用于坚硬地层或井点紧靠建筑物，一般可采用长螺旋钻机、清水或稀泥浆钻进方法进行成孔施工。

c. 成孔直径应满足填充滤料的要求，且不宜大于 300mm。

d. 成孔深度宜比滤水管底端埋深大 0.5m 左右。

② 井点管埋设。井点管的埋设应满足以下要求：

a. 井点管的成孔质量应符合成孔规定；

b. 达到设计孔深后，应加大泵量、冲洗钻孔、稀释泥浆，返清水 3～5min 后，方可向孔内安放井点管；

c. 井点管安装到位后，应向孔内投放滤料，孔内投入的滤料数量，宜大于计算值 5%～15%，滤料填至地面以下 1～2m 后应用黏土填满压实封口以防止漏气；

d. 井点管埋设完毕后，采用弯联管（通常为塑料软管）分别将井点管连接到集水总管上；

e. 抽水系统不应漏水、漏气，形成完整的真空井点抽水系统后，应进行试运行。

10.2.4.3　喷射井点施工

① 喷射井点施工方法、滤料回填同轻型井点；

② 井管沉设前应对喷射器进行检验，每个喷射井点施工完成后，应及时进行单井试抽，排出的浑浊水不得回流循环管路系统，试抽时间应持续到水清砂净为止；

③ 每组喷射井点系统安装完成后，应进行试运行，不应有漏气、翻砂、冒水现象；

④ 循环水箱内的水应保持清洁。

10.2.4.4 管井降水施工

降水管井施工的整个工艺流程包括成孔工艺和成井工艺，具体又可以分为以下过程：

准备工作→钻机进场→定位安装、开孔→下护口管→钻进→终孔后冲孔换浆下井管→稀释泥浆清孔→填砂→止水封孔→洗井→下泵试抽→合理安排排水管路及电缆电路→试抽水→正式抽水→水位与流量观测记录。

（1）成孔工艺

成孔工艺亦即管井钻进工艺，指管井井身施工所采用的技术方法、措施和施工工艺过程。管井钻进方法习惯上分为：冲击钻进、回转钻进、潜孔锤钻进、反循环钻进、螺旋钻进、空气钻进等，应根据钻进地层的岩性和钻进设备等因素进行选择，以卵石和漂石为主的地层，宜采用冲击钻进或潜孔锤钻进，其他第四纪地层宜采用回转钻进或螺旋钻进，施工过程中应做好成孔施工记录。

钻进过程中为防止井壁坍塌、掉块、漏失以及钻进高压含水、气层时可能产生的喷涌等井壁失稳事故，需采取井孔护壁措施。可根据下列原则，采用护壁措施：

① 保持井内液柱压力与地层侧压力（包括土压力和水压力）的平衡，是维系井壁稳定的基本方法。对于易坍塌地层，应注意经常维持和调整压力平衡关系。冲击钻进时，如果能够保持井内水位比静止地下水位高 3～5m，可采用泥浆护壁。

② 遇水不稳定地层，选用的冲洗介质类型和性能应能够避免水对地层的影响。

③ 当其他护壁措施无效时，可采用套管护壁。

（2）成井工艺

管井成井工艺是指成孔结束后，安装井内装置的施工工艺，包括探井、换浆、安装井管、填砾、洗井、试抽水等工序。这些工序完成的质量直接影响成井质量能否达到设计要求的各项指标。如成井质量差，可能引起井内大量出砂，或井的出水量降低，甚至不出水。因此，严格控制成井工艺中的各道工序是保证成井质量的关键。

① 探井。探井是检查井身和井径的工序，目的是检查井身是否圆直，以保证井管顺利安装和滤料厚度均匀。探井工作采用探井器进行，探井器直径应小于孔径 25mm；其长度宜为 20～30 倍孔径。在合格的井孔内任意深度处，探井器应均能灵活转动。如发现井身质量不符合要求，应立即进行修整。

② 换浆。成孔结束、经探井和修整井壁后，井内泥浆黏度很大并含有大量岩屑，过滤管进水缝隙可能被堵塞，井管也可能沉不到预计深度，造成过滤管与含水层错位。因此，井管安装前，应进行换浆。

换浆是以稀泥浆置换井内的稠泥浆的施工工序，不应加入清水，换浆的浓度应根据井壁的稳定情况和计划填入的滤料粒径大小确定，稀泥浆一般漏斗黏度为 16～18s，密度为 $1.05～1.10g/cm^3$。

③ 安装井管。安装井管前需先进行配管，即根据井管结构设计进行配管，并检查井管的质量。井管沉设方法应根据管材强度、沉设深度和起重设备能力等因素选定，并宜符合下列要求：

a. 提吊下管法，宜用于井管自重（或浮重）小于井管允许抗拉力和起重的安全负荷；

b. 托盘（或浮板）下管法，宜用于井管自重（或浮重）超过井管允许抗拉力和起重的安全负荷；

c. 多级下管法，宜用于结构复杂和沉设深度过大的井管；

　　d. 吊放井管时应平稳、垂直，并保持井管在井孔中心，严禁猛蹾，井管宜高出地表 200mm 以上。

　　④ 填砾。填砾前的准备工作包括：a. 井内泥浆稀释至密度小于 1.10g/cm³（高压含水层除外）；b. 检查滤料的规格和数量；c. 备齐测量填砾深度的测锤和测绳等工具；d. 清理井口现场，加井口盖，挖好排水沟。

　　滤料的质量包括以下方面：滤料应按设计规格进行筛分，不符合规格的滤料不得超过 15%；滤料的磨圆度应较好，棱角状砾石含量不能过多，严禁以碎石作为滤料；不含泥土和杂物；宜用硅质砾石。

　　滤料的数量按下式计算：

$$V = 0.785(D^2 - d^2)L\alpha \tag{10-25}$$

式中　V——滤料数量，m³；

　　　　D——填砾段井径，m；

　　　　d——过滤管外径，m；

　　　　L——填砾段长度，m；

　　　　α——超径系数，一般为 1.2～1.5。

　　填砾的方法应根据井壁的稳定性、冲洗介质的类型和管井结构等因素确定。常用的方法包括静水填砾法、动水填砾法和抽水填砾法。

　　⑤ 洗井。为防止泥皮硬化，下管填砾之后，应立即进行洗井。管井洗井方法较多，一般分为水泵洗井、活塞洗井、空压机洗井、化学洗井和二氧化碳洗井以及两种或两种以上洗井方法组合的联合洗井。洗井方法应根据含水层特性、管井结构及管井强度等因素选用，简述如下：

　　a. 松散含水层中的管井在井管强度允许时，宜采用活塞洗井和空压机联合洗井。

　　b. 泥浆护壁的管井，当井壁泥皮不易排除时，宜采用化学洗井与其他洗井方法联合进行。

　　c. 碳酸盐岩类地区的管井宜采用液态二氧化碳配合六偏磷酸钠或盐酸联合洗井。

　　d. 碎屑岩、岩浆岩地区的管井宜采用活塞、空气压缩或液态二氧化碳等方法联合洗井。

　　⑥ 试抽水及降水运行。管井施工阶段试抽水主要目的是检验管井出水量的大小，确定管井设计出水量和设计动水位。试抽水类型为稳定流抽水试验，下降次数为 1 次，且抽水量不小于管井设计出水量；稳定抽水时间为 6～8h；试抽水稳定标准是在抽水稳定的延续时间内井的出水量、动水位仅在一定范围内波动，没有持续上升或下降的趋势，即可认为抽水已经稳定。抽水时应做好工作压力、水位、抽水量的记录，当抽水量及水位降值与设计不符时，应及时调整降水方案。试抽水前需测定井水含砂量。

　　单井、排水管网安装完成后应及时进行联网试运行，试运行合格后方可投入正式降水运行。

10.3　工程案例

10.3.1　工程概况

　　本工程为某市快速轨道交通轻轨三期工程四号线某站竖井降水工程，竖井长 6.0m，宽 4.6m，竖井基坑开挖深度为 21m。竖井修建为后续进入地下横通道的施工奠定基础。

　　本工程场地各地层的名称和渗透系数如表 10-4 所示。

表 10-4　渗透系数及透水特征

地层名称	土层厚度/m	建议渗透系数 k/(m/d)	透水特征
杂填土①层	4		中等
粉质黏土②$_1$层	2.5	0.17	中等
粉质黏土②$_2$层	1	0.22	中等
粉质黏土②$_3$层	1.5	0.15	中等
粉质黏土②$_4$层	2.5	0.10	较差
粉质黏土②$_5$层	5.8	0.05	不透水
粗砂②$_6$层	4.2	20.0	强透水
全风化泥岩③$_1$层	6.5	不透水	不透水
强风化泥岩③$_2$层	未揭穿	不透水	不透水

10.3.2　竖井降水方法选择

拟建场地地下水主要存在于粉质黏土层和砂土层中，主要存于粗砂②$_6$层，具有透水性，竖井侧壁附近分布有粗砂层，出水量较大，在水压力作用下，坑壁易坍塌，直接影响地下工程施工，因此施工中必须重视地下水的影响，采取必要的有效降排水措施。

根据本场地地层结构，尤其是粗砂②$_6$层透水性良好，并具有一定的微承压性，且其下部泥岩含裂隙水，集中明排和轻型井点的降水方法都不能满足基坑开挖作业的要求，只有采用管井（深井）降水结合集中明排方法，才能达到开挖基坑与基础正常施工的要求。

10.3.3　竖井降水设计

（1）设计水位降深 S

根据本工程快速轨道交通轻轨三期工程四号线南段施工设计中 1 号竖井位置及岩土工程勘察报告提供的该处地质剖面图，竖井 21m，降水后水位在开挖面以下 0.5m，潜水稳定水位为 4.0m，则设计水位降深 $S=17.5$m。

（2）降水影响半径 R

由于承压水为微承压水，降水影响半径 R 由下式确定：

$$R = 2S\sqrt{kH} = 2 \times 17.5 \times \sqrt{4.88 \times 17.5} = 323.44\,(\text{m})$$

式中　S——降低水位深度，m；

$\quad\quad k$——含水层渗透系数，根据场地各个土层渗透系数，取地层综合水平渗透系数，$k=(2.5 \times 0.17 + 1 \times 0.22 + 1.5 \times 0.15 + 2.5 \times 0.10 + 5.8 \times 0.05 + 4.2 \times 20)/17.5 = 4.88\,(\text{m/d})$，m/d。

（3）基坑等效半径 r_0

$$r_0 = 0.29(a+b) = 0.29 \times (16.6 + 18) = 10.03\,(\text{m})$$

式中　a、b——分别是降水井围合区域的长度、宽度，m。

本工程降水井轴线与竖井井壁之间的距离为 6m。

（4）总涌水量 Q

根据本工程地下水情况，微承压水水头不高，下伏泥岩透水性低，为相对隔水层，所以选择潜水完整井总涌水量公式进行计算：

$$Q = \pi k \frac{(2H-S)S}{\ln\left(1+\dfrac{R}{r_0}\right)} = 1339.41\,\text{m}^3/\text{d}$$

（5）确定单井出水量 q

$$q = 120\pi r_s l \sqrt[3]{k} = 120 \times 3.14 \times 0.15 \times 1 \times \sqrt[3]{4.88} = 95.87 \, (\text{m}^3/\text{d})$$

（6）求井的数量 n

$$n = \lambda \frac{Q}{q} = 1.2 \times 1339.41/95.87 = 16.77，取 \, n = 17$$

（7）求井点间距 l

$$l = \frac{(16.6 + 18) \times 2}{17} = 4.07 \, (\text{m})$$

（8）井管埋设深度计算

$$H_w = H_{w1} + H_{w2} + H_{w3} + H_{w4} + H_{w5} + H_{w6}$$
$$= 21 + 0.5 + 0.8 \times 18/10 + 0 + 1 + 1 = 24.94 \approx 25$$

则降水井的长度为 25m。

管井降水井的设计参数见表 10-5，降水井井身结构如图 10-16 所示。

表 10-5　管井降水井的设计参数

项目	单位	规格
成井直径	mm	500
滤水管直径	mm	300
滤网	目	80
滤料	mm	2~7

在降水平面图上布设降水井，角部位置先行布置并适当加密，并按照小于确定的井间距原则进行布设，共设置了 20 眼降水井，井的布置如图 10-17 所示。

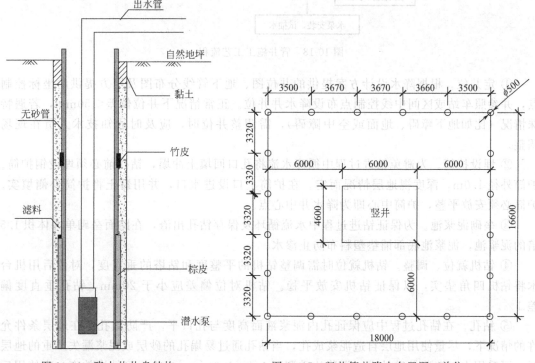

图 10-16　降水井井身结构　　　　　图 10-17　竖井管井降水布置图（单位：mm）

10.3.4 管井施工工艺及技术

管井施工工艺流程如图 10-18 所示。

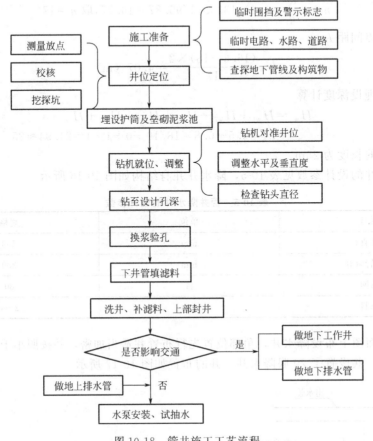

图 10-18　管井施工工艺流程

① 定井位。根据降水设计方案提供的井位图、地下管线分布图及甲方提供的坐标控制点，并参照车站或区间中线控制点布设降水井井位。正常情况下井位偏差≤50mm，若遇特殊情况（比如地下障碍、地面或空中障碍），需调整井位时，应及时通知技术人员在现场调整。

② 埋设护筒。为避免钻进过程中循环水流将孔口回填土冲塌，钻孔前必须埋设钢护筒。护筒外径 1.0m，深度视地层情况而定。在护筒上口设进水口，并用黏土将护筒外侧填实。护筒必须安放平整，护筒中心即为降水井中心点。

③ 垒砌泥浆池。为保证钻进过程中水流循环及保存钻孔出渣，在路面垒砌单井体积 1.5 倍的泥浆池，泥浆池底部铺垫塑料布防止渗水。

④ 钻机就位、调整。钻机就位时需调整钻机的平整度和钻塔的垂直度，对位后用机台木将钻机四角垫实，以保证钻机安放平稳。钻机对位偏差应小于 20mm，钻孔垂直偏差 1%。

⑤ 钻孔。在钻孔过程中应保证孔内泥浆液面高度与孔口平，严防塌孔。在地层条件允许的情况下，尽量使用地层自造泥浆成孔，当钻孔通过易塌孔的砂层或泥浆漏失严重的地层时，可采用人工造浆护壁钻进，泥浆比重调至 $1.1\sim1.3\mathrm{g/cm^3}$。为提高钻进效率，应使用反

循环钻进工艺成孔。

⑥ 冲孔换浆。钻孔至设计深度以下 0.5m 左右，将钻头提高 0.5m，然后用清水冲孔换浆，直到泥浆黏度约为 18s 为止。

⑦ 下管。下管前应检查井管是否已按设计要求包缠尼龙纱网；无砂水泥管接口处要用塑料布包严。井管必须确保在井孔居中不歪斜（图 10-19）。

⑧ 填滤料。填料必须从井四周均匀缓慢填入，避免造成孔内架桥现象，洗井后若发现滤料下沉应及时补充滤料，填料高度必须严格按设计要求执行。

图 10-19　下完井管的抽水管井

⑨ 洗井。填砾结束后，要及时洗井。施工选用抽水洗井法。选用高扬程大流量水泵，洗井抽水时频繁启闭水泵，振荡洗井。这样速度快，效果好。

思考题与习题

1. 基坑止水有哪些方法？
2. 影响基坑降水的主要因素有哪些？
3. 计算基坑涌水量应确定哪些参数？
4. 基坑降水对周围环境有哪些影响？
5. 如何选择合理的基坑降水方法？
6. 某工程降水面积 50m×50m，基坑中心降深 $S=5$m，土的渗透系数 $k=10$m/d，含水层厚度为 15m，采用一级轻型井点降水，井点埋设深度为 8m，过滤器长度 $L=1.0$m，地下水位埋深 1.2m，求基坑降水总涌水量 Q。
7. 某基坑工程降水面积为 102m×65m，基坑开挖深度为 12m，在降水影响区内的土层为粉土，土的渗透系数 $k=8$m/d，潜水含水层厚度为 13m，地下水位埋深 4.0m，管井直径 400mm，试进行管井井点设计和布置。

第11章 基坑监测

案例导读

某城市轨道交通 1 号线地铁车站深基坑工程，位于道外区核心区域，线路两侧均为密集的居住及商业建筑，同时管线错综复杂，且道外区为老城区，地下很多未知管线，施工风险大，技术要求高。车站主体基坑长 135m，标准段宽 22.5m，采用明挖逆作法施工，端头井开挖深度约 24.5m，标准段开挖深度约 23.5m，基坑安全等级为一级，基坑支护结构采用地下连续墙＋内支撑支护体系，布设七道支撑，其中第一道、第五道为混凝土支撑，其余为钢支撑。本工程难度大、风险高、周边环境复杂，因此，如何实时监测基坑动态、保证支护结构及周边环境安全是本工程的重难点。

讨论

基坑监测是基坑工程施工中的一个重要环节，对于基坑深度如此大、周边环境如此复杂的深基坑工程，基坑监测方案应如何选择？监测频率应如何确定？监测数据应如何整理？如何做到信息化施工以确保基坑的安全？

基坑监测是指在基坑开挖及地下工程施工过程中，对基坑岩土性状、支护结构位移和周边环境条件的变化进行各种观察及分析工作，并将监测结果及时反馈，预测进一步施工后将导致的变形及稳定状态的发展，根据预测判定施工对周围环境造成影响的程度，来指导设计与施工，实现所谓信息化施工。基坑监测既可以验证支护结构设计是否合理，又可以指导基坑开挖和支护结构的施工，及时对局部进行加固调整。因此，本章依据《建筑基坑工程监测技术标准》（GB 50497—2019），系统介绍了基坑工程的监测方案、监测项目、监测方法及监测频率等内容。

11.1 监测的重要性和目的

基坑工程是岩土、结构、施工相互交叉的临时性隐蔽工程，受到多种复杂因素相互影响，具有较大的风险性。在深基坑的开挖施工过程中，基坑内外的土体将由原来的静止土压力状态向被动和主动土压力状态转变，应力状态的改变将会引起土体及支护结构变形。无论哪种变形的量值超出了容许范围，都将影响基坑工程的安全。支护结构一般有三种破坏情况：围护桩（墙）因本身强度不足而发生断裂破坏；支撑失稳或强度破坏而引起围护结构破坏；围护桩（墙）下端土体滑移造成围护结构整体倾覆。这些破坏情况都有从量变到质变的渐变过程，在这个渐变过程中支护结构的位移、变形和受力以及周边土体的沉降和坑底土体的隆起都会发生变化，基坑监测可以通过在围护桩（墙）、支撑和基坑内外土体内埋设相应的传感器，随时掌握支护结构以及基坑内外土体的受力变形情况。

据统计，多起国内外重大基坑工程事故在发生前监测数据都有不同程度的异常，但均未得到充分重视而导致了严重后果。总而言之，由于岩土体性质的复杂多变、支护结构的安全储备小、施工条件的不可控，基坑工程的开挖及支护会使基坑支护结构及基坑周边的建筑物、道路、地下管线等产生变形，如果这种变形没有被及时发现而继续发展，将会导致工程事故的发生。因此，只有在基坑工程施工期间开展严密的现场监测，才能保护基坑及周边环境的安全，确保建设工程的顺利进行。

归纳起来，开展基坑工程监测的目的如下：

① 为信息化施工提供依据。通过监测随时掌握岩土层和支护结构内力、变形的变化情况以及周边环境中各种建筑、设施的变形情况，将监测数据与设计值进行对比、分析，以判断前步施工是否符合预期要求，确定和优化下一步施工工艺和参数，以此达到信息化施工的目的，使得监测成果成为现场施工工程技术人员做出正确判断的依据。

② 为基坑周边环境中的建筑、各种设施的保护提供依据。通过对基坑周边建筑、管线、道路等的现场监测，验证基坑工程环境保护方案的正确性，及时分析出现的问题并采取有效措施，以保证周边环境的安全。

③ 为优化设计提供依据。基坑工程监测是验证基坑工程设计的重要方法，设计计算中考虑不周的各种复杂因素，可以通过对现场监测结果的分析、研究，加以局部修改、补充和完善，因此基坑工程监测可以为动态设计和优化设计提供重要依据。

④ 监测工作还是发展基坑工程设计理论的重要手段。

从某种意义上说，基坑监测是一次 1∶1 的岩土工程原型试验，所取得的数据是基坑支护结构和周围地层在施工过程中的真实反映，是各种复杂因素影响下的综合体现，是保证支护结构和周边环境安全的重要手段。基坑工程监测应做到可靠性、技术性和经济性的统一。监测方案应以保证基坑及周边环境安全为前提，以监测技术的先进性为保障，同时也要考虑监测方案的经济性。在保证监测质量的前提下，降低监测成本，达到技术先进性与经济合理性的统一。

11.2　监测概况

基坑工程施工前，建设方应委托具备相应能力的第三方对基坑工程实施现场监测，监测应综合考虑基坑工程设计方案、建设场地的岩土工程条件、周边环境条件、施工方案等因素，制订合理的监测方案，精心组织和实施监测。

监测方案应经建设方、设计方等认可，必要时还应与基坑周边环境涉及的有关管理单位协商一致后方可实施。根据《建筑基坑工程监测技术标准》（GB 50497—2019）要求，应实施基坑监测的基坑工程包括：

① 基坑设计安全等级为一、二级的基坑。

② 开挖深度大于或等于 5m 的下列基坑：

a. 土质基坑；

b. 极软岩基坑、破碎的软岩基坑、极破碎的岩体基坑；

c. 上部为土体，下部为极软岩、破碎的软岩、极破碎的岩体构成的土岩组合基坑。

③ 开挖深度小于 5m 但现场地质情况和周围环境较复杂的基坑。

11.2.1 监测原则

基坑工程监测是一项涉及多门学科的工作，技术要求较高，基本原则如下：

① 监测数据必须是可靠真实的，数据的可靠性由测试元件安装或埋设的可靠性、监测仪器的精度以及监测人员的素质来保证。监测数据的真实性要求所有数据必须以原始记录为依据，任何人不得篡改、删除原始记录。

② 监测数据必须是及时的，监测数据需在现场及时计算处理，发现有问题可及时复测，做到当天测、当天反馈。

③ 埋设于土层或结构中的监测元件应尽量减小对结构正常受力的影响，埋设监测元件时应注意与岩土介质的匹配。

④ 对所有监测项目，应按照工程具体情况预先设定预警值和报警制度，预警体系包括变形或内力累积值及其变化速率。

⑤ 应整理完整监测记录表、数据报表、形象的图表和曲线，监测结束后整理出监测报告。

11.2.2 监测方案

基坑监测方案是监测单位实施监测的重要技术依据和指导性文件。根据工程需要，不同监测方案也略有不同，其基本内容有工程概况、工程地质及水文地质条件、周边环境状况、监测目的、编制依据、监测范围、监测点的布设要求及测点布置图、监测方法和精度等级、主要仪器设备、监测期和监测频率、监测数据处理分析与信息反馈、监测预警、异常及危险情况下的监测措施、质量管理等。

11.2.3 监测项目

基坑工程的现场监测应采用仪器监测与巡视检查相结合的方法，多种观测方法互为补充、相互验证。仪器监测可以取得定量的数据，进行定量分析；以目测为主的巡视检查更加及时，可以起到定性、补充的作用，从而避免片面地分析和处理问题。

基坑监测设计应根据支护结构的具体形式、基坑周边环境的重要性及地质条件的复杂性确定监测项目及监测点的布设，现场监测项目包括基坑及支护结构监测和基坑周边环境监测两大部分。

11.2.3.1 仪器监测

根据《建筑基坑工程监测技术标准》（GB 50497—2019），仪器监测分为土质基坑工程仪器监测项目和岩体基坑工程仪器监测项目，巡视检查包括支护结构、施工状况、周边环境、监测设施、其他巡视检查（根据设计要求或地区经验）等五方面内容。基坑工程仪器监测项目如下：

① 对于土质基坑工程，仪器监测项目应按表 11-1 进行选择。

表 11-1　土质基坑工程仪器监测项目表

监测项目	基坑工程安全等级		
	一级	二级	三级
围护墙(边坡)顶部水平位移	应测	应测	应测
围护墙(边坡)顶部竖向位移	应测	应测	应测

监测项目	基坑工程安全等级		
	一级	二级	三级
深层水平位移	应测	应测	宜测
立柱竖向位移	应测	应测	宜测
围护墙内力	宜测	可测	可测
支撑轴力	应测	应测	宜测
立柱内力	可测	可测	可测
锚杆轴力	应测	宜测	可测
坑底隆起	可测	可测	可测
围护墙侧向土压力	可测	可测	可测
孔隙水压力	可测	可测	可测
地下水位	应测	应测	应测
土体分层竖向位移	可测	可测	可测
周边地表竖向位移	应测	应测	宜测
周边建筑	竖向位移	应测	应测	应测
	倾斜	应测	宜测	可测
	水平位移	宜测	可测	可测
周边建筑裂缝、地表裂缝	应测	应测	应测
周边管线	竖向位移	应测	应测	应测
	水平位移	可测	可测	可测
周边道路竖向位移	应测	宜测	可测

② 对于岩体基坑工程，仪器监测项目应按表 11-2 进行选择。

表 11-2　岩体基坑工程仪器监测项目表

监测项目	基坑设计安全等级		
	一级	二级	三级
坑顶水平位移	应测	应测	应测
坑顶竖向位移	应测	宜测	可测
锚杆轴力	应测	宜测	可测
地下水、渗水与降雨关系	宜测	可测	可测
周边地表竖向位移	应测	宜测	可测
周边建筑	竖向位移	应测	宜测	可测
	倾斜	宜测	可测	可测
	水平位移	宜测	可测	可测
周边建筑裂缝、地表裂缝	应测	宜测	可测
周边管线	竖向位移	应测	宜测	可测
	水平位移	宜测	可测	可测
周边道路竖向位移	应测	宜测	可测

11.2.3.2 巡视检查

在基坑工程的整个施工期间，应安排有经验的技术人员每天进行巡视检查，巡视检查以目测为主，可辅以锤、钎、量尺、放大镜等工器具以及摄像、摄影等设备进行，发现异常应及时向委托方及相关单位汇报，以便尽早作出判断并进行处理，解决事故隐患，确保基坑安全。基坑工程巡视检查宜包括以下内容：

（1）支护结构

① 支护结构成型质量；

② 冠梁、支撑、围檩或腰梁是否有裂缝；

③ 冠梁、围檩或腰梁的连续性，有无过大变形；

④ 围檩或腰梁与围护桩的密贴性，围檩与支撑的防坠落措施；

⑤ 锚杆垫板有无松动、变形；

⑥ 立柱有无倾斜、沉陷或隆起；

⑦ 止水帷幕有无开裂、渗漏水；

⑧ 基坑有无涌土、流砂、管涌；

⑨ 面层有无开裂、脱落。

（2）施工状况

① 开挖后暴露的岩土体情况与岩土勘察报告有无差异；

② 开挖分段长度、分层厚度及支撑（锚杆）设置是否与设计要求一致；

③ 基坑侧壁开挖暴露面是否及时封闭；

④ 支撑、锚杆是否施工及时；

⑤ 边坡、侧壁及周边地表的截水、排水措施是否到位，坑边或坑底有无积水；

⑥ 基坑降水、回灌设施运转是否正常；

⑦ 基坑周边地面有无超载。

（3）周边环境

① 周边管线有无破损、泄漏情况；

② 围护墙后土体有无沉陷、裂缝及滑移现象；

③ 周边建筑有无新增裂缝出现；

④ 周边道路（地面）有无裂缝、沉陷；

⑤ 邻近基坑施工（堆载、开挖、降水或回灌、打桩等）变化情况；

⑥ 存在水力联系的邻近水体（湖泊、河流、水库等）的水位变化情况。

（4）监测设施

① 基准点、监测点完好状况；

② 监测元件的完好及保护情况；

③ 有无影响观测工作的障碍物。

11.2.4 监测频率及预警

11.2.4.1 监测频率

监测频率的确定应满足能系统反映监测对象所测项目的重要变化过程而又不遗漏其变化时刻的要求。基坑监测具有很强的时效性，必须具有足够高的频率，观测必须是及时的，应能及时捕捉到监测项目的重要发展变化情况，以便对设计与施工进行动态控制，纠正设计与施工中的偏差，保证基坑及周边环境的安全。

基坑工程的监测频率不是一成不变的，应根据基坑开挖及地下工程的施工进程、施工工况以及其他外部环境影响因素的变化而及时作出调整。一般来说，在基坑开挖期间，地基土处于卸荷阶段，支护体系处于逐渐加荷状态，应适当加密监测；当基坑开挖完后一段时间、监测值相对稳定时，可适当降低监测频率。当出现异常现象和数据，或临近报警状态时，应提高监测频率甚至连续监测。

对于应测项目，在无异常和无事故征兆的情况下，开挖后监测频率可按表 11-3 确定。

表 11-3　现场仪器监测的监测频率表

基坑设计安全等级	施工进程		监测频率
一级	开挖深度 h	≤H/3	1 次/(2～3)d
		H/3～2H/3	1 次/(1～2)d
		2H/3～H	(1～2)次/d
	底板浇筑后时间/d	≤7	1 次/d
		7～14	1 次/3d
		14～28	1 次/5d
		>28	1 次/7d
二级	开挖深度 h	≤H/3	1 次/3d
		H/3～2H/3	1 次/2d
		2H/3～H	1 次/d
三级	底板浇筑后时间/d	≤7	1 次/2d
		7～14	1 次/3d
		14～28	1 次/7d
		>28	1 次/10d

注：1. h 为基坑开挖深度；H 为基坑设计深度。

2. 支撑结构开始拆除到拆除完成后 3d 内监测频率加密为 1 次/d。

3. 基坑工程施工至开挖前的监测频率视具体情况而定。

4. 当基坑设计安全等级为三级时，监测频率可视具体情况适当降低。

5. 宜测、可测项目的仪器监测频率可视具体情况适当降低。

11.2.4.2　监测报警

在基坑工程监测中，监测报警是基坑工程实施监测的目的之一，是预防基坑工程事故发生、确保基坑及周边环境安全的重要措施。与结构受力分析相比，基坑变形的计算比较复杂，且计算理论还不够成熟，目前各地区积累起来的工程经验很重要。根据大量的工程事故分析发现，基坑工程发生重大事故前都有预兆，这些预兆首先反映在监测数据中。

基坑工程所处的工作状态，由其受力或变形确定。基坑工程工作状态一般分为正常、异常和危险三种情况。正常是指基坑的受力和变形均在设计安全范围内；异常是指监测对象受力或变形呈现出不符合一般规律的状态；危险则是指监测对象的受力或变形呈现出低于结构安全储备、可能发生破坏的状态。当支护结构超过承载能力极限状态或正常使用极限状态时，支护结构或周边环境就会发生破坏。基坑工程监测中，异常和危险两种状态均需要报警。一般情况下，出现异常报警时，有关各方需要及时分析异常原因，消除安全隐患。而当出现危险报警时，则要立即启动应急预案，采取抢险措施，防止事故发生。

因此，基坑工程监测必须确定监测报警值，监测报警值应由基坑工程设计方根据基坑设计安全等级、工程地质条件、设计计算结果及当地工程经验等因素确定；当无当地工程经验时，土质基坑监测报警值可按表11-4确定。

表11-4　土质基坑及支护结构监测报警值

序号	监测项目	支护类型	基坑设计安全等级								
			一级			二级			三级		
			累计值		变化速率/(mm/d)	累计值		变化速率/(mm/d)	累计值		变化速率/(mm/d)
			绝对值/mm	相对基坑设计深度H控制值/%		绝对值/mm	相对基坑设计深度H控制值/%		绝对值/mm	相对基坑设计深度H控制值/%	
1	围护墙（边坡）顶部水平位移	土钉墙、复合土钉墙、锚喷支护、水泥土墙	30～40	0.3～0.4	3～5	40～50	0.5～0.8	4～5	50～60	0.7～1.0	5～6
		灌注桩、地下连续墙、钢板桩、型钢水泥土墙	20～30	0.2～0.3	2～3	30～40	0.3～0.5	2～4	40～60	0.6～0.8	3～5
2	围护墙（边坡）顶部竖向位移	土钉墙、复合土钉墙、锚喷支护	20～30	0.2～0.4	2～3	30～40	0.4～0.6	3～4	40～60	0.6～0.8	4～5
		水泥土墙、型钢水泥土墙	—	—	—	30～40	0.6～0.8	3～4	40～60	0.8～1.0	4～5
		灌注桩、地下连续墙、钢板桩	10～20	0.1～0.2	2～3	20～30	0.3～0.5	2～3	30～40	0.5～0.6	3～4
3	深层水平位移	复合土钉墙	40～60	0.4～0.6	3～4	50～70	0.6～0.8	4～5	60～80	0.7～1.0	5～6
		型钢水泥土墙	—	—	2～3	50～70	0.6～0.8	3～5	60～70	0.7～1.0	5～6
		钢板桩	50～60	0.6～0.7		60～80	0.7～0.8		70～90	0.8～1.0	4～5
		灌注桩、地下连续墙	30～50	0.3～0.4		40～60	0.4～0.6		50～70	0.6～0.8	
4	立柱竖向位移		20～30	—	2～3	20～30	—	2～3	20～40	—	2～4
5	地表竖向位移		25～35	—	2～3	35～45	—	3～4	45～55	—	4～5
6	坑底隆起（回弹）		累计值30～60mm，变化速率4～10mm/d								
7	支撑轴力		最大值:(60%～80%)f_2			最大值:(70%～80%)f_2			最大值:(70%～80%)f_2		
8	锚杆轴力		最小值:(80%～100%)f_y			最小值:(80%～100%)f_y			最小值:(80%～100%)f_y		
9	土压力		(60%～70%)f_1			(70%～80%)f_1			(70%～80%)f_1		
10	孔隙水压力										
11	围护墙内力		(60%～70%)f_2			(70%～80%)f_2			(70%～80%)f_2		
12	立柱内力										

注：1. H为基坑设计强度；f_1为荷载设计值；f_2为构件承载能力设计值，杆为极限抗拔承载力；f_y为钢支撑、锚杆预应力设计值。

2. 累计值取绝对值和相对基坑设计深度H控制值两者的较小值。

3. 当监测项目的变化速率达到表中规定值或连续3次超过该值的70%时应预警。

4. 底板完成后，监测项目的位移变化速率不宜超过表中变化速率预警值的70%。

基坑工程周边环境监测预警值可按表11-5确定。

表 11-5 基坑工程周边环境监测预警值

	项目		累计值 /mm	变化速率 /(mm/d)	备注
1	地下水位变化		1000～2000 （常年变幅以外）	500	
2	管线位移	刚性管道 压力	10～20	2	直接观察点数据
		刚性管道 非压力	10～30	2	
		柔性管道	10～40	3～5	
3	邻近建筑位移		小于建筑物地基变形允许值	2～3	
4	邻近道路路基沉降	高速公路、道路主干	10～30	3	一
		一般城市道路	20～40	3	一
5	裂缝宽度	建筑结构性裂缝	1.5～3（既有裂缝） 0.2～0.25（新增裂缝）	持续发展	
		地表裂缝	10～15（既有裂缝） 1～3（新增裂缝）	持续发展	

11.3 监测方法与数据分析

11.3.1 监测方法

基坑监测方法应综合考虑监测对象的监控要求、现场条件、当地经验和方法适用等因素确定，基坑监测要适应施工现场条件的变化和施工进度要求，确保监测方法合理可行。

11.3.1.1 水平位移监测

水平位移监测包括围护墙（边坡）顶部、周边建筑、周边管线的水平位移观测。

（1）围护墙（边坡）顶部水平位移

围护墙（边坡）顶部水平位移监测点应沿基坑周边布置，设置在围护墙顶或基坑坡顶上，水平间距不宜大于20m，每边监测点数目不宜少于3个，基坑各侧边中部、阳角处、邻近被保护对象的部位应布置监测点。为便于监测，水平和竖向位移监测点宜为共用点。墙（边坡）顶部监测点的布设如图11-1所示。

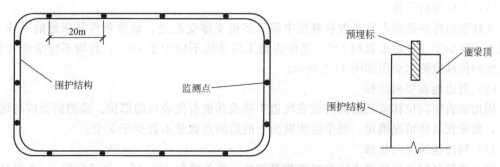

图 11-1 围护墙（边坡）顶部监测点的布设

（2）周边建筑水平位移

周边建筑水平位移监测点应布置在建筑的外墙墙角、外墙中间部位的墙上或柱上、裂缝两侧以及其他有代表性的部位，监测点间距视具体情况而定，一侧墙体的监测点不宜少于3点。

（3）周边管线水平位移

周边管线水平位移监测点宜布置在管线的节点、转折点、变坡点、变径点等特征点和变形曲率较大的部位，监测点水平间距宜为15～25m，并宜向基坑边缘以外延伸1～3倍的基坑开挖深度。

测定特定方向上的水平位移时，可采用视准线活动觇牌法、视准线测小角法、激光准直法等；测定监测点任意方向的水平位移时，可视监测点的分布情况，采用极坐标法、交会法、自由设站法等。

水平位移的监测方法较多，但各种方法的适用条件不一，在方法选择和施测时均应特别注意。如采用小角度法时，监测前应对经纬仪的垂直轴倾斜误差进行检验，当垂直角超出±3°范围时，应进行垂直轴倾斜修正；采用视准线法时，其测点埋设偏离基准线的距离不宜大于2cm，对活动觇牌的零位差应进行测定；采用前方交会法时，交会角应在60°～120°之间，并宜采用三点交会法等。水平位移监测精度应根据其水平位移预警值按表11-6确定。

表11-6 水平位移监测精度要求

项目		要求			
水平位移预警值	累计值 D/mm	$D \leqslant 40$	$40 < D \leqslant 60$	$D > 60$	
	变化速率 v_D/(mm/d)	$v_D \leqslant 2$	$2 < v_D \leqslant 4$	$4 < v_D \leqslant 6$	$v_D > 6$
监测点坐标中误差/mm		$\leqslant 1.0$	$\leqslant 1.5$	$\leqslant 2.0$	$\leqslant 3.0$

注：1. 监测点坐标中误差系指监测点相对测站点（如工作基点等）的坐标中误差，监测点相对于基准线的偏差中误差为点位中误差的 $1/\sqrt{2}$。

2. 当根据累计值和变化速率选择的精度要求不一致时，水平位移监测精度优先按变化速率预警值的要求确定。

3. 以中误差作为衡量精度的标准。

11.3.1.2 竖向位移监测

竖向位移监测包括围护墙（边坡）顶部、立柱、周边地表、周边建筑等的竖向位移观测。

（1）围护墙（边坡）顶部竖向位移

围护墙（边坡）顶部竖向位移监测点应沿基坑周边布置，设置在围护墙顶或基坑坡顶上，水平间距不宜大于20m，每边监测点数目不宜少于3个，基坑各侧边中部、阳角处、邻近被保护对象的部位应布置监测点。水平和竖向位移监测点宜为共用点。

（2）立柱竖向位移

立柱竖向位移监测点宜布置在基坑中部、多根支撑交汇处、地质条件复杂处的立柱上；监测点不应少于立柱总根数的5%，逆作法施工的基坑不应少于10%，且均不应少于3根。立柱竖向位移监测示意图如图11-2所示。

（3）周边地表竖向位移

周边地表竖向位移监测断面宜设在坑边中部或其他有代表性的部位。监测断面应与坑边垂直，数量视具体情况确定。每个监测断面上的监测点数量不宜少于5个。

（4）周边建筑竖向位移

周边建筑竖向位移监测点应布置在建筑四角、沿外墙每10～15m处或每隔2～3根柱的

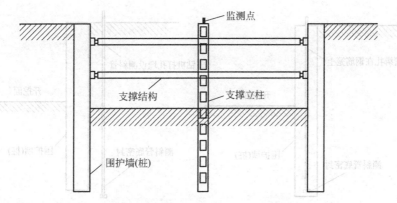

图 11-2　立柱竖向位移监测示意图

柱基或柱子上，且每侧外墙不应少于 3 个监测点。

竖向位移监测宜采用几何水准测量，也可采用三角高程测量或静力水准测量等方法。水平位移监测精度要求按表 11-7 确定。

表 11-7　水平位移监测精度要求

项目		要求			
竖向位移预警值	累计值 S/mm	$S \leqslant 20$	$20 < S \leqslant 40$	$40 < S \leqslant 60$	$S > 60$
	变化速率 $v_S/(\mathrm{mm/d})$	$v_S \leqslant 2$	$2 < v_S \leqslant 4$	$4 < v_S \leqslant 6$	$v_S > 6$
监测点测站高差中误差/mm		≤0.15	≤0.5	≤1.0	≤1.5

注：监测点测站高差中误差系指相应精度与视距的几何水准测量单程一测站的高差中误差。

11.3.1.3　深层水平位移监测

围护墙或土体深层水平位移监测点宜布置在基坑周边的中部、阳角处及有代表性的部位。监测点水平间距宜为 20～60m，每侧边监测点数目不应少于 1 个。

深层水平位移监测宜采用在围护墙体或土体中预埋测斜管，通过测斜仪观测各深度处水平位移的方法。埋设在围护墙体内的测斜管，布置深度宜与围护墙入土深度相同，埋设在土体中的测斜管，长度不宜小于基坑深度的 1.5 倍，并应大于围护墙的深度，以测斜管底为固定起算点时，管底应嵌入稳定的土体或岩体中。

测斜管应在基坑开挖和预降水至少 1 周前埋设，当基坑周边变形要求严格时，应在支护结构施工前埋设。埋设前应检查测斜管质量，测斜管连接时应保证上、下管段的导槽相互对准、顺畅，各段接头及管底应保证密封，测斜管管口、管底应采取保护措施。埋设时应保持竖直，防止发生上浮、断裂、扭转，测斜管一对导槽的方向应与所需测量的位移方向保持一致。测斜管的埋设一般有绑扎法、钻孔法以及抱箍法等，采用钻孔法埋设时，测斜管与钻孔之间的空隙应填充密实，绑扎法和钻孔法测斜管示意图如图 11-3 所示。

11.3.1.4　倾斜监测

周边建筑倾斜监测点宜布置在建筑角点、变形缝两侧的承重柱或墙上，沿主体顶部、底部上下对应布设，上、下监测点应布置在同一竖直线上。

建筑倾斜监测方法应根据现场监测条件和要求，选用投点法、水平角观测法、前方交会法、垂准法、倾斜仪法和差异沉降法等方法。

根据不同的现场观测条件和要求，当被测建筑具有明显的外部特征点和宽敞的观测场地时，宜选用投点法、前方交会法等；当被测建筑内部有一定的竖向通视条件时，宜选用垂吊

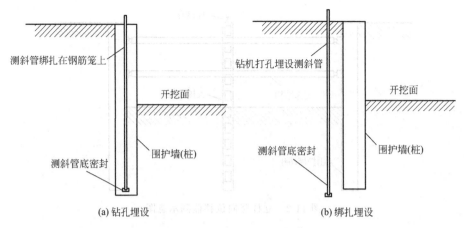

图 11-3　测斜管埋设示意图

法、激光铅直仪观测法等；当被测建筑具有较大的结构刚度和基础刚度时，可选用倾斜仪法或差异沉降法。

11.3.1.5　裂缝监测

周边建筑裂缝、地表裂缝监测点应选择有代表性的裂缝进行布置，当原有裂缝增大或出现新裂缝时，应及时增设监测点。对需要观测的裂缝，每条裂缝的监测点应至少设 2 个，且宜设置在裂缝的最宽处及裂缝末端。

裂缝监测应监测裂缝的位置、走向、长度、宽度，必要时尚应监测裂缝深度。位置、走向、长度、宽度是裂缝监测的必要因素，而裂缝深度监测往往需要对建筑物表面进行开凿，造成人为局部损坏，只有在必要时才列入监测内容。

裂缝宽度监测宜在裂缝两侧贴埋标志，用千分尺、游标卡尺、数字裂缝宽度测量仪等直接量测，也可用裂缝计、粘贴安装千分表量测或摄影量测等，量测精度不宜低于 0.1mm；裂缝长度监测宜采用直接量测法，量测精度不宜低于 1mm；裂缝深度监测宜采用超声波法、凿出法等，量测精度不宜低于 1mm。

11.3.1.6　支护结构内力监测

支护结构内力监测适用于围护墙内力、支撑轴力、立柱内力、围檩或腰梁内力监测等，宜采用安装在结构内部或表面的应力、应变传感器进行量测。

（1）围护墙内力监测

围护墙内力监测断面的平面位置应布置在设计计算受力、变形较大且有代表性的部位。监测点数量和水平间距应视具体情况而定。竖直方向监测点间距宜为 2～4m 且在设计计算弯矩极值处应布置监测点，每一监测点沿垂直于围护墙方向对称放置的应力计不应少于1 对。

（2）支撑轴力监测

支撑轴力监测点的布设应满足下列要求：

① 监测断面的平面位置宜设置在支撑设计计算内力较大、基坑阳角处或在整个支撑系统中起控制作用的杆件上；

② 每层支撑的轴力监测点不应少于 3 个，各层支撑的监测点位置宜在竖向保持一致；

③ 钢支撑的监测断面宜选择在支撑的端头或两支撑间 1/3 部位，混凝土支撑的监测断面宜选择在两支点间 1/3 部位，并避开节点位置；

④ 每个监测点传感器的设置数量及布置应满足不同传感器的测试要求。

支护结构内力监测应根据监测对象的结构形式、施工方法选择相应类型的传感器。混凝土支撑、围护桩（墙）宜在钢筋笼制作的同时，在主筋上安装钢筋应力计；钢支撑宜采用轴力计或表面应力计；钢立柱、钢围檩（腰梁）宜采用表面应变计。图11-4是钢支撑轴力计安装示意图，图11-5是混凝土支撑轴力计安装示意图。

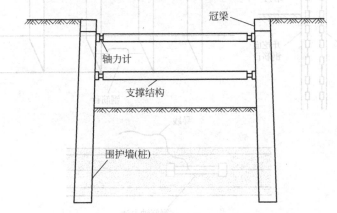

图 11-4　钢支撑轴力计安装示意图

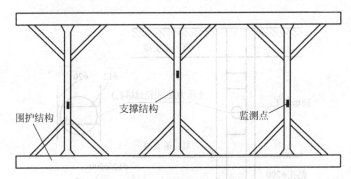

图 11-5　混凝土支撑轴力计安装示意图

（3）立柱的内力监测

立柱的内力监测点宜布置在设计计算受力较大的立柱上，位置宜设在坑底以上各层立柱下部的1/3部位，每个截面传感器埋设不应少于4个。

图11-6为钢筋计量测围护结构的内力安装示意图，现在工程上的立柱，多采用角钢缀板式立柱，可以采用焊接法将钢筋计与竖向角钢焊接。

11.3.1.7　土压力监测

围护墙侧向土压力监测点的布置应满足下列要求：

① 监测断面的平面位置应布置在受力、土质条件变化较大或其他有代表性的部位；

② 在平面布置上，基坑每边的监测断面不宜少于2个，竖向布置上监测点间距宜为2～5m，下部宜加密；

③ 当按土层分布情况布设时，每层土布设的测点不应少于1个，且宜布置在各层土的中部。

土压力宜采用土压力计量测，可采用埋入式或边界式。埋设前应对土压力计进行稳定性、密封性检验和压力、温度标定。挡土结构迎土面土压力盒埋设示意图如图11-7所示。

土压力盒在埋设时可能会造成局部应力集中，至少提前1周埋设，有利于传感器应力与

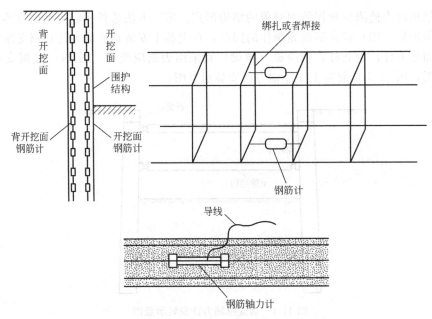

图 11-6　钢筋计量测围护结构的内力安装示意图

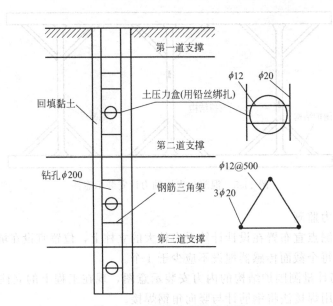

图 11-7　土压力盒埋设示意图

周围土体的应力平衡，由此获得的初始值更接近真实状况。

11.3.1.8　孔隙水压力监测

孔隙水压力监测断面宜布置在基坑受力、变形较大或有代表性的部位。竖向布置上监测点宜在水压力变化影响深度范围内按土层分布情况布设，竖向间距宜为 2～5m，数量不宜少于 3 个。

孔隙水压力宜通过埋设钢弦式或应变式等孔隙水压力计测试。孔隙水压力计埋设可采用压入法、钻孔法等。孔隙水压力探头埋设有两个关键：一是保证探头周围填砂渗水通畅和透水石不堵塞；二是防止上下层水压力的贯通。采用压入法时，宜在无硬壳层的软土层中使用，或钻孔到软土层再采用压入的方法埋设；当采用钻孔法时一个钻孔仅埋设一个探头，若采用一钻孔多探头方法埋设则应保证各个探头之间严格隔离。孔隙水压力探头及埋设示意图如图 11-8 所示。

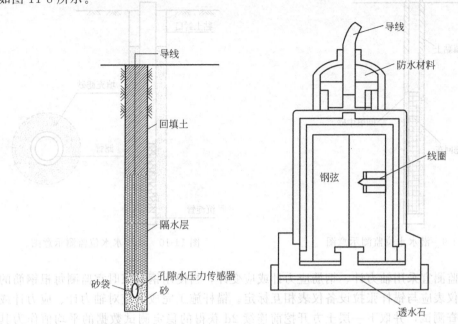

图 11-8　孔隙水压力探头及埋设示意图

11.3.1.9　地下水位控制监测

地下水位控制监测应满足下列要求：

① 当采用深井降水时，基坑内地下水位监测点宜布置在基坑中央和两相邻降水井的中间部位，当采用轻型井点、喷射井点降水时，水位监测点宜布置在基坑中央和周边拐角处，监测点数量应视具体情况确定；

② 基坑外地下水位监测点应沿基坑、被保护对象的周边或在基坑与被保护对象之间布置，监测点间距宜为 $20\sim50m$，相邻建筑、重要的管线或管线密集处应布置水位监测点，当有止水帷幕时，宜布置在止水帷幕的外侧约 $2m$ 处；

③ 水位观测管的管底埋置深度应在最低设计水位或最低允许地下水位之下 $3\sim5m$，承压水水位监测管的滤管应埋置在所测的承压含水层中；

④ 在降水深度内存在 2 个以上（含 2 个）含水层时，宜分层布设地下水位观测孔；

⑤ 岩体基坑地下水监测点宜布置在出水点和可能滑面部位；

⑥ 回灌井点观测井应设置在回灌井点与被保护对象之间。

地下水位监测宜采用钻孔内设置水位管或设置观测井，通过水位计进行量测。潜水水位管直径不宜小于 $50mm$，饱和软土等渗透性小的土层水位管直径不宜小于 $70mm$，滤管长度应满足量测要求；承压水位监测时被测含水层与其他含水层之间应采取有效的隔水措施。潜水水位监测示意图与承压水水位监测示意图如图 11-9、图 11-10 所示。

11.3.1.10　锚杆轴力监测

锚杆轴力监测断面的平面位置应选择在设计计算受力较大且有代表性的位置，基坑每侧边中部、阳角处和地质条件复杂的区段内宜布置监测点。每层锚杆的内力监测点数量应为该层锚杆总数的 $1\%\sim3\%$，且基坑每边不应少于 1 根。各层监测点位置在竖向上宜保持一致。每根杆体上的测试点宜设置在锚头附近和受力有代表性的位置。

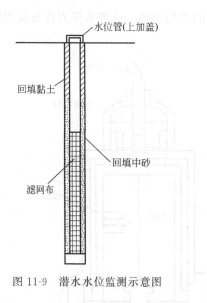

图 11-9　潜水水位监测示意图

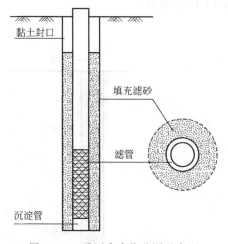

图 11-10　承压水水位监测示意图

锚杆轴力监测宜采用轴力计、钢筋应力计或应变计，当使用钢筋束时宜监测每根钢筋的受力。轴力计仪表应与锚杆张拉设备仪表相互标定。锚杆施工完成后应对轴力计、应力计或应变计进行检查测试，并取下一层土方开挖前连续 2d 获得的稳定测试数据的平均值作为其初始值。锚杆轴力计安装示意图如图 11-11 所示。

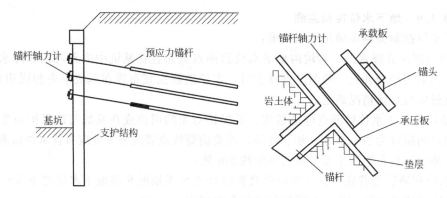

图 11-11　锚杆轴力计安装示意图

11.3.1.11　土体分层竖向位移监测

土体分层竖向位移监测孔应布置在靠近被保护对象且有代表性的部位，数量应视具体情况确定。在竖向布置上测点宜设置在各层土的界面上，也可等间距设置。测点深度、测点数量应视具体情况确定。

土体分层竖向位移可通过埋设磁环式分层沉降标，采用分层沉降仪进行量测，或者通过埋设深层沉降标，采用水准测量方法进行量测，也可采用埋设多点位移计进行量测。

11.3.1.12　坑底隆起监测

坑底隆起监测点布置应满足下列要求：

① 监测点宜按纵向或横向断面布置，断面宜选择在基坑的中央以及其他能反映变形特征的位置，断面数量不宜少于 2 个；

② 同一断面上监测点横向间距宜为 10～30m，数量不宜少于 3 个；

③ 监测标志宜埋入坑底以下 20~30cm。

坑底隆起采用钻孔等方法埋设深层沉降标时，孔口高程宜用水准测量方法测量，沉降标至孔口垂直距离可采用钢尺量测。坑底隆起测量示意图如图 11-12 所示。

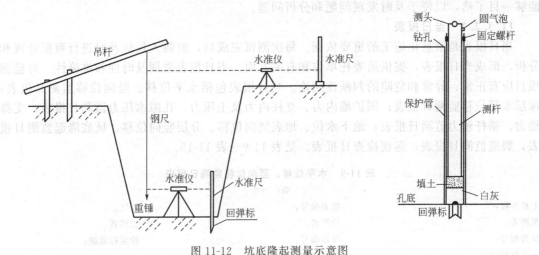

图 11-12　坑底隆起测量示意图

坑底隆起监测的精度要求按表 11-8 确定。

表 11-8　坑底隆起监测的精度要求　　　　　　单位：mm

项目	要求		
坑底隆起预警值(累计值)	≤40	40~60	>60
监测点测站高差中误差	≤1.0	≤2.0	≤3.0

11.3.1.13　爆破振动监测

周边环境爆破振动监测点应根据保护对象的重要性、结构特征、距离爆源的远近等布置。对于同一类型的保护对象，监测点宜选择在距离爆源最近、结构性状最弱的保护对象上。当因地质、地形等情况，爆破对较远处保护对象可能产生更大危害时，应增加监测点。监测点宜布置在保护对象的基础以及其他具有代表性的位置。

测振传感器可采用垂直、水平单向传感器或三矢量一体传感器。传感器频带范围应覆盖被测物理量的频率，记录设备的采样频率应大于 12 倍被测物理量的上限主频率，传感器和记录设备的测量幅值范围应满足被测物理量的预估幅值，测试导线宜选用屏蔽电缆。爆破振动监测仪器量程精度的选择应符合国家标准《爆破安全规程》（GB 6722—2014）的有关规定。

11.3.2　数据处理与信息反馈

基坑工程监测分析工作事关基坑及周边环境的安全，是一项技术性非常强的工作，只有保证监测分析人员的素质，才能及时提供高质量的综合分析报告，为信息化施工和优化设计提供可靠依据，避免事故的发生。

基坑工程监测是一个系统，系统内的各项目监测有着必然的、内在的联系。某一单项的监测结果往往不能揭示和反映整体情况，要结合相关项目的监测数据和自然环境、施工工况、地质条件等情况以及以往数据进行分析，才能通过相互印证、去伪存真，正确地把握基坑及周边环境的真实状态，提供高质量的综合分析报告。

技术成果应包括当日报表、阶段性分析报告和总结报告。技术成果提供的内容应真实、准确、完整，技术成果应按时报送，对大量的测试数据进行综合整理后，应将结果制成表格。通常情况下，还要绘出各类变化曲线或图形，使监测成果"形象化"，让工程技术人员能够一目了然，以便于及时发现问题和分析问题。

11.3.2.1 当日报表

当日报表是信息化施工的重要依据。每次测试完成后，监测人员应及时进行数据处理和分析，形成当日报表，提供给委托单位和有关方面。当日报表强调及时性和准确性，对监测项目应有正常、异常和危险的判断性结论。当日报表包括水平位移、竖向位移监测日报表；深层水平位移监测日报表；围护墙内力、立柱内力及土压力、孔隙水压力监测日报表；支撑轴力、锚杆轴力监测日报表；地下水位、地表竖向位移、分层竖向位移、坑底隆起监测日报表；裂缝监测日报表；巡视检查日报表。见表 11-9～表 11-15。

表 11-9 水平位移、竖向位移监测日报表

第（ ）次

工程名称：　　　　　　　　　　报表编号：　　　　　　　　　　天气：

观测者：　　　　　　　　　　　计算者：　　　　　　　　　　　校核者：

仪器型号：　　　　　　　　　　仪器编号：　　　　　　　　　　检定有效期：

本次监测时间：　　　　　　　　上次监测时间：

点号	累计位移量/mm	本次变化量/mm	变化速率/(mm/d)	备注

工况描述：

简要分析及判断性结论：

工程负责人：　　　　　　　　　　　　　　　　　　监测单位：

表 11-10 深层水平位移监测日报表

孔号（ ）第（ ）次

工程名称：　　　　　　　　　　报表编号：　　　　　　　　　　天气：

观测者：　　　　　　　　　　　计算者：　　　　　　　　　　　校核者：

仪器型号：　　　　　　　　　　仪器编号：　　　　　　　　　　检定有效期：

本次监测时间：　　　　　　　　上次监测时间：

深度/m	累计位移/mm	本次变化量/mm	变化速率/(mm/d)	位移量/mm
				→
				深度/m

续表

工况描述：

简要分析及判断性结论：

工程负责人：   监测单位：

表 11-11 围护墙内力、立柱内力及土压力、孔隙水压力监测日报表
第（　）次

工程名称：   报表编号：   天气：
观测者：   计算者：   校核者：
仪器型号：   仪器编号：   检定有效期：
本次监测时间：   上次监测时间：

组号	点号	深度/m	本次测值/kPa	上次测值/kPa	本次变化/kPa	累计变化/kPa	备注

工况描述：

简要分析及判断性结论：

工程负责人：   监测单位：

表 11-12 支撑轴力、锚杆轴力监测日报表
第（　）次

工程名称：   报表编号：   天气：
观测者：   计算者：   校核者：
仪器型号：   仪器编号：   检定有效期：
本次监测时间：   上次监测时间：

组号	点号	深度/m	本次测值/kN	上次测值/kN	本次变化/kN	累计变化/kN	备注

工况描述：

简要分析及判断性结论：

工程负责人：   监测单位：

表 11-13 地下水位、地表竖向位移、分层竖向位移、坑底隆起监测日报表

第( )次

工程名称：　　　　　　　　　报表编号：　　　　　　　　　天气：

观测者：　　　　　　　　　　计算者：　　　　　　　　　　校核者：

仪器型号：　　　　　　　　　仪器编号：　　　　　　　　　检定有效期：

本次监测时间：　　　　　　　上次监测时间：

编号	点号	初始高程/m	本次高程/m	上次高程/m	本次变化量/mm	累计变化量/mm	变化速率/(mm/d)	备注

工况描述：

简要分析及判断性结论：

工程负责人：　　　　　　　　　　　　　　　　　　　　　　监测单位：

表 11-14 裂缝监测日报表

第( )次

工程名称：　　　　　　　　　报表编号：　　　　　　　　　天气：

观测者：　　　　　　　　　　计算者：　　　　　　　　　　校核者：

仪器型号：　　　　　　　　　仪器编号：　　　　　　　　　检定有效期：

本次监测时间：　　　　　　　上次监测时间：

点号	长度				宽度				形态
	本次测试值/mm	单次变化/mm	累计变化量/(mm/d)	变化速率/(mm/d)	本次测试值/mm	单次变化/mm	累计变化量/(mm/d)	变化速率/(mm/d)	

工况描述：

当日监测的简要分析及判断性结论：

工程负责人：　　　　　　　　　　　　　　　　　　　　　　监测单位：

表 11-15　巡视检查日报表

第（　）次

工程名称：　　　　　　　　报表编号：　　　　　　　　天气：

观测者：　　　　　　　　　巡视时间：

分类	巡视检查内容	巡视检查结果	备注
支护结构	支护结构成型质量		
	冠梁、支撑、围檩是否有裂缝		
	冠梁、围檩（腰梁）的连续性，有无过大变形		
	围檩（腰梁）与围护桩的密贴性；围檩与支撑的防坠落措施		
	锚杆垫板有无松动、变形		
	立柱有无倾斜、沉陷或隆起		
	止水帷幕有无开裂、渗漏水		
	基坑有无涌土、流砂、管涌		
	面层有无开裂、脱落		
	其他		
施工工况	开挖后暴露的岩土体情况与岩土勘察报告有无差异		
	基坑开挖分段长度及分层厚度		
	侧壁开挖暴露面是否及时封闭		
	支撑、锚杆是否施工及时		
	边坡、侧壁及周边地表的排水、截水措施及效果，坑边或坑底有无积水		
	基坑降水、回灌设施运转情况		
	基坑周边地面堆载情况		
	爆破后岩体是否出现松动		
	吊脚桩支护形式时，岩肩处岩体有无开裂、掉块		
	其他		
周边环境	管道破损、泄漏情况		
	围护墙后土体有无沉陷、裂缝及滑移		
	周边建筑有无出现新裂缝、有无发展		
	周边道路（地面）有无出现新裂缝或沉陷，有无发展		
	邻近施工（堆载、开挖、打桩、降水）情况		
	存在水力联系的邻近水体（湖泊、河流等）的水位变化情况		
	其他		
监测设施	基准点、测点完好状况、保护情况		
	监测元件及导线的完好情况、保护情况		
	观测工作条件		

工程负责人：　　　　　　　　　　　　　　　　监测单位：

11.3.2.2　阶段性报告

阶段性报告是经过一段时间的监测后，监测单位通过对以往监测数据和相关资料、工况的综合分析，总结出的各监测项目以及整个监测系统的变化规律、发展趋势及其评价，用于总结经验、优化设计和指导下一步的施工。阶段性监测报告可以是周报、旬报、月报或根据工程的需要不定期地进行。报告的形式是文字叙述和图形曲线相结合，对于监测项目监测值的变化过程和发展趋势尤以过程曲线表示为好。阶段性监测报告强调分析和预测的科学性、准确性，报告的结论要依据充分。阶段性报告应包括该监测阶段相应的工程、气象及周边环境概况；该监测阶段的监测项目及测点的布置图；各项监测数据的整理、统计及监测成果的过程曲线；各监测项目监测值的变化分析、评价及发展预测；相关的设计和施工建议。

11.3.2.3 总结报告

总结报告是基坑工程监测工作全部完成后监测单位提交给委托单位的竣工报告。对于总结报告：一是要提供完整的监测资料；二是要总结工程的经验与教训，为以后的基坑工程设计、施工和监测提供参考。总结报告应包括：工程概况；监测依据；监测项目；监测点布置；监测设备和监测方法；监测频率；监测预警值；各监测项目全过程的发展变化分析及整体评述；监测工作结论与建议。

11.4 基坑工程监测实例分析

11.4.1 工程概况

该项目为某高层建筑深基坑工程，基坑平面形状为矩形，开挖深度约15m。基坑支护结构采用上部土钉墙支护，下部钢筋混凝土灌注桩＋锚索支护。基坑周边有建筑物和管线，基坑周边环境相对复杂，基坑安全等级为一级。

11.4.2 监测依据

①《建筑基坑工程监测技术标准》（GB 50497—2019）；
② 建设项目基坑工程相关资料；
③《建筑变形测量规范》（JGJ 8—2016）；
④《建筑基坑支护技术规程》（JGJ 120—2012）；
⑤《建筑地基基础设计规范》（GB 50007—2011）；
⑥《建筑地基基础工程施工质量验收标准》（GB 50202—2018）；
⑦《建筑边坡工程技术规范》（GB 50330—2013）；
⑧《建筑基桩检测技术规范》（JGJ 106—2014）。

11.4.3 监测项目

根据基坑的安全等级、支护形式、周边环境及地质条件等，本工程的监测项目主要包括坡（桩）顶水平及竖向位移、深层水平位移、锚索轴力、周边地表沉降、周边建筑沉降、地下水位，详见表11-16。

表 11-16 基坑监测项目一览表

监测项目	监测点布置	监测点数量/个	编号	备注
坡(桩)顶水平及竖向位移	水平间距不宜大于20m,每边监测点数目不宜少于3个	70	WY1~WY70	
深层水平位移	水平间距宜为20~60m,每侧边监测点数目不应少于1个	11	CX1~CX11	
锚索轴力	每层锚杆的内力监测点数量应为该层锚杆总数的1%~3%,且基坑每边不应少于1根	36	MG1~MG12	3层共36个

监测项目	监测点布置	监测点数量/个	编号	备注
周边地表沉降	宜设在坑边中部或其他有代表性的部位。每个监测断面不宜少于5个	20	DB1～DB20	4个断面
周边建筑沉降	布置在建筑四角、沿外墙每10～15m处或每隔2～3根柱的柱基或柱子上,且每侧外墙不应少于3个监测点	20	CJ1～CJ20	
地下水位	间距宜为20～50m	14	SW1～SW14	

11.4.4　监测点平面布置图

结合本基坑工程设计方案、建设场地的岩土工程条件、周边环境条件、施工方案等因素，共布置坡（桩）顶水平及竖向位移监测点70个、深层水平位移监测点11个、锚索轴力监测点36个、周边建筑沉降监测点20个、地下水位监测点14个、周边地表沉降监测点20个。基坑监测平面布置图如图11-13所示。

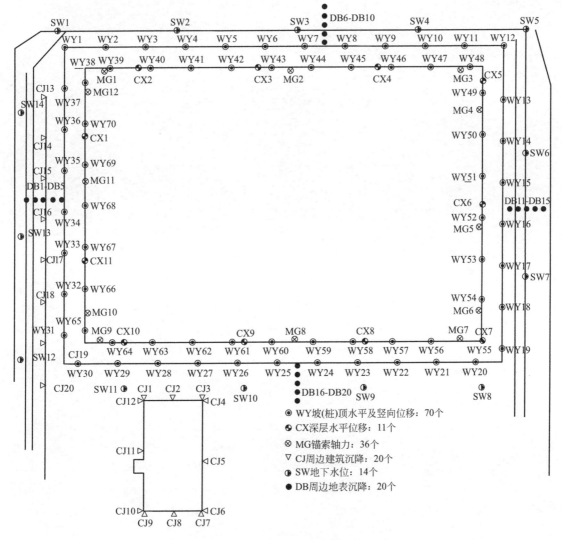

图 11-13　基坑监测平面布置图

思考题与习题

1. 为什么要对基坑进行监测？
2. 基坑监测对象有哪些？监测项目有哪些？
3. 当出现何种情况时，应提高监测频率，并及时向委托方及相关单位报告监测结果？

第12章 基坑土方工程

案例导读

案例导读

某工程地下共两层,其中地下1层为地下车库,地下2层为服务用房,占地面积2800m²。主楼地上28层,裙楼地上4层。设计要求基底标高-10.3m,电梯井局部-13.2m。深基坑支护方式为有桩式环梁水平支撑体系,止水帷幕采用支护桩,在其缝隙处用旋喷桩塞缝。

该场地为不规则的三角形,基坑边东距某公园围墙3m,南部距某大厦停车场6m,西面与门面房距离仅7m,施工现场狭窄。因该工程位于繁华市内交通主干道上,施工车辆白天不能出入。

讨论

土方工程是整个工程的关键,选择何种基坑土方开挖方式,如何组织施工,能否提前或按时完成,直接影响着后续工程的施工进度,也是整个基坑工程施工组织的重点所在。

土方工程是基坑工程的较重要部分,土方开挖应根据现场场地土层条件、基坑支护设计方案、环境保护要求以及工期目标等条件,进行合理的施工组织设计,应综合考虑土方开挖、基坑降水以及基坑监测等各分项工程的施工流程和相互影响等,周密安排施工工序。土方开挖专项方案制订时应首先明确开挖原则,根据基坑工程的特点选择合理的开挖方式,然后进行土方开挖的竖向分层和平面分块。土方开挖技术设计,应确保工程的施工进度,有效地控制基坑的稳定和变形,保护好施工区域周围的环境。随着基坑开挖工程规模的不断增大,机械化施工已成为土方工程中提高工效、缩短工期的必要手段。

基坑开挖一般分为放坡开挖和有围护开挖两种基本方式,应根据场地的工程地质、水文地质情况以及开挖深度和环境条件等因素采用,如图12-1所示。

基坑工程中土方开挖方式的确定应结合基坑规模、开挖深度、平面形状以及支护设计方案综合确定。按照基坑分块开挖的顺序不同,基坑开挖的方式可以分为分段(块)退挖、岛式开挖和盆式开挖等几种。在无内支撑或设置单道支撑的基坑工程中,根据出土路线采用分段(块)退挖的方式;在有内支撑的基坑工程中,应根据支撑布置形式选择合理的开挖方

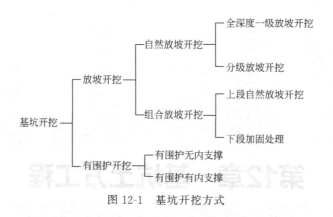

图 12-1　基坑开挖方式

式。一般采用圆环形支撑体系的基坑宜采用岛式开挖，采用对撑体系或临时支撑与结构梁板相结合的基坑宜采用盆式开挖。基坑开挖方式的不同对周边环境的影响也会有所不同，岛式开挖有利于控制基坑开挖过程中的中部土体隆起变形，盆式开挖则能够利用周边的被动区留土在一定程度上减小围护墙的侧向变形。

　　本章系统介绍了常用基坑土方开挖的基本原则、不同条件下基坑土方开挖的方法、土方施工机械、基坑开挖施工道路及基坑土方回填的方法等内容。

12.1　土方开挖的基本原则

12.1.1　总体要求

　　基坑土方开挖需合理确定每个开挖空间的大小、开挖空间相对的位置关系、开挖空间的先后顺序。严格控制每个开挖步骤的时间，减少无支撑暴露时间，是控制基坑变形和保护周边环境的有效手段。

　　土方开挖在深度范围内进行合理分层，在平面上进行合理分块，并确定各分块开挖的先后顺序。基坑对称开挖一般指根据基坑挖土分块情况，采用对称、间隔开挖的一种方式；基坑限时开挖一般指根据基坑挖土分块情况，对无支撑暴露时间采取控制的一种方式；基坑平衡开挖是指根据开挖面积和开挖深度等情况，保持均衡开挖的一种方式。

　　基坑深度超过垂直开挖的深度限值时，边坡的坡率允许值应根据经验，按工程类比的原则并结合已有稳定边坡的坡率值分析确定。当无经验，且土质均匀良好、地下水贫乏、无不良地质现象和地质环境条件简单时，土质边坡的坡率允许值可按表 12-1 确定。岩质基坑开挖的坡率允许值可按表 12-2 确定。

表 12-1　土质基坑侧壁放坡坡率允许值（高宽比）

岩土类别	岩土性状	坑深在 5m 之内	坑深 5～10m
杂填土	中密～密实	(1：0.75)～(1：1.00)	—
黄土	黄土状土	(1：0.50)～(1：0.75)	(1：0.75)～(1：1.00)
	马兰黄土	(1：0.30)～(1：0.50)	(1：0.5)～(1：0.75)
	离石黄土	(1：0.20)～(1：0.30)	(1：0.30)～(1：0.50)
	午城黄土	(1：0.10)～(1：0.20)	(1：0.20)～(1：0.30)
粉土	稍湿	(1：1.00)～(1：1.25)	(1：1.25)～(1：1.50)

岩土类别	岩土性状	坑深在 5m 之内	坑深 5～10m
黏性土	坚硬	(1∶0.75)～(1∶1.00)	(1∶1.00)～(1∶1.25)
	硬塑	(1∶1.00)～(1∶1.25)	(1∶1.25)～(1∶1.50)
	可塑	(1∶1.25)～(1∶1.50)	(1∶1.50)～(1∶1.75)
碎石土（充填物为坚硬、硬塑状态的黏性土、粉土）	密实	(1∶0.35)～(1∶0.50)	(1∶0.50)～(1∶0.75)
	中密	(1∶0.50)～(1∶0.75)	(1∶0.50)～(1∶0.75)
	稍密	(1∶0.75)～(1∶1.00)	(1∶1.00)～(1∶1.25)
碎石土（充填物为砂土）	密实	1∶1.00	
	中密	1∶1.40	
	稍密	1∶1.60	

表 12-2　岩质基坑侧壁放坡坡率允许值（高宽比）

岩土类别	岩土性状	坑深在 8m 之内	坑深 8～15m	坑深 15～30m
硬质岩石	微风化	(1∶0.10)～(1∶0.20)	(1∶0.20)～(1∶0.35)	(1∶0.30)～(1∶0.50)
	中等风化	(1∶0.20)～(1∶0.35)	(1∶0.35)～(1∶0.50)	(1∶0.50)～(1∶0.75)
	强风化	(1∶0.35)～(1∶0.50)	(1∶0.50)～(1∶0.75)	(1∶0.75)～(1∶1.00)
软质岩石	微风化	(1∶0.35)～(1∶0.50)	(1∶0.50)～(1∶0.75)	(1∶0.75)～(1∶1.00)
	中等风化	(1∶0.50)～(1∶0.75)	(1∶0.75)～(1∶1.00)	(1∶1.00)～(1∶1.50)
	强风化	(1∶0.75)～(1∶1.00)	(1∶1.00)～(1∶1.25)	

　　基坑开挖过程中，支护结构应达到设计要求的强度，挖土施工工况应满足设计要求。采用钢筋混凝土支撑或以水平结构代替内支撑时，混凝土达到设计要求的强度后，才能进行下层土方的开挖。采用钢支撑时，钢支撑施工完毕并施加预应力后，才能进行下层土方的开挖。软土地区分层厚度一般不大于 4m，分层坡度不应大于 1∶1.5。基坑挖土机械及土方运输车辆直接进入坑内进行施工作业时，应采取措施保证坡道稳定。坡道宽度应保证车辆正常行驶，软土地区坡道坡度不应大于 1∶8。

　　锚杆、支撑或土钉是随基坑土方开挖分层设置的，设计将每设置一层锚杆、支撑或土钉后，再挖土至下一层锚杆、支撑或土钉的施工面作为一个设计工况。因此，如开挖深度超过下层锚杆、支撑或土钉的施工面标高时，支护结构受力及变形会超越设计状况。这一现象通常称作超挖。许多工程实践证明，超挖轻则引起基坑过大变形，重则导致支护结构破坏、坍塌，基坑周边环境受损，酿成重大工程事故。

　　基坑工程中坑内栈桥道路和栈桥平台应根据施工要求及荷载情况进行专项设计，施工过程中应严格按照设计要求对施工栈桥的荷载进行控制。挖土机械的停放和行走路线布置、挖土顺序、土方驳运、材料堆放等应避免对工程桩、支护结构、降水设施、监测设施和周围环境的不利影响，施工时应按照设计要求控制基坑周边区域的堆载。

12.1.2　无内支撑土方开挖原则

　　场地条件允许时，可采用放坡开挖方式。为确保基坑施工安全，一级放坡开挖的基坑应按照要求验算边坡稳定性，开挖深度一般不超过 4.0m；多级放坡开挖的基坑，应同时验算各级边坡的稳定性和多级边坡的整体稳定性，开挖深度一般不超过 7.0m。采用一级或多级放坡开挖时，放坡坡度一般不大于 1：1.5；采用多级放坡时，放坡平台宽度应严格控制，不得小于 1.5m，在正常情况下，放坡平台宽度一般不小于 3.0m。

坡面可采用钢丝网水泥砂浆或现浇钢筋混凝土覆盖，现浇混凝土可采用钢板网喷射混凝土，护坡面层的厚度不应小于 50mm，混凝土强度等级不宜低于 C20，配筋应根据计算确定，混凝土面层应采用短土钉固定。护坡面层宜扩展至坡顶和坡脚一定的距离，坡顶可与施工道路相连，坡脚可与垫层相连。护坡坡面应设置泄水孔，间距应根据设计确定。当无设计要求时，可采用 1.5～3.0m。当进行分级放坡开挖时，在上一级基坑坡面处理完成之前，严禁下一级基坑坡面土方开挖。

采用土钉支护或土层锚杆支护的基坑，应提供成孔使用的工作面宽度，其开挖应与土钉或土层锚杆施工相协调，开挖和支护施工应交替作业。对于面积较大的基坑，可采用岛式开挖的方式，先挖除距基坑边 8～10m 的土方，中部岛状土体应满足边坡稳定性要求。基坑边土方开挖应分层分段进行，每层土方开挖的底标高应低于相应土钉位置，距离宜为 200～500mm，每层分段长度不应大于 30m。每层每段开挖后应限时进行土钉或土层锚杆的施工。应在土钉承载力或龄期达到设计要求后开挖下一层土方。

采用重力式水泥土墙或板式悬臂支护的基坑，重力式水泥土墙的强度、龄期应在达到设计要求后方可进行土方开挖。基坑总体开挖方案可根据基坑大小和环境条件，采用分层、分块的开挖方式。对于面积较大的基坑，基坑中部土方应先行开挖，然后再挖基坑周边的土方。土方开挖至坑底后应及时浇筑垫层，围护墙无垫层暴露长度不宜大于 25m。

采用钢板桩拉锚支护的基坑，应先开挖基坑边 2～3m 的土方，并进行拉锚施工，大面积开挖应在拉锚支护施工完毕且预应力施加符合设计要求后进行，并应对预应力进行监测。大面积基坑开挖应遵循分层、分块开挖的方法。基坑开挖应与锚杆施工分层交替进行，并应缩短无支护暴露时间。

12.1.3 有内支撑土方开挖原则

有内支撑的基坑开挖方法和开挖顺序应尽量减少基坑无支撑暴露时间，应先开挖周边环境要求较低一侧的土方，再开挖环境要求较高一侧的土方，应根据基坑平面特点采用分块、对称开挖的方法，限时完成支撑或垫层。开挖面积较大的基坑工程时，可根据周边环境和支撑形式等因素，采用岛式开挖、盆式开挖或分层开挖的方式。

岛式开挖的基坑，中部岛状土体高度不大于 4.0m 时，可采用一级边坡；中部岛状土体高度大于 4.0m 时，可采用二级边坡，但岛状土体高度一般不大于 9.0m。一级边坡应验算边坡稳定性，二级边坡应同时验算各级边坡的稳定性和整体边坡的稳定性。

盆式开挖的基坑，盆边宽度不应小于 8.0m。盆边与盆底高差不大于 4.0m 时，可采用一级边坡；盆边与盆底高差大于 4.0m 时，可采用二级边坡，但盆边与盆底高差一般不大于 7.0m。一级边坡应验算边坡稳定性，二级边坡应同时验算各级边坡的稳定性和整体边坡的稳定性。

对于长度和宽度较大的基坑可采用分层、分块的土方开挖方法。分层的原则是每施工一道支撑后再开挖下一层土方，第一层土方的开挖深度一般为地面至第一道支撑底，中间各层土方的开挖深度一般为相邻两道支撑的竖向间距，最后一层土方的开挖深度应为最下一道支撑底至坑底。分块的原则是根据基坑平面形状、基坑支撑布置等，按照基坑变形和周边环境控制要求，将基坑划分为若干个周边分块和中部分块，并确定各分块的开挖顺序，通常情况下应先开挖中部分块再开挖周边分块。

12.2　不同支护形式的土方开挖方法

基坑支护形式是指为保证坑壁稳定所采取的具体围护或支护方式。同一个基坑可能只有一种支护形式，也可能是多种支护形式的组合，常见支护形式如图 12-2 所示。不同的支护形式，其土方开挖的方法不尽相同。

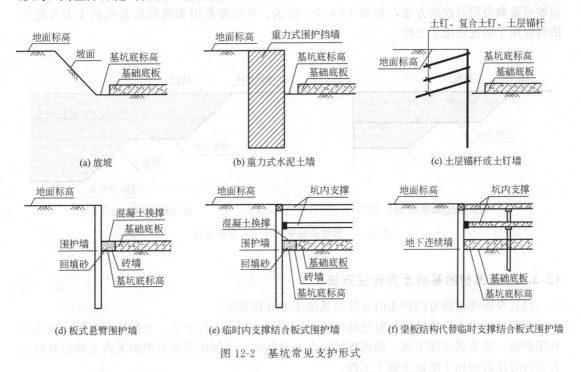

图 12-2　基坑常见支护形式

(a) 放坡　　(b) 重力式水泥土墙　　(c) 土层锚杆或土钉墙

(d) 板式悬臂围护墙　　(e) 临时内支撑结合板式围护墙　　(f) 梁板结构代替临时支撑结合板式围护墙

12.2.1　放坡土方开挖

（1）全深度范围一级放坡基坑的土方开挖方法

当场地允许并能保证土坡稳定时，可采用放坡开挖。放坡开挖边坡的坡度应根据地质水文资料、边坡留置时间、坡顶堆载等情况经过验算确定。

当地质条件较好、开挖深度较浅时，可采取竖向一次性开挖的方法，如图 12-3（a）所示。当地质条件较差、开挖深度较大、挖掘机性能受到限制时，可采取分层开挖的方法，如图 12-3（b）所示。全深度范围一级放坡基坑的土方开挖方法可应用于明挖法施工工程。

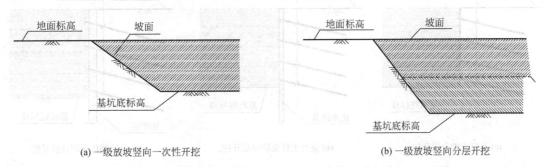

(a) 一级放坡竖向一次性开挖　　　　(b) 一级放坡竖向分层开挖

图 12-3　一级放坡基坑的土方开挖方法

（2）全深度范围多级放坡基坑的土方开挖方法

当场地条件允许并能保证土坡稳定时，较深的基坑可采用多级放坡开挖。各级放坡的稳定性和多级放坡的整体性应根据地质水文资料、边坡留置时间和顶荷载等情况经过验算确定。

当地质条件较好、每级边坡深度较浅时，可以按每级边坡高度为分层厚度进行分层开挖，如图 12-4(a) 所示。当地质条件较差、各级边坡深度较大、挖掘机性能受限制时，各级边坡可采取分层开挖的方法，如图 12-4(b) 所示。全深度范围多级放坡基坑的土方开挖方法可应用于明挖法施工工程。

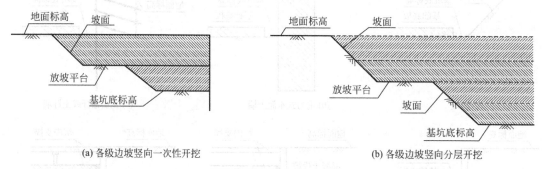

(a) 各级边坡竖向一次性开挖   (b) 各级边坡竖向分层开挖

图 12-4　多级放坡基坑的土方开挖方法

12.2.2　有围护的基坑土方开挖方法

（1）全深度范围有围护无内支撑的基坑土方开挖方法

有围护无内支撑的基坑一般包括采用土钉支护、复合土钉支护、土层锚杆支护、板式悬臂围护墙、重力式水泥土墙、钢板桩拉锚支护的基坑。全深度范围有围护无内支撑的基坑土方开挖方法可应用于明挖法施工工程。

采用土钉支护、复合土钉支护、土层锚杆支护的基坑土方开挖，应采用分层开挖的方法，并与支护施工交替进行。每层土方开挖深度一般为土钉或锚杆的竖向间距，按照开挖一层土方施工一排土钉或锚杆的原则进行施工。若土层锚杆竖向间距较大，则上下道锚杆之间的土方应进行分层开挖。土方开挖应与支护施工密切配合，必须在土钉或锚杆支护完成并养护达到设计要求后方可开挖下一层土方。土钉支护、复合土钉支护、土层锚杆支护基坑分层开挖方法如图 12-5 所示。

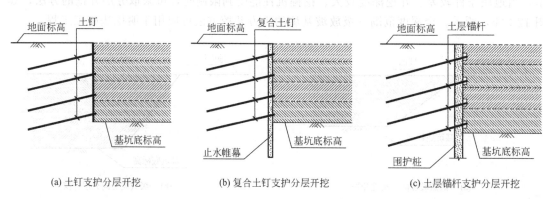

(a) 土钉支护分层开挖   (b) 复合土钉支护分层开挖   (c) 土层锚杆支护分层开挖

图 12-5　土钉支护、复合土钉支护、土层锚杆支护基坑分层开挖方法

采用板式悬臂围护墙和重力式水泥土墙的基坑土方的开挖，应根据地质条件、开挖深度、周围环境、坑边堆载控制要求、挖掘机性能等确定分层开挖方法。若基坑开挖深度较浅，且周围环境条件较好，可采取竖向一次性开挖的方法，以板式悬臂围护墙为例，如图12-6(a)所示。若基坑开挖深度较大，或周围环境保护要求较高，则基坑土方的开挖可采用竖向分层开挖的方法，以重力式水泥土墙为例，如图12-6(b)所示。

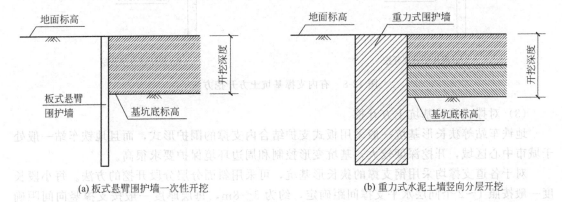

(a) 板式悬臂围护墙一次性开挖　　　　(b) 重力式水泥土墙竖向分层开挖

图 12-6　板式悬臂围护墙和重力式水泥土墙基坑分层开挖方法

钢板桩拉锚支护基坑的土方开挖应采用分层开挖的方法。第一层土方应首先开挖至拉锚围檩底部200～300mm，并按设计要求施加预应力后，才可进行下层土方的开挖，如图12-7所示。

对于有些有围护无内支撑的基坑工程，由于受现场条件限制，或支护工程的特殊需要，可在竖向采用组合的支护方式。竖向组合的支护方式可在土钉支护、复合土钉支护、土层锚杆支护、板式悬臂围护墙、重力式水泥土墙、

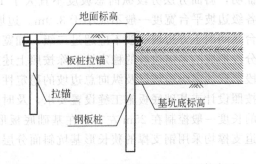

图 12-7　钢板桩拉锚支护基坑分层开挖方法

钢板桩拉锚支护等形式中选择，其土方分层开挖的方法可参照各支护形式加以确定。

(2) 全深度范围有围护有内支撑的基坑土方开挖方法

内支撑体系可分为有围檩支撑体系和无围檩支撑体系。有围檩支撑体系可采用钢管支撑、型钢支撑、钢筋混凝土支撑；无围檩支撑体系可采用钢管支撑、型钢支撑；圆形围檩属于一种特殊的内支撑体系。全深度范围有内支撑的基坑土方开挖方法可应用于明挖法或暗挖法施工的工程。

对于采用顺作法施工的有内支撑的基坑，其土方应采用分层开挖的方式，分层的原则是每施工一道支撑后再开挖下一层土方。第一层土方的开挖深度一般为地面至第一道支撑底，中间各层土方开挖深度一般为相邻两道支撑的竖向间距，最后一层土方开挖深度应为最下一道支撑底至坑底。其分层开挖方法如图12-8(a)所示。对于采用逆作法施工的基坑，其土方也采用分层开挖的方式。分层的原则与顺作法相似，其分层开挖方法如图12-8(b)所示。

对于有些内支撑的基坑工程，由于受现场条件限制，或支护工程的特殊需要，可在竖向上采用顺作法与逆作法组合的方式，也可采用有围护无内支撑与有围护有内支撑的支护方式在竖向上进行组合，其土方分层开挖的方法可参照各围护和支护形式下的土方开挖方法进行。

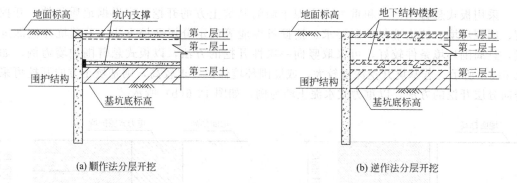

图 12-8　有内支撑基坑土方开挖方法

（3）对撑式狭长基坑土方开挖

地铁车站等狭长形基坑一般采用板式支护结合内支撑的围护形式，而且地铁车站一般处于城市中心区域，开挖深度较大，基坑变形控制和周边环境保护要求很高。

对于各道支撑均采用钢支撑的狭长形基坑，可采用斜面分层分段开挖的方法。每小段长度一般按照 1～2 个同层水平支撑间距确定，约为 3～8m，每层厚度一般按支撑竖向间距确定，约为 3～4m，每小段开挖和支撑形成时间均有较为严格的限制，一般为 12～36h。实践证明，斜面分层分段纵向总坡度不宜大于 1：3，各级土方边坡坡度一般不应大于 1：1.5，各级边坡平台宽度一般不应小于 3.0m。边坡间应根据实际情况设置安全加宽平台，加宽平台之间的土方边坡一般不应超过二级，加宽平台宽度一般不应小于 9.0m。为保证斜面分层分段形成的多级边坡的稳定性，除按照上述边坡构造要求设置外，还需对各级小边坡、各阶段形成的多级边坡以及纵向总边坡的稳定性进行验算。采用斜面分层分段开挖至坑底时，应按照设计或基础底板施工缝设置要求，及时进行垫层和基础底板的施工。基础底板分段浇筑的长度一般控制在 25m 左右，在基础底板形成后，方可继续进行相邻纵向边坡的开挖。各道支撑均采用钢支撑的狭长形基坑斜面分层分段开挖方法如图 12-9 所示。

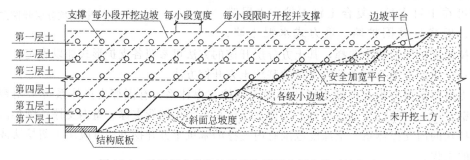

图 12-9　采用钢支撑狭长形基坑斜面分层分段开挖方法

当周边环境复杂时，为控制基坑变形，狭长形基坑的第一道支撑采用钢筋混凝土支撑，其余支撑采用钢支撑，实践证明采用这种方式对基坑整体稳定有利。对于第一道钢筋混凝土支撑底部以上的土方，可采取不分段连续开挖的方法，待钢筋混凝土支撑强度达到设计要求后再开挖下层土方。对于第一道钢筋混凝土支撑底部以下土方，应采取斜面分层分段开挖的方法，其施工参数可参照各道支撑均采用钢支撑的狭长形基坑的分层分段开挖方法。

当地铁车站相邻区域有同时施工的基坑，且周边环境复杂时，为更有效地控制基坑变形，也可采用钢支撑与钢筋混凝土支撑交替设置的形式，如第一道和第五道支撑采用钢筋混凝土支撑，其余支撑采用钢支撑的形式，如图 12-10 所示。基坑全深度范围的土方开挖可分为三个阶段，第一阶段先开挖第一道钢筋混凝土支撑底部以上的土方，可采取不分段连续开挖的方法，待钢筋混凝土支撑强度达到设计要求后再开挖下层土方；第二阶段开挖第一道支撑底部至第五道支撑底部之间的土方，采用斜面分层分段开挖的方法，待第五道钢筋混凝土支撑强度达到设计要求后再开挖下层土方；第三阶段开挖第五道钢筋混凝土支撑底部以下的土方，采用斜面分层分段开挖的方法。

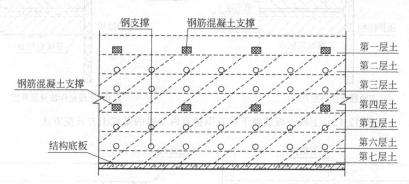

图 12-10　钢支撑与钢筋混凝土支撑交替狭长形基坑斜面分层分段开挖方法

狭长形基坑在平面上可采取从一端向另一端开挖的方式，也可采取从中间向两端开挖的方式。从中间向两端开挖的方法一般适用于长度较长的基坑，或为加快施工进度而增加挖土工作面的基坑。分层分段开挖方法可根据支撑形式合理确定。

12.2.3　放坡与围护相结合的基坑土方开挖方法

（1）上段一级放坡下段有围护无内支撑的基坑土方开挖方法

为节约建设成本和缩短建设工期，对于地质条件和周边环境条件较好、开挖深度相对较浅，且具有放坡场地的基坑，可采用上段一级放坡、下段有围护无内支撑的支护形式。该方法可应用于明挖法施工工程，如图 12-11 所示。

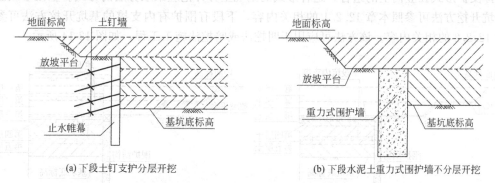

(a) 下段土钉支护分层开挖　　　　　　　(b) 下段水泥土重力式围护墙不分层开挖

图 12-11　上段一级放坡下段有围护无内支撑的基坑土方开挖方法

（2）上段一级放坡下段有围护有内支撑的基坑土方开挖方法

上段一级放坡下段有围护有内支撑或以水平结构代替内支撑的基坑，是一级放坡与有围护有内支撑支护形式在竖向上的组合，这种形式的基坑土方的开挖应采取分层的方式。该方法可应用于明挖法或暗挖法施工工程，如图 12-12 所示。

（3）上段多级放坡下段有围护无内支撑的基坑土方开挖方法

上段多级放坡下段有围护无内支撑的基坑开挖应采用分层开挖的方法。上段多级放坡的基坑开挖方法可参照本章 12.2.1 的相关内容，下段有围护无内支撑的基坑开挖方法可参照本章 12.2.2 的相关内容。该方法可应用于明挖法施工工程，如图 12-13 所示。

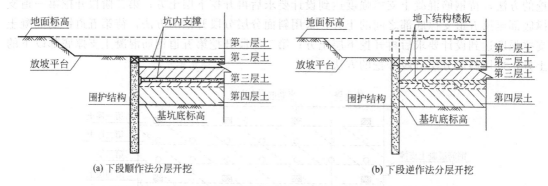

(a) 下段顺作法分层开挖   (b) 下段逆作法分层开挖

图 12-12   上段一级放坡下段有围护有内支撑的基坑土方开挖方法

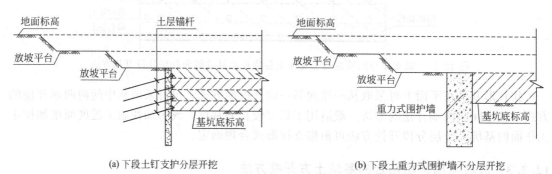

(a) 下段土钉支护分层开挖   (b) 下段土重力式围护墙不分层开挖

图 12-13   上段多级放坡下段有围护无内支撑的基坑土方开挖方法

（4）上段多级放坡下段有围护有内支撑的基坑土方开挖方法

上段多级放坡下段有围护有内支撑或以水平结构代替内支撑的基坑是多级放坡与有围护有内支撑支护形式在竖向上的组合，这种形式的基坑土方开挖应采取分层的方式。上段多级放坡的基坑开挖方法可参照本章 12.2.1 的相关内容，下段有围护有内支撑的基坑开挖方法可参照本章 12.2.2 的相关内容。该方法可应用于明挖法或暗挖法施工工程，如图 12-14 所示。

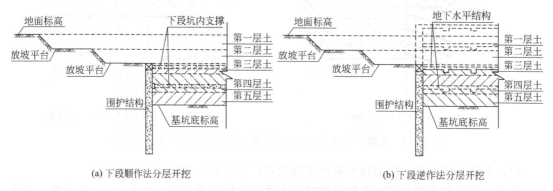

(a) 下段顺作法分层开挖   (b) 下段逆作法分层开挖

图 12-14   上段多级放坡下段有围护有内支撑的基坑土方开挖方法

12.2.4   坑中坑的土方开挖方法

基坑底标高会由于基础底板底部落深而产生坑中坑，坑中坑一般由电梯井、管道井、集水井等形成。

对于坑中坑，可根据其深度及平面位置采用不同的支护形式，土方可采用放坡开挖、有围护无内支撑土方开挖、有围护有内支撑土方开挖等方法进行。放坡开挖的坑中坑一般采用水泥砂浆、混凝土、土体加固等护坡形式；有围护无内支撑的坑中坑一般采用板式、重力式水泥土墙、土钉、土层锚杆等支护方式；有内支撑的坑中坑一般采用钢支撑、钢筋混凝土支撑等支护方式。

开挖较浅或地质条件较好的坑中坑一般可采取放坡开挖的方法。坑中坑土方可随大面积土方一起开挖，也可在大面积垫层完成后进行土方开挖。

开挖较深或地质条件较差的坑中坑一般可采取有围护无内支撑的开挖方法。坑中坑土方应根据边界条件采用分层或不分层的开挖方法。为了减小坑中坑的土体变形，一般可采取先浇筑大面积垫层，再进行坑中坑土方开挖的方法。

12.3　基坑边界内的土方分层分块开挖方法

对基坑边界内的土方在平面上进行合理分块，确定各分块开挖的先后顺序，充分利用未开挖部分土体的抵抗能力有效控制土体位移，以达到减缓基坑变形、保护周边环境的目的。一般可根据现场条件、基坑平面形状、支撑平面布置、支护形式、施工进度等，按照对称、平衡、限时的原则，确定土方开挖方法和顺序。基坑对称开挖一般是指根据基坑挖土分块情况，采用对称、间隔开挖的一种方式；基坑限时开挖一般是指根据基坑挖土分块情况，对无支撑暴露时间进行控制的一种方式；基坑平衡开挖是指根据开挖面积和开挖深度等情况，以保持各分块均衡开挖的一种方式。

12.3.1　基坑岛式土方开挖方法

先开挖基坑周边的土方，挖土过程中在基坑中部形成类似岛状的土体，然后再开挖基坑中部的土方，这种挖土方式通常称为岛式土方开挖。岛式土方开挖可在较短时间内完成基坑周边土方开挖及支撑系统施工，这种开挖方式对基坑内部土体隆起控制较为有利。基坑中部大面积无支撑空间的土方，可在支撑系统养护阶段进行开挖。其开挖方法如图 12-15 所示，①～⑧表示开挖顺序。

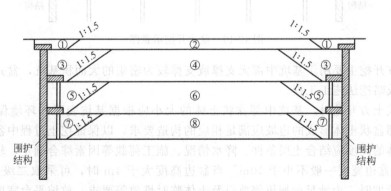

图 12-15　岛式土方开挖示意图

岛式土方开挖适用于支撑系统沿基坑周边布置且中部留有较大空间的基坑。边桁架与角撑相结合的支撑体系、圆环形桁架支撑体系、圆形围檩体系的基坑采用岛式土方开挖较为适用。土钉支护、土层锚杆支护的基坑也可采用岛式土方开挖方式。岛式土方开挖适用于明挖法施工工程。

采用岛式土方开挖时，基坑中部岛状土体的大小应根据支撑系统所在区域等因素确定，岛状土体的大小不应影响整个支撑系统的形成。基坑中部岛状土体形成的边坡应满足相应的构造要求，以保证挖土过程中岛状土体的稳定。岛状土体的高度应结合土层条件、降水情况、施工荷载等因素综合确定，软土地区一般不大于6m，当高度大于4m时，可采取二级放坡的形式。当采用二级放坡时，为满足挖掘机停放以及土体临时堆放等要求，放坡平台宽度一般不小于4m。每级边坡坡度一般不大于1：1.5，采用一、二级放坡时总边坡坡度一般不大于1：2。为满足稳定性要求，应根据实际工况和荷载条件，对各级边坡和总边坡进行验算。

当岛状土体较高或验算基坑采用一级放坡的岛式土方开挖方式时，可通过基坑边、基坑边栈桥平台或岛状土体顶面的土方装车挖掘机直接取土装车外运，也可通过基坑内的一台或多台挖掘机将土方挖出并驳运至土方装车挖掘机作业范围，由土方装车挖掘机取土装车外运。基坑采用二级放坡的岛式土方开挖方式，可通过基坑内的一台或多台挖掘机将土方挖出并驳运至基坑边、基坑边栈桥平台或岛状土体顶面的土方装车挖掘机作业范围，由土方装车挖掘机取土装车外运。

12.3.2 基坑盆式土方开挖方法

先开挖基坑中部的土方，挖土过程中在基坑中部形成类似盆状的土体，然后再开挖基坑周边的土方，这种开挖方式通常称为盆式土方开挖。盆式土方开挖由于保留基坑周边的土方，减小了基坑围护结构的无支撑暴露时间，对控制围护墙的变形和减小周边环境的影响较为有利。基坑周边的土方可在中部支撑系统养护阶段进行开挖，其开挖方法如图12-16所示，①～⑥表示开挖顺序。

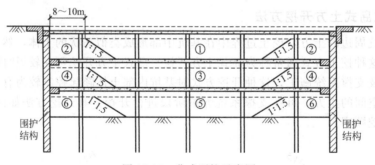

图 12-16　盆式开挖示意图

盆式土方开挖主要用于基坑中部无支撑或支撑较为密集的大面积基坑，盆式土方开挖适用于明挖法或暗挖法施工工程。

采用盆式土方开挖时，基坑中部盆状土体的大小应根据基坑变形和环境保护等因素确定。基坑中部盆状土体形成的边坡应满足相应的构造要求，以保证挖土过程中盆边土体的稳定。盆边土体的高度应结合土层条件、降水情况、施工荷载等因素综合确定，软土地区一般不大于5m，盆边宽度一般不小于10m。当盆边高度大于4m时，可采取二级放坡的形式；当采用二级放坡时，为满足挖掘机停放以及土体临时堆放等要求，放坡平台宽度一般不小于4m。每级边坡坡度一般不大于1：1.5，采用二级放坡时总边坡坡度一般不大于1：2。为满足稳定性要求，应根据实际工况和荷载条件，对各级边坡和总边坡进行验算。

在基坑中部进行土方开挖形成盆状土体后，盆边土体应按照对称的原则进行开挖。对于顺作法施工中采用对撑的基坑，盆边土体开挖应结合支撑系统的平面布置，先行开挖与对撑相对应的盆边分块土体，以使支撑系统尽早形成。对于逆作法施工，盆式土方开挖时，盆边土体应根据分区大小，采用分小块先后开挖的方法。对于利用盆中结构作为竖向斜撑支点的基坑，应在竖向斜撑形成后开挖盆边土体。

12.3.3　岛式与盆式相结合的土方开挖方法

岛式与盆式相结合的土方开挖方法是基坑竖向各分层土方采用岛式或盆式进行交替开挖的一种组合方法。岛式与盆式相结合的土方开挖方法有先岛后盆、先盆后岛和岛盆交替三种形式，在工程中采用何种组合方式，应根据实际情况而定。岛式与盆式相结合的土方开挖方法可应用于明挖法施工工程，在特殊情况下也可应用于暗挖法施工工程。

以上段复合土钉墙、下段板式支护的基坑为例，采用先岛后盆、竖向分层的土方开挖方法，如图 12-17 所示，①～⑫表示开挖顺序。

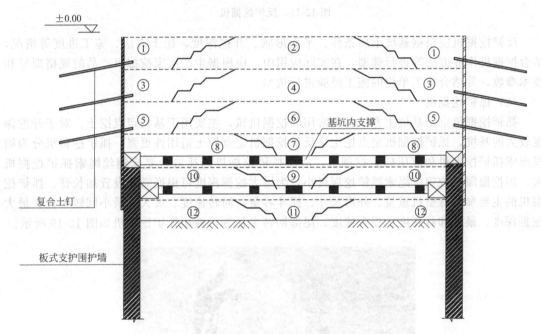

图 12-17　先岛后盆开挖示意图

12.4　常用土方开挖机械

常用土方施工机械主要可分为前期场地平整压实机械、土方挖掘机械、土方装运机械、土方回填压实机械等四类。

场地平整压实机械主要有推土机、压路机等；土方挖掘机械主要有反铲挖掘机、抓铲挖掘机等；土方装运机械主要有自卸式运输车等；土方回填压实机械主要有推土机、压路机和夯实机等。

（1）反铲挖掘机

反铲挖掘机是应用最为广泛的土方挖掘机械，具有操作灵活、回转速度快等特点。基坑土方开挖可根据实际需要，选择普通挖掘深度的挖掘机，也可以选择较大挖掘深度的接长臂、加长臂或伸缩臂挖掘机等。反铲挖掘机的主要参数有整机质量、外形尺寸、标准斗容量、行走速度、回转速度、最大挖掘半径、最大挖掘深度、最大挖掘高度、最大卸载高度、最小回转半径、尾部回转半径等。典型反铲挖掘机如图 12-18 所示。

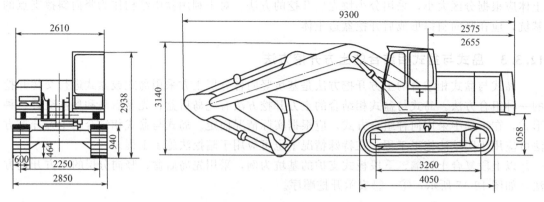

图 12-18　反铲挖掘机

反铲挖掘机应根据基坑土质条件、平面形状、开挖深度、挖土方法、施工进度等情况，结合挖掘机作业方法等进行选型。在实际应用中，应根据生产厂家挖掘机产品的规格型号和技术参数，并结合施工单位的施工经验进行选型。

（2）抓铲挖掘机

抓铲挖掘机也是基坑土方工程中常用的挖掘机械，主要用于基坑定点挖土。对于开挖深度较大的基坑，抓铲挖掘机定点挖土比反铲挖掘机定点挖土适用性更强。抓铲挖掘机分为钢丝绳索抓铲挖掘机和液压抓铲挖掘机，液压抓铲挖掘机的抓取力要比钢丝绳索抓铲挖掘机大，但挖掘深度较钢丝绳索抓铲挖掘机小，为增大挖掘深度可根据需要设置加长臂。抓铲挖掘机的主要参数有整机重量、外形尺寸、抓斗容量、回转速度、最大及最小回转半径、最大挖掘深度、最大卸载高度、提升速度、尾部回转半径等，液压抓铲挖掘机如图 12-19 所示。

图 12-19　液压抓铲挖掘机

抓铲挖掘机的选型应根据基坑土质条件、支护形式、开挖深度、挖土方法等情况，结合挖掘机作业方法进行，施工单位应对照生产厂家挖掘机产品的规格型号和技术参数，结合施工需要确定。

（3）自卸式运输车

基坑工程具有土方量大、运距远等特点，基坑土方工程运输车辆一般采用重型自卸式运输车。自卸式运输车可分为轻型自卸式运输车、中型自卸式运输车和重型自卸式运输车。自卸式运输车的主要技术参数包括自重量、载重量、外形尺寸、行走速度、爬坡能力、最小转弯半径、最小离地间隙、车厢满载举升和降落时间、车厢最大举升角度等，自卸式运输车如

图 12-20 所示。

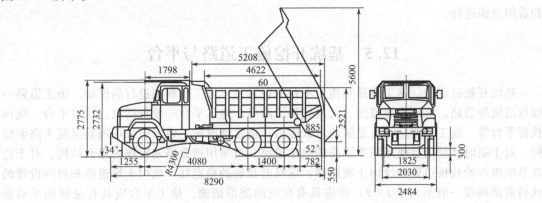

图 12-20　自卸式运输车

　　自卸式运输车的选型应根据施工道路条件、土方量、运输距离、挖土方法等情况，结合自卸式运输车的自身性能参数和适用范围进行。各生产厂家产品的技术性能和规格型号略有不同，实际应用中可结合施工条件进行选型。

　　（4）推土机

　　推土机一般可分为履带式推土机和轮胎式推土机，基坑工程中一般采用履带式推土机。履带式推土机是一种在履带机械前端设置推土刀的自行式铲土运输机械，具有作业面小、机动灵活、行驶速度快、转移土方和短距离运输土方效率高等特点。按功率大小可分为轻型、中型及大型推土机，推土机主要的参数有整机重量、外形尺寸、行走速度、挂铲宽度、挂铲高度、刮板抬升角度、铲刀提升高度、最大推挖深度等，推土机如图 12-21 所示。

　　推土机在基坑工程中应用较广，一般用于基坑场地平整、浅基坑开挖、土方回填、土方短距离驳运等施工作业。推土机的选型应根据工程场地情况、土质情况、运输距离，结合推土机自身性能参数和适用范围进行。

　　（5）夯实机

　　夯实机分为冲击、振动、振动冲击等形式。夯实机的工作原理是利用本身的重量、夯机的冲击运动或振动，对被压实土体实施动压力，以提高土体密实度、强度和承载力。夯实机具有轻便灵活的特点，特别适用于基坑回填的分层压实作业。夯实机的主要参数包括整机重量、夯板面积、夯机能量、夯机次数、夯头跳高、前进速度等，如图 12-22 所示。

图 12-21　推土机

图 12-22　夯实机

夯实机选型应根据被压场地条件、压实位置、质量控制要求，结合夯实机本身性能参数和适用范围进行。

12.5 基坑开挖施工道路与平台

基坑开挖过程中，施工道路和施工平台的设置是土方工程顺利进行的保证。施工道路一般包括坑外道路、坑内土坡道路、坑内栈桥道路等；施工平台一般包括坑边栈桥平台、坑内栈桥平台等。施工道路应具有足够的承载能力，通常情况施工道路应采用钢筋混凝土路面结构。对于临时性使用且使用频率不高的施工道路，可采用铺设路基箱作为路面结构。对于连接基坑内外的栈桥道路和坑内土坡道路，应具有足够的稳定性，坑内土坡道路和斜向设置的栈桥道路坡度一般不大于 1∶8，并应具有相应的防滑措施。施工平台应具有足够的承载能力和稳定性，满足相应的作业要求。

12.5.1 施工道路的设置

（1）坑外道路的设置

坑外道路的设置一般沿基坑四周布置，不宜靠近基坑边沿，其宽度应满足机械行走和作业要求，对于坑内设置有栈桥的基坑，坑外道路的设置还应与栈桥相连接。由于施工道路上荷载较大且属于动荷载，坑外道路应进行必要的加强措施，如铺设路基箱或浇筑一定厚度的刚性路面，以分散荷载，减小对基坑围护结构的不利影响。

（2）坑内道路的设置

坑内土坡道路的宽度应能满足机械行走的要求。由于坑内土坡道路行走频繁，土坡易受扰动，通常情况下土坡应进行必要的加固。土坡面层加强可采用浇筑钢筋混凝土和铺设路基箱等方法，土坡侧面加强可采用护坡、降水疏干固结土体等方法，土坡土体加固可采用高压旋喷、压密注浆等加固方法。

12.5.2 挖土栈桥平台的设置

（1）钢筋混凝土结构挖土栈桥平台的设置

钢筋混凝土挖土栈桥平台的平面尺寸应能满足施工机械作业要求。钢筋混凝土挖土栈桥平台一般与钢筋混凝土支撑相结合，可设置在基坑边，也可设置在钢筋混凝土栈桥道路边。

（2）钢结构挖土栈桥平台的设置

钢结构挖土栈桥平台一般由立柱、型钢梁、箱型板等组成，其平面尺寸应能满足施工机械作业要求。钢结构挖土栈桥一般设置在基坑边或坑内栈桥道路边。钢结构挖土栈桥平台具有可回收的优点。

（3）钢结构与钢筋混凝土结构组合式挖土栈桥平台的设置

钢结构与钢筋混凝土结构组合式挖土栈桥平台一般可采用钢立柱、钢筋混凝土梁和钢结构面板组合而成，也可采用钢立柱、型钢梁和钢筋混凝土板组合而成，组合式挖土栈桥平台在实际应用中可根据具体情况进行选择。

12.6 基坑土方回填

基坑土方回填一般采用人工回填或机械回填等方式。回填土方应符合设计要求，土方中不得含有杂物，土方的含水率应符合相关要求。回填土方区域的基底不得有垃圾、树根、杂物等，土方区域的基底应排除积水。

回填基底的处理，如设计无要求时，应注意软土地基的处理方法，特别是高回填区（指高度大于 10m），而坡度又大于 1∶5 的坡地回填的质量控制问题，涉及回填基底和填筑体的沉降，以及填筑体的稳定问题。对于坡度大于 1∶5 的填筑工作面，必须将坡面挖成台阶，坡面上的软土应清除，台阶面内倾，台阶高度不高于 1m，台阶高宽比为 1∶2。若采用填筑体强夯施工，台阶高度可提高到 2m 左右，台阶高宽比仍为 1∶2。

12.6.1　人工回填

人工回填一般适用于回填工作量较小，或机械回填无法实施的区域。人工回填一般根据要求采用分层回填的方法，分层厚度应满足规范要求。人工回填时，应按厚度要求回填一层夯实一层，并按相关要求检测回填土的密实度。

12.6.2　机械回填

机械回填一般适用于回填工作量较大且场地条件允许的基坑回填。机械回填采用分层回填的方法，回填压实一层后再进行上一层土方的回填压实。分层厚度应根据机械性能进行选择，并应满足相关规范要求。回填过程中的密实度检测应符合相关要求。若存在机械回填不能实施的区域，应以人工回填进行配合。

基坑回填一般采用挖掘机、推土机、压路机、夯实机、土方运输车等联合作业。运输车辆首先将土方卸至需回填的基坑边，挖掘机或推土机按分层厚度要求进行回填，然后由压路机或夯实机进行压实作业。

思考题与习题

1. 基坑土方开挖的方案有哪些？各自的使用条件是什么？
2. 如何保证基坑开挖的施工质量？
3. 土方机械开挖常用哪些设备？各自的使用范围是什么？
4. 盆式开挖适用于什么工程？采取盆式开挖应注意什么？

参考文献

[1] 刘国彬，王卫东，等. 基坑工程手册 [M]. 2版. 北京：中国建筑工业出版社，2009.

[2] 建筑基坑支护技术规程 JGJ 120—2012 [S]. 北京：中国建筑工业出版社，2012.

[3] 土木工程学会土力学岩土工程分会. 深基坑支护技术指南 [M]. 北京：中国建筑工业出版社，2012.

[4] 龚晓南，等. 深基坑工程设计施工手册 [M]. 北京：中国建筑工业出版社，1998.

[5] 赵志缙，等. 简明深基坑工程设计施工手册 [M]. 北京：中国建筑工业出版社，2000.

[6] 朱幸仁. 成层地基中双排桩支护结构的受力分析与应用 [D]. 长沙：湖南大学，2019.

[7] 唐士鑫. 可回收式锚杆的锚固力学特性研究 [D]. 重庆：重庆大学，2017.

[8] 许峰. 可回收 CFRP 筋锚杆锚固机理与设计方法研究 [D]. 南京：江苏大学，2019.

[9] 李佳星. 建筑深基坑换撑设计数值模拟研究 [D]. 南京：东南大学，2017.

[10] 建筑基坑工程监测技术标准 GB 50497—2019 [S]. 北京：中国建筑工业出版社，2019.

[11] 建筑与市政工程地下水控制技术规范 JGJ 111—2016 [S]. 北京：中国建筑工业出版社，2016.

[12] 李松晏，梁森，张文，等. 紧邻地铁超深基坑嵌岩地下连续墙施工技术 [J]. 施工技术，2019，48（9）：90-93.

[13] 周俊，谭跃虎，李二兵，等. 地下连续墙设计及施工发展研究与展望 [J]. 施工技术，2015，44（S2）：21-27.

[14] 王志诚，梁振有，闫永伦，等. 棋盘洲长江公路大桥南锚碇地下连续墙设计 [J]. 桥梁建设，2018，48（2）：89-93.

[15] 郭慧光，孙昊，徐伟. 地墙"巨无霸"——武汉阳逻长江公路大桥 45m 埋深的南锚碇圆形地下连续墙施工及受力特性分析 [J]. 建筑施工，2004，26（3）：188-190.

[16] 蒋国胜，李红民，管典志，等. 基坑工程 [M]. 武汉：中国地质大学出版社，2000.

[17] 建筑基坑支护结构构造 11SG814 [S]. 北京：中国计划出版社，2011.

[18] 刘宗仁. 基坑工程 [M]. 哈尔滨：哈尔滨工业大学出版社，2008.

[19] 孔德森，吴燕开. 基坑支护工程 [M]. 北京：冶金工业出版社，2012.

[20] 建筑地基处理技术规范 JGJ 79—2012 [S]. 北京：中国建筑工业出版社，2012.

[21] 郭志飚，胡江春，杨军，等. 地下工程稳定性控制及工程实例 [M]. 北京：冶金工业出版社，2015.

[22] 徐长节，尹振宇. 深基坑围护设计与实例解析 [M]. 北京：机械工业出版社，2013.

[23] 郭院成. 基坑支护 [M]. 郑州：黄河水利出版社，2012.

[24] 熊智彪. 建筑基坑支护 [M]. 北京：中国建筑工业出版社，2013.

[25] 黄梅. 基坑支护工程设计施工实例图解 [M]. 北京：化学工业出版社，2015.

[26] 尉希成，周美玲. 支挡结构设计手册 [M]. 北京：中国建筑工业出版社，2015.

[27] 郭永杰. 某地铁车站基坑边坡支护技术 [J]. 隧道建设，2003，23（3）.